石油和化工行业"十四五"规划教材

机器视觉与图像处理基础

凌志刚　方乐缘　李华丽　刘　敏　陈　祥　编著

化学工业出版社

·北京·

内容简介

本书首先介绍了视觉成像与获取的方式，然后详细介绍了图像与视觉处理的编程基础与常见算法，包括图像增强、图像复原、图像基元检测、图像分割、形态学处理、图像配准、相机标定、立体视觉、特征提取与模式识别等，最后针对视觉引导与定位、遥感图像分割、缺陷检测与识别、视觉测量等常见机器视觉工程应用展开探讨。

本书紧紧围绕立德树人和以提升学生工程实践能力和创新思维为目标，坚持产教融合、科教融合与理实融合的思想，探索并建设人工智能背景下"机器视觉与图像处理"教材。将教学和实践融入教材建设中，优化并改革内容和创新实践方式，引导学生进行工程实践训练。同时，引入最新国家纵向与企业预研等科研项目，开展科教融合研究，进一步培养学生的工程创新思维，突出工程实践能力和创新思维。培养理论基础厚、工程素质高、动手能力强的图像处理与机器视觉技术人才对人工智能服务具有重要意义。

本书可作为普通高等院校电子信息工程、计算机科学与技术、自动化、机器人工程、物联网工程、智能制造工程等工科专业本科生、硕士研究生教材，也可供广大从事机器视觉系统开发的工程技术人员参考。

图书在版编目（CIP）数据

机器视觉与图像处理基础 / 凌志刚等编著. -- 北京：化学工业出版社，2025.2. --（石油和化工行业"十四五"规划教材）. -- ISBN 978-7-122-47154-3

Ⅰ. TP302.7；TP391.413

中国国家版本馆CIP数据核字第2025ED8291号

责任编辑：张海丽
文字编辑：侯俊杰　温潇潇
责任校对：李露洁
装帧设计：刘丽华

出版发行：化学工业出版社
　　　　（北京市东城区青年湖南街13号　邮政编码100011）
印　　装：北京缤索印刷有限公司
787mm×1092mm　1/16　印张20　字数484千字
2025年5月北京第1版第1次印刷

购书咨询：010-64518888　　　　售后服务：010-64518899
网　　址：http://www.cip.com.cn
凡购买本书，如有缺损质量问题，本社销售中心负责调换。

定　　价：69.00元　　　　　　　版权所有　违者必究

序

  机器视觉与图像识别是人工智能的关键技术之一，其核心在于使机器能够像人类一样"看"和"理解"世界。机器视觉的研究和应用不仅涉及计算机视觉、图像处理、模式识别等基础学科，还与深度学习、神经网络等前沿技术紧密相连。随着技术的不断进步，机器视觉已经在工业自动化、智能交通、医疗诊断、安全监控等多个领域展现出巨大的潜力和价值。

  机器视觉的发展可以追溯到 20 世纪 50 年代，随着计算机技术的进步，人们开始尝试让计算机模拟人类的视觉系统。最初的尝试主要集中在二维图像的边缘检测和特征提取上。随着时间的推移，机器视觉技术经历了从结构化光、立体视觉到机器学习、深度学习的演变。每一次技术的飞跃，都极大地推动了机器视觉在各个领域的应用。随着人工智能技术的不断进步，特别是深度学习在图像识别和分类、检测、分割等任务中的成功应用，为机器视觉领域带来了革命性的变化。这些技术的进步，使得机器视觉系统在识别精度、实时性和鲁棒性方面都有了显著的提升。同时，机器视觉也正从视觉计算走向视觉智能，能处理更加复杂和多变的环境。

  《机器视觉与图像处理基础》这本教材系统地介绍了机器视觉的基本概念、关键技术和应用案例，旨在为读者提供一个深入浅出的学习平台，帮助读者理解机器视觉的工作原理，掌握图像处理的基本技能。同时，还强调理论与实践的结合，鼓励读者通过实践来加深对机器视觉技术的理解。

  最后，我希望这本教材能够成为读者学习机器视觉的良师益友。通过学习，你们不仅能够掌握机器视觉的基础知识和技能，还能够激发你们对人工智能领域的热情和创造力。让我们一起期待并参与到这场由人工智能引领的技术革命中，共同创造一个更加智能、更加美好的未来。

中国工程院院士

机器人视觉感知与控制技术国家工程研究中心主任

前言

随着科技的飞速发展,人工智能(AI)已成为推动社会进步的重要力量,而机器视觉与图像处理作为AI技术发展与应用最好的重要领域之一,无疑成为了推动众多行业创新与进步的重要引擎。从智能制造、智能医疗到无人驾驶、智慧城市,这一技术正以其独特的魅力和无限的潜力,深刻地改变着我们的生活方式和工作模式。它让机器拥有了感知世界的能力,进而作出精准的决策或执行复杂的任务,这一过程不仅极大地提高了生产效率,还为解决众多行业难题提供了新的思路和手段。

《机器视觉与图像处理基础》一书,正是在这一背景下应运而生。它旨在为读者提供一个全面、深入且系统的学习平台,帮助大家从零开始,逐步掌握机器视觉与图像处理的核心技术和应用方法。无论你是初学者,还是有一定基础的读者,都能在这本书中找到适合自己的学习路径和成长空间。

本书内容涵盖了视觉成像与获取、图像处理算法基础以及实践应用等三个主要方面。在视觉成像与获取部分,详细介绍了成像系统模型、可见光成像、红外与高光谱成像、雷达成像等内容,方便读者理解与设计视觉成像系统。在图像处理算法基础部分,从图像处理与编程基础开始,逐步深入介绍了视觉与图像处理的各种算法,包括图像增强、图像分割、图像配准、相机标定、立体视觉、图像识别等,帮助读者建立起对视觉图像处理的初步认识。同时,本书还特别关注机器视觉与图像处理技术中深度学习、卷积神经网络等最新发展动态。在本书编写过程中,我们始终注重理论与实践的结合,最后结合本书编写团队在视觉定位引导、目标检测、图像识别等方面的科研项目与具体实例,展示机器视觉与图像处理技术如何解决实际应用问题,帮助读者在理解理论的同时,也能掌握实际操作的技能。我们相信,这种理论与实践并重的学习方式将极大地提升读者的学习效果和应用能力,激发大家对新技术、新应用的无限遐想和探索热情。

本书是团队努力的结果,每位成员都以其独特的方式贡献了自己的专业知识和技能:凌志刚负责整体书稿的整理与协调工作,同时编写了第1、2、5、7、8、10、11、13章、第9章中图像分割部分和第12章部分内容;方乐缘负责第3、4以及15章的内容编写;李华丽编写了第6章和第12章的部分内容;刘敏和陈祥负责第9章形态学处理部分与第14章的内容编写。

本书的出版离不开大家的关心与帮助。首先,特别感谢湖南大学王耀南院士对我们一如既往的关心与帮助,并给本书编写提出了许多宝贵的意见。同时,感谢湖南大学博士生陈润泽、刘易丹、冯浩、张傲然、以及硕士生欧阳洲、钟愉明、胡晟、陈雯、张盛、尚志豪、欧阳诗佳、胡璐、陈忆雪、陈培伟、杜嘉怡、余强、裴鸿基等同学为本书整理与排版付出的辛勤努力。其次，感谢湖南大学及电气与信息工程学院的大力支持，本书获得了湖南大学2023年本科生规划建设项目与学院教学建设的资助。最后，感谢出版社的同仁为本书出版付出辛勤努力。正是他们的专业精神、无私奉献和严谨态度，才使得这本《机器视觉与图像处理基础》能够顺利面世，为广大读者提供学习资源。

我们衷心希望本书能成为您学习机器视觉与图像处理技术的得力助手，陪伴您在这一充满挑战和机遇的领域里不断前行。无论您是想要掌握这一技术以应对职业发展的需求，还是对图像处理和机器视觉领域充满好奇和热情，本书都将为您提供一个全面、系统且实用的学习平台。

限于水平，书中难免会存在不足之处，敬请广大读者、同行批评指正，联系邮箱：zgling_hunan@126.com。

编著者

2024年8月于长沙岳麓山

本书配套课件

目录

第1章 绪论

1.1 数字图像处理 / 001
1.1.1 基本概念 / 001
1.1.2 图像处理目的 / 001
1.1.3 数字图像处理发展历程 / 002
1.2 机器视觉 / 003
1.2.1 机器视觉基本概念 / 003
1.2.2 机器视觉发展史 / 003
1.3 相关学科 / 004
1.4 视觉系统组成 / 004
1.5 图像处理与机器视觉的应用 / 005
1.6 挑战 / 008
思考题与习题 / 009

第1篇 视觉成像与获取

第2章 相机成像系统模型

2.1 光谱与成像源 / 011
2.1.1 光谱的基本概念 / 011
2.1.2 成像源 / 012
2.2 成像系统模型 / 018
2.2.1 光线传播模型 / 018
2.2.2 成像模型 / 020
2.3 成像系统组成 / 026
2.3.1 照明系统 / 026
2.3.2 镜头参数 / 031
2.3.3 相机 / 036
2.3.4 镜头与相机综合选型案例 / 037
思考题与习题 / 039

第3章 红外与高光谱成像原理

3.1 红外成像 / 040
3.1.1 概述 / 040
3.1.2 红外辐射定律 / 041
3.1.3 红外成像系统的工作过程与结构 / 042
3.1.4 红外成像系统的摄像方式 / 044
3.1.5 红外成像系统的基本参数 / 045
3.1.6 红外探测器 / 046
3.2 高光谱成像 / 049
3.2.1 基本概念 / 049
3.2.2 成像光谱仪的成像方式 / 052
3.2.3 成像光谱仪的系统介绍 / 055
3.2.4 高光谱成像技术的应用 / 056
思考题与习题 / 058

第4章 雷达成像原理

4.1 雷达成像概述 / 059
4.2 合成孔径雷达成像 / 060
4.2.1 合成孔径概述 / 061
4.2.2 SAR成像几何关系及相关概念 / 063

4.2.3　SAR 成像分辨率 / 064
4.2.4　SAR 成像处理过程 / 068
4.2.5　SAR 成像的特点及应用 / 069
4.3　毫米波雷达 / 070
4.3.1　毫米波雷达的特性 / 070
4.3.2　毫米波天线 / 070
4.3.3　毫米波雷达的应用 / 071
4.4　激光雷达 / 073
4.4.1　激光雷达的定义 / 073
4.4.2　激光雷达的特点 / 073
4.4.3　激光雷达系统的组成 / 074
4.4.4　激光雷达的测距原理 / 074
4.4.5　激光雷达的类型 / 076
4.4.6　激光雷达的主要指标 / 077
4.4.7　激光雷达的应用 / 077
思考题与习题 / 080

第 2 篇　图像算法处理基础

第 5 章　视觉图像处理基础与开发语言

5.1　数字图像基础 / 082
5.1.1　图像概念 / 082
5.1.2　数字图像表示 / 082
5.2　数字图像分类 / 084
5.3　图像性质 / 087
5.3.1　图像邻域 / 087
5.3.2　图像连通域 / 088
5.3.3　像素间距离 / 088
5.4　图像代数运算 / 089
5.4.1　图像加法 / 089
5.4.2　图像减法 / 090
5.4.3　图像乘法 / 090
5.4.4　图像除法 / 090
5.4.5　逻辑运算 / 091
5.5　开发语言 / 092
5.5.1　MATLAB / 093
5.5.2　OpenCV / 093
5.5.3　HALCON / 095
思考题与习题 / 096

第 6 章　深度学习基础

6.1　深度学习概念 / 097
6.2　深度学习发展历程 / 097
6.3　深度学习典型网络结构 / 098
6.3.1　卷积神经网络 / 099
6.3.2　循环神经网络 / 102
6.4　网络训练与参数学习 / 102
6.5　典型的其他深度网络结构 / 103
6.5.1　LeNet-5 结构 / 103
6.5.2　AlexNet 结构 / 105
6.5.3　Inception 网络 / 106
6.5.4　Res-Net 残差网络 / 108
6.6　深度学习框架 / 108
思考题与习题 / 109

第 7 章　图像增强

7.1　图像增强基本概念 / 110
7.2　图像空间域增强 / 110
7.2.1　灰度变换 / 111
7.2.2　图像直方图变换 / 116
7.2.3　图像空间域滤波 / 123
7.3　图像频域增强 / 131
7.3.1　一维傅里叶变换 / 132
7.3.2　二维傅里叶变换及逆变换 / 134
7.3.3　二维傅里叶变换的性质 / 135
7.3.4　频域增强 / 138
7.3.5　同态滤波 / 146
7.4　图像去噪 / 148

7.4.1　图像噪声类型 / 148
7.4.2　图像去噪 / 150
思考题与习题 / 152

第 8 章　基元检测

8.1　基元概念 / 155
8.2　边缘检测 / 155
8.2.1　检测原理 / 156
8.2.2　Canny 边缘检测 / 156
8.3　角点检测 / 159
8.3.1　角点检测原理 / 159
8.3.2　SUSAN 算子 / 160
8.3.3　Harris 角点 / 161
8.3.4　SuperPoint 角点 / 164
8.4　霍夫变换 / 166
8.4.1　直线检测原理 / 166
8.4.2　圆检测 / 168
思考题与习题 / 170

第 9 章　图像分割

9.1　图像分割基本概念 / 171
9.2　基于灰度值阈值分割方法 / 171
9.2.1　全局阈值分割 / 172
9.2.2　局部阈值分割 / 176
9.3　基于区域的分割方法 / 177
9.3.1　区域生长分割方法 / 177
9.3.2　区域分裂与合并 / 177
9.3.3　分水岭算法 / 179
9.4　边缘检测分割 / 182
9.5　图像语义分割 / 182
9.5.1　全卷积网络 / 183
9.5.2　SegNet 网络 / 184
9.5.3　U-Net 网络 / 185
9.5.4　Deeplab 系列网络 / 186
9.6　形态学处理 / 188
9.6.1　形态学处理基础 / 188
9.6.2　膨胀与腐蚀 / 189
9.6.3　开操作和闭操作 / 192
9.6.4　击中击不中变换 / 194
9.6.5　形态学基础算法与应用 / 195
9.7　区域标记 / 205
思考题与习题 / 207

第 10 章　图像几何变换与配准

10.1　几何变换 / 209
10.1.1　基本概念 / 209
10.1.2　常见图像变换 / 210
10.1.3　图像插值算法 / 214
10.2　图像配准方法 / 216
10.2.1　图像配准分类 / 216
10.2.2　基于灰度值的图像匹配方法 / 217
10.2.3　基于边缘点集的图像匹配方法 / 221
10.2.4　基于形状的图像匹配方法 / 222
10.2.5　基于特征的图像配准方法 / 223
10.3　搜索策略 / 228
思考题与习题 / 229

第 11 章　立体视觉

11.1　相机标定 / 230
11.1.1　相机参数模型 / 230
11.1.2　相机标定原理 / 236
11.1.3　相机标定实现流程 / 240
11.2　多视图立体视觉 / 241
11.2.1　极线约束 / 241
11.2.2　单目多视图立体视觉 / 243
11.2.3　双目立体视觉 / 246
11.3　结构光立体视觉 / 249
11.3.1　线结构光立体视觉 / 249
11.3.2　面结构光立体视觉 / 252
思考题与习题 / 253

第 12 章　模式识别

12.1　特征提取 / 254
12.1.1　基本统计特征 / 254
12.1.2　灰度共生矩阵 / 256

12.1.3 局部二进制模式 / 256
12.2 特征选择与降维 / 258
　12.2.1 维数灾难 / 258
　12.2.2 特征选择 / 258
　12.2.3 主成分分析降维方法 / 262

12.3 模式分类 / 263
　12.3.1 线性判别函数 / 263
　12.3.2 贝叶斯决策论 / 264
　12.3.3 支持向量机 / 266
思考题与习题 / 273

第3篇　实践应用

第13章　视觉引导定位

13.1 模板匹配方法 / 275
13.2 基于形状的模板匹配方法 / 276
　13.2.1 图像金字塔分层搜索 / 277
　13.2.2 匹配加速策略 / 278
　13.2.3 亚像素精度优化 / 280
13.3 结果与分析 / 281

第14章　目标检测

14.1 目标检测概述 / 284
14.2 YOLO 算法 / 285
14.3 桥梁表观病害检测案例分析 / 289
　14.3.1 背景介绍 / 289
　14.3.2 桥梁表观病害检测数据库构建 / 290
　14.3.3 网络的搭建与训练 / 291
　14.3.4 实验结果与分析 / 292

第15章　高光谱图像分类

15.1 分类器设计 / 296
　15.1.1 分类特征 / 296
　15.1.2 分类判据 / 296
　15.1.3 分类准则 / 297
　15.1.4 分类算法 / 299
15.2 高光谱图像分类 / 299
　15.2.1 高光谱图像分类的特点 / 299
　15.2.2 高光谱图像分类算法 / 301

参考文献 / 306

第1章 绪论

人类通过眼、耳、鼻、舌、皮肤接收信息感知世界，其中约有 70% 以上信息来自视觉，人类视觉为人类提供了关于周围环境最详细、可靠的信息。人类视觉所具有的强大功能和完美的信息处理方式引起了研究学者的极大兴趣，人们希望以生物视觉为蓝本，采用各种传感器与数字计算机等设备来模拟人眼的视觉功能，实现对客观外部世界的感知与理解。由此，产生了数字图像处理、图像分析、计算视觉以及机器视觉等学科，并在各个领域得到广泛的应用。本书主要针对机器视觉与图像处理相关基础理论进行总结与讨论。

1.1 数字图像处理

1.1.1 基本概念

数字图像处理（digital image processing）又称计算机图像处理，它是指将图像信号转换成数字信号并利用计算机对图像进行去除噪声、增强、复原、分割、提取特征等处理的方法和技术。数字图像处理技术具有如下优点[1]：

① 再现性好：数字图像处理不会因图像的存储、传输或复制等一系列变换操作而导致图像质量的退化，数字图像处理过程始终能保持图像的再现。

② 处理精度高：图像的数字化精度可以达到满足任一应用需求，对计算机而言，不论数组大小，也不论每个像素的位数多少，其处理程序几乎是一样的。换言之，从原理上讲，不论图像的精度有多高，处理总是能实现的，只要在处理时改变程序中的数组参数就可以了。

③ 适用面宽：图像可以来自多种信息源，包括可见光图像、不可见的波谱图像（例如 X 射线图像、超声波图像或红外图像）等，均可用计算机来处理。即只要针对不同的图像信息源，采取相应的图像信息采集措施，图像的数字处理方法就适用于任何一种图像。

④ 灵活性高：数字图像处理不仅能完成线性运算，而且能实现非线性处理，即凡是可以用数学公式或逻辑关系来表达的一切运算均可用数字图像处理实现。

1.1.2 图像处理目的

一般来讲，数字图像处理目的主要包括下面几方面：

① 提高图像的视感质量，如进行图像的亮度或彩色变换、增强或抑制某些成分、对图像进行几何变换等，以提高图像的质量。

② 提取图像中的某些特征或特殊信息，这些被提取的特征或信息往往为计算机分析图像提供便利。提取特征或信息的过程是模式识别或计算机视觉的预处理。提取的特征可以包括频域特征、灰度或颜色特征、边界特征、区域特征、纹理特征、形状特征、拓扑特征和关系结构等。

③ 图像数据的变换、编码和压缩，以便于图像的存储和传输。

不管是何种目的的图像处理，都需要由计算机和图像专用设备组成的图像处理系统对图像数据进行输入、加工和输出。

1.1.3 数字图像处理发展历程

数字图像的最早应用之一是在报纸业，早在 20 世纪 20 年代曾引入巴特兰（bartlane）电缆图片传输系统，实现横跨太平洋传送一幅图像所需要时间从一个多星期减少到了 3 个小时。为了用电缆传输图像，首先用特殊打印设备对图像编码传输，然后在接收端重构图像。这些早期数字图像具有 5 个灰度级，视觉质量的改进中的初始问题涉及打印过程的选择和亮度等级的分布，后续提高至 15 个灰度级。该图像打印方法到 1921 年底就被彻底淘汰了，转而支持一种基于照相还原的技术，即在电报接收端使用穿孔纸带来还原图像，与前者相比，色调质量和分辨率方面具有明显的改进[2]。此时，尽管涉及数字图像，但并不认为它就是我们定义的数字图像处理，因为这些图像创建并未涉及计算。

到 20 世纪 50 年代，数字图像处理的两个基本需求——大容量存储和显示系统领域也得到了快速发展，人们开始利用计算机来处理图形和图像信息。1964 年，美国喷气推进实验室（JPL）对航天探测器徘徊者 7 号在 1964 年发回的几千张月球照片使用了图像处理技术，如几何校正、灰度变换、去除噪声等方法进行处理，并考虑了太阳位置和月球环境的影响，由计算机成功地绘制出月球表面地图，获得了巨大的成功。随后又对探测飞船发回的近十万张照片进行了更为复杂的图像处理，获得了月球的地形图、彩色图及全景镶嵌图，为人类登月创举奠定了坚实的基础，也推动了数字图像处理这门学科的诞生。因此，一般认为，数字图像处理作为一门学科大约形成于 20 世纪 60 年代初期。在以后的宇航空间技术，如对火星、土星等星球的探测研究中，数字图像处理技术都发挥了巨大的作用。

在空间应用的同时，数字图像处理技术在 20 世纪 60 年代末和 20 世纪 70 年代初开始用于医学成像、地球资源遥感监测和天文学等领域。早在 20 世纪 70 年代发明的计算机轴向断层术，简称计算机断层（CT），是图像处理在医学诊断领域最重要的应用之一。计算机轴向断层术是一种处理方法，在这种处理中，检测器环围绕着一个物体（或病人），同时一个与该环同心的 X 射线源绕着物体旋转。X 射线穿过物体并由环中对面的检测器进行收集。当 X 射线源旋转时，重复这一过程。断层算法使用感知的数据重建出通过物体的"切片"图像。当物体沿垂直于检测器环的方向运动时，就产生一系列这样的"切片"，这些切片组成该物体内部的三维再现。由于断层摄影术发明，发明者 Godfrey N. Hounsfield 和 Allan M. Cormack 共同获得了 1979 年的诺贝尔生理学或医学奖。有趣的是，X 射线是 1895 年由 Wilhelm Conrad Roentgen 发现的，由于这一发现，他获得了 1901 年的诺贝尔物理学奖。今天，这两个相差近 100 年的发明仍然引领着图像处理与机器视觉领域中一些重要的应用[2]。

目前，数字图像处理在国民经济许多领域已经得到广泛应用，例如：农林部门通过遥感图像了解植物生长情况，进行估产，监视病虫害发展及治理；水利部门通过遥感图像分析，获取水害灾情的变化；气象部门用以分析气象云图，提高预报的准确程度；国防及测绘部门，使用航测或卫星获得地域地貌及地面设施等资料；医疗部门采用各种数字图像技术对各种疾病进行自动诊断；等等。

图像处理技术的应用与推广，使得为机器人配备视觉的科学预想转为现实，从而促使了计算机视觉、机器视觉迅速发展。机器视觉实际上是在图像处理的基础上结合了图像分析与识别等技术，需要十分复杂的处理算法和高速的专用硬件。

1.2 机器视觉

1.2.1 机器视觉基本概念

机器视觉（machine vision）是近年来人工智能领域中发展迅速的一个重要分支，正处于不断突破、走向成熟的阶段。一般认为，机器视觉是通过光学装置或非接触传感器自动地接收和处理一个真实场景的图像，通过分析图像获得所需信息或用于控制机器运动的技术，机器视觉技术增加了机器人的灵活性和自动化[3]，具有高分辨率和高精度等优点。机器视觉是建立在计算机视觉理论工程化上的一门学科，涉及光学成像、视觉图像处理、模式识别、人工智能以及机电一体化等相关技术[4]。随着各类技术的不断完善，以及制造产业中对高质量产品的需求，机器视觉从最开始主要用于工业电子装配检测，已逐步应用到汽车制造[5]、食品质量监控[6]、视觉导航[7]、无人驾驶等各个领域[8,9]，市场规模不断扩大。

1.2.2 机器视觉发展史

机器视觉经历了从二维到三维的演化过程，起源于 20 世纪 50 年代基于统计模式识别研究的机器视觉，当时研究工作主要聚焦于二维图像分析和识别，如光学字符识别、工件表面缺陷检测、航空图像解译等。麻省理工学院的 Roberts 于 20 世纪 60 年代提出了利用物体的二维图像来恢复出诸如立方体等物体的三维结构，以及空间关系的描述，开辟了面向三维场景理解的立体视觉研究。20 世纪 70 年代，麻省理工学院的 Marr 等学者创立系统化的视觉信息处理理论，奠定了计算机视觉理论化和模式化的基础。此后，计算机视觉技术一直处于非常活跃的研究前沿，新的概念、方法与理论不断涌现。随着 CCD 图像传感器、CPU 与 DSP 等硬件与图像处理技术的飞速发展[10]，计算机视觉逐步从实验室理论研究转向工业领域的相关技术应用，从而产生了机器视觉。由于具有实时性好、定位精度高与智能化程度高等特点，机器视觉已经在汽车、电子[11,12]、医药[13]、食品[14]、细微操作[15]等领域得到了广泛的应用[16]，如占全行业市场机器视觉需求的 40%～50% 的半导体制造行业，从上游晶圆加工的切割到高精度 PCB 定位、从 SMT 元件放置到表面缺陷检测等都依赖于高精度的机器视觉引导与定位。

1.3 相关学科

机器视觉与图像处理涉及成像、数字图像处理与分析等领域,关于数字图像处理、图像分析、计算机视觉与机器视觉的划分并没有一个很统一、严格的标准。按照当前流行的分类方法,一般分类如下所述。

数字图像处理:对输入的图像进行某种变换,包括图像增强、去噪、压缩、复原、分割等,输出仍然是图像,基本不涉及或者很少涉及图像内容分析,主要研究内容一般归类于低层视觉(low level vision)范畴。

图像分析:对图像的内容进行分析,提取有意义的特征,以便于后续的处理,属于中间层视觉(middle level vision)范畴。

计算机视觉:用各种成像系统代替视觉器官作为输入手段,由计算机来代替大脑完成处理和解释。计算机视觉的最终研究目标就是使计算机能像人那样通过视觉来观察和理解世界,具有自主适应环境的能力,归于高层视觉(high level vision),更多地偏向于软件层面的计算机处理与科研类研究。

机器视觉:结合硬件的计算机视觉算法,主要偏向工业应用,聚焦于可靠性、重复性和高效性的工作应用,具有成像环境可控、对被检物有先验知识等特点。

计算机图形学是研究根据给定的描述和数据运用计算机去生成相应图形图像的方法。从一定意义上讲,计算机图形学是计算机视觉的逆问题。

图像理解与模式识别是指对图像进行分析与识别,提取关键的语义信息,是从图像到语义描述的表达过程,是机器视觉中的一个重要问题。

机器视觉与数字图像处理相关分支学科之间的联系与区别可以用图1-1来形象描述。

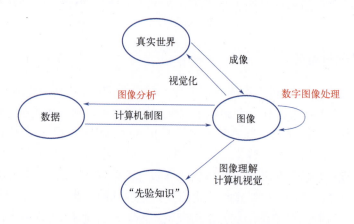

图1-1 各分支学科之间的区别与联系

1.4 视觉系统组成

一般来说,完整的机器视觉系统包括光学照明系统、镜头、相机与成像设备、视觉图像处理等关键部分。

(1) 光学照明系统

光学照明系统主要用于提供照明以突出需要检测的物体，并抑制干扰等来实现图像中目标与背景的最佳分离，而不合适的光学照明系统会增加干扰，导致目标与背景难以区分，甚至无法实现。因此，机器视觉系统设计需要考虑光源、目标与背景的光反射与传输特性区别、距离、光源结构、照射方式等因素[17]。在这些因素的干扰下，往往需要针对具体的被测对象、环境及检测要求来设计具体的照明方案。

(2) 镜头

镜头的作用是将来自目标的光辐射聚焦在相机芯片的光敏面阵上。成像系统设计时需要考虑镜头焦距、畸变[18]与光谱特性的影响，如选取合适的焦距保证被摄物成像的具有合适的大小，并且成像畸变小。同时，尽量保证镜头光线最高透过率的对应波长与图像传感器光敏面阵接收波长相匹配。因此，合理选择镜头是获取高质量视觉信息的关键之一。

(3) 相机与成像设备

相机是将光辐射转变成模拟/数字信号的设备，通常包括光电转换、外围电路、图像输出接口等部件。目前常用相机有 CCD 相机和 CMOS 相机两类，相机选择需要考虑光电转换器件模式、响应速度、视野范围、系统精度等因素。此外，由于工业设计的需求，使用工业模拟相机时，必须采用图像采集卡将采集的信号转换为数字图像进行传输存储。因此，图像采集卡需要与相机协调工作来实时完成图像数据的高速采集与读取等任务。

(4) 视觉图像处理

视觉图像处理充当了机器的"大脑"部分，对相机采集的图像进行处理分析实现对特定目标的检测、分析与识别，并作出相应决策，是机器视觉系统的核心部分。视觉图像处理可一般由图像预处理、图像定位分割、图像识别等层次组成：图像预处理部分主要借助去噪、增强、配准、融合、拼接等操作来提高图像质量，降低后续处理难度；图像定位分割主要利用目标边界、几何形状特征等先验知识来确定目标位置和分割检测区域，常见方法包括阈值分割方法、区域生长法、分水岭算法、聚类方法、神经网络图像分割方法等；图像识别主要是提取形状、面积、灰度、纹理等特征，并借助模式分类的方法（如模糊方法、神经网络方法、支持向量机、深度学习等）来实现目标分类、缺陷检测等功能，满足工业机器视觉不同的应用需求。

总体而言，机器视觉综合了光学、电子、机电一体化、图像处理、人工智能等方面的技术，其性能并不仅由某一个环节决定，需要综合考虑系统的整体协同能力。因此，系统分析与集成是机器视觉系统开发的难点和基础。

1.5 图像处理与机器视觉的应用

随着各类技术的不断完善，图像处理与机器视觉已经在军事[19]、制药[13]、纺织[20]、农业[21]、安防监控[22]等领域得到广泛应用。此外，也在科学研究领域得到了深入的应用，如利用机器视觉进行材料、生物和生命科学的分析。从技术角度，目前图像处理与机器视觉技术的应用包括图像增强、图像复原、图像融合、图像分割、图像配准与匹配、视觉目标检测、视觉识别与场景理解等。

图像增强：有目的地强调图像的整体或局部特性，如改善图像的颜色、亮度和对比度等，将原来不清晰的图像变得清晰或强调某些感兴趣的特征，扩大图像中不同物体特征之间的差别，抑制不感兴趣的特征，提高图像的视觉效果。图像增强在视频监控、医学图像（图1-2）、工业生产的自动化设计和产品质量检验（如机械零部件的检查和识别、印刷电路板的检查、食品包装出厂前的质量检查、工件尺寸测量、集成芯片内部电路的检测等）方面得到了广泛的应用。

图像复原：主要是针对成像过程中成像系统受到各种因素的影响，如成像系统的散焦、设备与物体间存在相对运动或者是器材的固有缺陷等，导致图像的质量不能够达到理想要求，利用退化过程的先验知识，对退化过程出现的图像失真进行补偿来恢复已被退化图像的本来面目。可以将之视为图像退化的一个逆向过程。该技术广泛应用于图像运动模糊（图1-3）、散焦、雾霾天气、大气散射等因素导致的图像复原问题。

 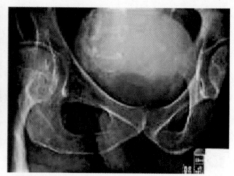

图1-2 医学图像增强实例图

图1-3 运动模糊图像复原实例图

图像融合：指将多源信道所采集到的关于同一目标的图像数据经过图像处理和计算机技术等，利用图像在各自信道中的相关性及信息上的互补性，最大限度地提取图像的有利信息，最后综合成高质量的图像（图1-4），以提高图像信息的利用率、提高计算机解译精度和可靠性、提升原始图像的空间分辨率和光谱分辨率，利于监测，常用于遥感、军事侦察等领域。

图像分割：把图像分成若干个特定的、具有独特性质的区域的过程。它是由图像处理到图像分析的关键步骤。现有的图像分割方法有二值分割、语义分割、实例分割等。该技术广泛应用于遥感图像分析（图1-5）、医学图像分析（图1-6）、无人驾驶等领域。

图 1-4　可见光与红外图像融合实例图

图 1-5　遥感图像语义分割实例图

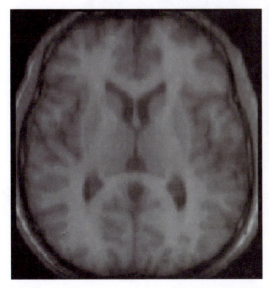 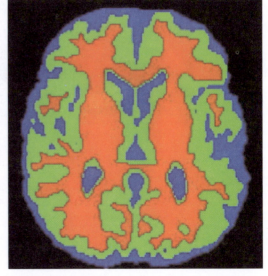

图 1-6　脑部 CT 图像语义分割实例图

图像配准与匹配：将不同时间、不同传感器（成像设备）或不同条件下（天气、照度、摄像位置和角度等）获取的两幅或多幅图像进行匹配、叠加的过程，已被广泛地应用于工业视觉定位[23]、导航与制导（图1-7）等领域，如在工业生产线上引导机械手臂准确抓取物料等。

视觉目标检测：是图像处理和计算机视觉领域中的经典课题，旨在从一幅图像（或视频）中检测出人们感兴趣的目标对象。该技术在交通监控［图1-8（a）］、产品质量检测［图1-8（b）］、图像检索、人机交互等方面有着广泛的应用。

视觉识别与场景理解：对采集到的图像，在进行图像分割、目标检测与跟踪的基础上，综合分析、理解及精确分类，识别不同模式下的目标。在机器视觉工业应用中常用于复杂场景理解等，如在无人驾驶汽车或移动机器人等应用中通过视觉恢复场景的三维信息，进而确认目标、识别道路和故障判断[24,25]。

 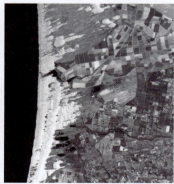 

图1-7　多光谱异源遥感图像配准实例图

 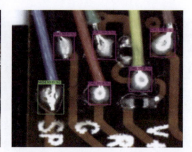

(a) 交通监控车辆检测　　　　(b) 工业焊接产品缺陷检测

图1-8　视觉目标检测实例图

1.6　挑战

尽管图像处理与机器视觉取得了巨大的进展，并得到广泛的应用，但还有许多的问题等待解决[26]。

① 图像的多义性问题：在从三维到二维的成像过程中，深度信息丢失，从而导致不同形状的三维物体投影在图像平面上产生相同图像，而且在不同视角获取同一物体的图像也会有很大差异。

② 知识导引图像：图像分析与理解构成了计算机视觉解决问题的工具，但需要依赖强烈的先验知识。如同人一样，以前的知识和经验都会用于目前的观察，不同的认知对同一事物理解有较大的差异。同样，相同图像在不同的知识导引下，计算机视觉将会产生不同的识别结果。

③ 视觉算法可靠性与准确性问题：由于应用场景往往复杂多变，视觉算法存在适应性与准确性差等问题。为此，需要研究选择性能最优的图像特征来抑制噪声干扰的方法，增强图像处理算法对普适性的要求，同时又不增加图像处理的难度。

④ 机器视觉产品的通用性问题：目前机器视觉与图像处理产品的通用性和智能性不够好，往往需要结合实际需求选择配套的专用硬件和软件，从而导致布局新的机器视觉系统开发成本过大与时间过长，这也为机器视觉技术在中小企业的应用带来一定的困难，因此加强设备的通用性至关重要。

⑤ 多传感器融合问题：由于使用视野范围的限制，在复杂的场景下单一视觉传感器无法获取有效的数据。多传感器融合可以有效地解决这个问题，通过融合不同传感器采集到的信息可以消除单传感器数据不确定性的问题，并获得更加可靠、准确的结果。但实际应用场景存在数据海量、冗余信息多、特征空间维度高与问题对象的复杂性等问题，提高信息融合的速度、解决多传感器信息融合的问题是目前的关键。

思考题与习题

（1）什么是数字图像处理？数字图像处理的目的是什么？
（2）什么是机器视觉？
（3）机器视觉与数字图像处理有什么区别与联系？
（4）机器视觉与数字图像处理的应用有哪些？

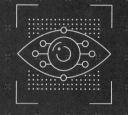

第1篇 视觉成像与获取

第 2 章
相机成像系统模型

高质量的图像获取是机器视觉系统得以成功应用的前提,相机成像系统模型为我们理解和分析图像获取过程提供了一个理论框架。本章内容旨在让读者:了解光谱与成像源的类型;理解相机成像的基本原理与数学模型,掌握描述光的传播和成像的物理过程与几何光学;重点掌握可见光成像系统的组成、主要元器件的参数与选型,能够根据应用要求搭建常用的可见光成像系统。

2.1 光谱与成像源

2.1.1 光谱的基本概念

光是由原子运动过程中的电子产生的电磁辐射。各种物质的原子内部电子的运动情况不同,所以它们发射的光波也不同。光谱(spectrum)是指将光按照波长或频率进行分类和分析的方法,或者是指由光按照波长或频率组成的图谱,如图 2-1 所示。通过光谱,可以看

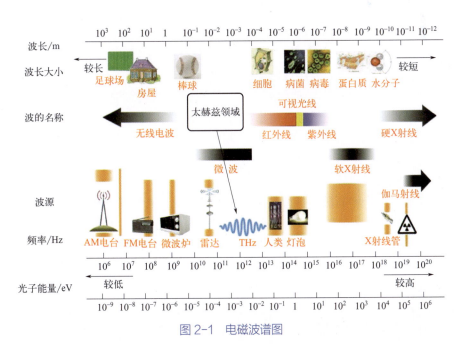

图 2-1 电磁波谱图

到光的组成成分和颜色。研究不同物质的发光和吸收光的情况，有重要的理论和实际意义，已成为一门专门的学科——光谱学。光谱分析是利用光谱来研究物质的成分和结构，通过分析光谱，可以识别物质的组成、测量物质的浓度、判断物质的性质等。

光具有波粒二象性（波动性和粒子性）。首先光是一种电磁波，准确地说是一种波长为 λ 的正弦波，波长（λ）和频率（ν）之间具有如下关系：

$$c = \lambda \nu \tag{2-1}$$

式中，c 代表光速，是恒量 $2.998 \times 10^8 \mathrm{m/s}$。

在粒子属性方面，电磁波的能量都是一份一份的，每一份能量（可以把这一份能量看作一个光子，它代表了一份最小的能量单位）可以表示为：

$$E = h\nu \tag{2-2}$$

式中，h 表示为普朗克常数，也是个恒量 $h = 6.62607015 \times 10^{-34} \mathrm{J \cdot s}$，如以 $\mathrm{eV \cdot s}$（电子伏特秒）为能量单位，则有：

$$h = 6.62607015 \times 10^{-34} / 1.602176634 \times 10^{-19} \mathrm{eV \cdot s} = 4.1356676969 \times 10^{-15} \mathrm{eV \cdot s} \tag{2-3}$$

由此可见，光具有如下特性：

① 光的颜色是由频率来决定的，频率永远不会改变，但是其波长在不同折射率介质下会发生改变，因为在不同折射率下，光速会变化。

② 波长越短，即频率越高，说明电子绕核转动越快，电子的运动越激烈，发光原子的能量越大。发光原子的能量决定了光波携带的能量。因此，光的频率越高，光的能量越大。

2.1.2 成像源

光谱成像是将光谱与图像相结合的技术，基本原理是利用光学技术来捕捉和处理光谱信号，以产生清晰、细节丰富的图像。通过获取不同波长的光谱信息，可以获得物体的颜色、形状、结构等详细信息。光学成像源被广泛应用于医学领域的诊断和治疗，如光学相干断层扫描（OCT）技术利用光学成像源来生成高分辨率的组织剖面图像，帮助医生诊断眼科疾病和其他疾病。此外，光学显微镜也常用于显微解剖学研究，通过成像源的帮助，科学家们能够观察和研究微小生物结构。此外，其还用于天文学中天体观测、航拍和监控等方面。根据波段的不同，光学成像可以分为如下几种[2,27]。

(1) 伽马射线成像

伽马射线成像是一种高级的成像技术，其用途广泛，特别是在核医学和天文观测领域，在核医学中，伽马射线成像技术被用于疾病的诊断与治疗。通过将特定的放射性同位素注入患者体内，当同位素物质衰变时，就会放射出伽马射线，然后用伽马射线检测仪收集到的放射线来产生图像。图 2-2（a）显示了一幅使用伽马射线成像得到的人体骨骼扫描图像。

此外，正电子发射型电子计算机断层显像（positron emission computed tomography，PET）是核医学领域中一项先进的成像技术，由探测系统、计算机处理系统、图像显示和断层床组成，利用正电子放射性核素（18F、11C、15O、13N 等）湮没辐射后，产生一对能量相同（511keV）、方向相反的强穿透γ光子，被探测器吸收，通过置换成空间位置和能量信号，经计算机处理重建出不同的断层图像，由于其可反映疾病的生理功能变化，因此被称为"活体生化显像"，如图2-2（b）所示。

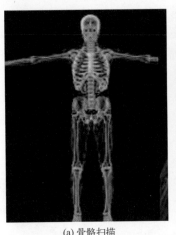 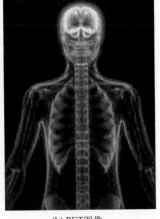

(a) 骨骼扫描　　　　　　　　(b) PET图像

图 2-2　伽马射线成像

(2) X 射线成像

X 射线，作为最早被用于成像的电磁辐射源之一，其在医学、工业及天文学等领域拥有广泛的应用。在医学诊断中，X 射线成像技术尤为常见，它能够穿透人体组织，为医生提供患者内部结构的清晰图像。这种成像技术依赖于 X 射线管，这是一种由阴极和阳极构成的真空管。当阴极被加热时，会释放自由电子，这些电子在电场的作用下高速向阳极移动。当电子撞击到阳极上的原子核时，会释放出能量，并转化为 X 射线辐射。X 射线的能量和强度是可以调控的。具体来说，X 射线的能量受到阳极电压的控制，而 X 射线的数量（即强度）则通过调节施加于阴极灯丝的电流来实现。在医学成像中，X 射线的强度会根据穿过病人身体组织时的吸收量而有所变化，最终被胶片吸收并转化为可见的图像。除了医学领域，X 射线在工业和天文学中也有重要应用。在工业领域，X 射线成像技术可用于检测材料和产品的内部结构，以确保其质量和安全性。而在天文学中，虽然 X 射线不是最常用的观测手段，但在某些特定情况下，如研究天体内部的高温高压环境时，X 射线观测能够提供宝贵的数据。图 2-3（a）就是位于 X 射线源和对 X 射线能量敏感的胶片之间的病人胸部图像。X 射线的强度会根据其穿过病人身体时组织对射线的吸收程度而有所变化，这种变化直接影响了最终照射到胶片上的能量分布。这与光使得胶片感光的原理是一样的。在数字射线照相技术中，数字图像可用两种方法得到：使用数字化的 X 射线胶片；X 射线穿过病人身体后直接落在某个装置上，该装置把 X 射线转换为光信号，然后，光信号由高灵敏度的数字系统捕获。

血管照相技术是对比度增强辐射成像领域中的另一个主要应用。该过程用于得到血管的图像。一根导管插入动脉或静脉，导管穿过血管并被引导到要研究的区域。当导管到达所研究的部位时，将 X 射线造影剂注入导管。这样会增强血管的对比度，并让放导管的学者观察任何病变或阻塞。图2-3（b）给出了一个主动脉血管造影的图像。

X射线在医学成像中的另一个重要应用就是计算机轴向断层扫描（computerized axial tomography，CT）。由于该技术的分辨率和三维能力，CT早在20世纪70年代第一次使用时就引起了医疗手段的革命。每幅CT图像实质上代表着患者体内一个垂直层面的详细"横截面"。随着患者沿纵向轻微移动，设备能够连续捕捉这些层面的图像，累积成一系列连续的"切片"。这些连续的"切片"图像随后被计算机处理并组合，从而构建出患者内部结构的精准三维可视化模型。图2-3（c）就是一幅头部CT图像。

(3) 紫外波段成像

紫外光的应用多种多样，包括平版印刷术、工业检测、显微镜、激光、生物成像和天文观测等。图2-4是紫外光成像的图像，左图为普通玉米成像，右图为患黑穗病的玉米图像。

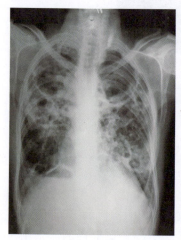
(a) 胸部X射线图像

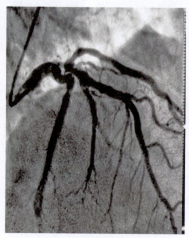
(b) 主动脉造影图像

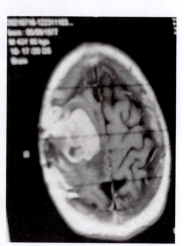
(c) 头部CT

图2-3　X射线成像

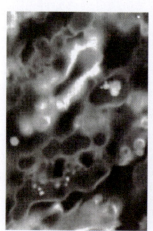
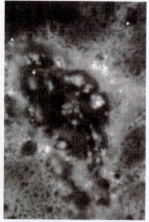

图2-4　紫外波段成像

(4) 可见光及红外波段成像

电磁波谱中的可见光波段因其直观性，成为人们最为熟悉的波段。这一波段的成像技术广泛应用于各个领域，如遥感、天文学、农业和工业自动视觉检测等方面，如图 2-5 所示。如在工业应用中，检测某控制板丢失的零部件，如使用人工筛选，费时费力，而用机器视觉筛选将大大节省生产成本，提高生产效率。

图 2-5 可见光波段成像

光是一种特殊的电磁辐射，它可以被人眼感知。可见光是电磁波谱中人类视觉系统能够直接感知的特定波长范围。尽管没有严格的界限，但通常认为可见光的波长在 400～760nm 之间。然而，个体间存在差异，有些人甚至能够感知到波长范围略微扩展至 380～780nm 之间的电磁波。这些不同波长的电磁波会触发人类眼睛中不同感光细胞的反应，从而产生不同的颜色感觉。表 2-1 是可见光的各个颜色的波长范围。可见光与红外波段成像如图 2-6 所示。

表 2-1 各个颜色的波长范围

波段编号	颜色名称	波长 /μm	特点和用途
1	蓝光	0.45～0.52	最大渗透率
2	绿光	0.52～0.60	适合测量植物活力
3	红光	0.63～0.69	植物判别
4	近红外线	0.76～0.90	土壤和植被含水量
5	中红外线	1.55～1.75	生物量和海岸线测绘
6	热红外线	10.4～12.5	土壤水分；热制图

(5) 微波波段成像

微波波段成像的典型应用包括合成孔径雷达（synthetic-aperture radar，SAR）、毫米波雷达（millimeter-wave radar）与激光雷达（LiDAR）等。成像雷达的独特之处在于其具备在任何环境和时间段内，无视空气状况和周围光照条件，持续进行数据收集的能力。成像雷达的工作原理是发送连续的无线电脉冲以"照亮"目标场景，接收并记录每个脉冲的回波。脉冲被发送，并且通过单个波束形成天线接收回波，波长覆盖数米至数毫米的广泛范围。当雷达安装于飞机或航天器时，相对于目标，其天线位置会随时间变化，从而获取多个角度的观测数据。通过对连续记录的雷达回波信号进行高级处理，这些来自不同天线位置的数据得以整合，形成合成天线孔径，进而生成分辨率超越物理天线限制的图像。在雷达图像中，仅观察到反射至雷达天线的微波能量，这一特性使得成像雷达在多种应用场景下都能提供高质量的数据。图 2-7 是南方高低不平地面的星载雷达图像,其图像清晰度并没有被云层和其他大气条件影响,而通常这些因素会影响可见光波段图像。

图 2-6　可见光与红外波段成像

(6) 无线电波段成像

无线电波段成像在医学和天文学领域扮演着重要角色。在医学应用中,无线电波被用于核磁共振成像(magnetic resonance imaging, MRI)技术。磁共振成像的基本原理是将人体置于特定磁场中,用射频脉冲激发人体内的氢原子核,使其产生共振并吸收能量。在射频脉冲停止后,氢原子核按照特定频率发射射电信号,并释放吸收的能量,这些信号被外部接收器捕捉,并经过计算机处理生成图像,这就是核磁共振成像。图 2-8 是人脑的图像。与 CT 扫描相比,MRI 扫描过程通常耗时更长,且伴随着较大的声音,但 MRI 不涉及 X 射线或使用电离辐射,能够成三维断面像,且没有辐射。此外,进行 MRI 检查时需要患者进入相对狭窄的封闭空间。特别地,体内装有特定医疗植入物或不可移动金属的患者可能因安全原因无法进行 MRI 检查。

 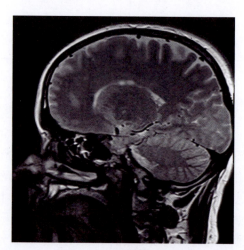

图 2-7　微波波段成像　　　　　　图 2-8　核磁共振成像

(7) 声波成像

根据声波在传播过程中能量逐渐衰减的原理可知，离声波发生器越近的位置，声波能量越强，成像效果越好，反之，越远的位置，声波能量越弱，成像效果越差。为提升不同位置的声波成像效果，可以将声波发生器放置在不同位置，通过多次激发声波、多次接收声波的方式，得到对地下波场的多次观测，再叠加多次观测的结果，得到最终的成像结果。声波成像广泛应用于医学、地震勘测 [图 2-9 (a)]、地质勘探、声呐 [图 2-9 (b)] 等。

(8) 超声成像

超声成像通过发送超声声束扫描人体，并接收、处理反射信号，从而生成体内器官的图像，如图 2-10 所示。近年来，超声成像技术经历了显著的进步，涵盖了从灰阶到彩色显示的多样化视觉表现、实时成像的即时反馈、超声全息摄影的复杂数据捕捉、穿透式成像的深度探测、三维成像的立体视觉体验以及体腔内超声成像的微观洞察等。

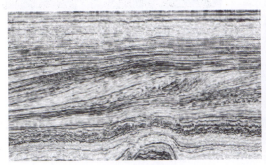

(a) 地震模型横截面图像　　　　　　(b) 声呐图像

图 2-9　声波成像

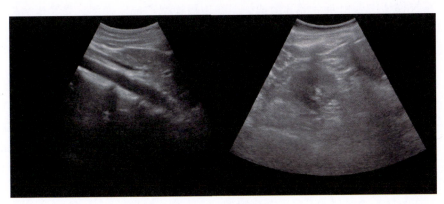

图 2-10　超声成像

(9) 电子显微镜成像

电子显微镜（electron microscope）是根据电子光学原理，用电子束和电子透镜代替光束和光学透镜，使物质的细微结构在非常高的放大倍数下成像的仪器。采用电子束为光源，照射固体材料，以电子束散射的电子为信号，主要用于对材料表面或内部结构形态形貌进行高分辨成像，包括透射电子显微镜（TEM）、扫描透射电子显微镜（STEM）、扫描电子显微镜（SEM）。图 2-11 包括 SEM 和 STEM 高分辨图像。

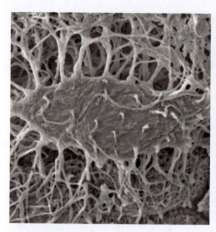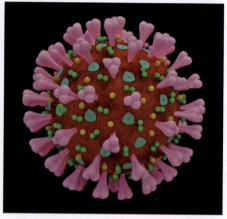

图 2-11　电子显微镜成像

2.2　成像系统模型

　　光学成像系统一般由透镜、光学滤波器、传感器等组成。当光线通过透镜系统时，其方向会发生改变，并被聚焦到传感器平面上，形成像。这个过程可以用一个数学模型来描述，该模型称为"成像系统模型"。成像系统模型是用于描述光学成像系统中的物理过程，包括光线传播、透镜成像、传感器检测等的数学模型，该模型可以帮助理解成像系统的性能特征，优化系统设计以及解决成像质量问题。

　　成像系统模型主要由两个部分组成：光线传播模型和成像模型。光线传播模型描述了光线如何通过成像系统，包括光线传播的方向和传播距离。成像模型则描述了光线在成像平面上形成的像的特征，如位置、大小、形状等。

2.2.1　光线传播模型

　　光线传播模型是用于描述光在不同介质中传播的物理模型，结合了几何光学和光的波动性，可以帮助理解和预测光线在空气、水、玻璃等介质中的行为，并预测光线的传播路径、衰减和散射等现象。在几何光学中，光线被视为直线，沿着一条特定的路径传播。这种模型适用于当光线与物体的尺寸相比较小时，如光线透过小孔或经过薄透镜时。此外，光线在介质中传播时还会发生反射、衍射和散射等现象，这些模型在光学领域的研究和应用中起着重要的作用。

　　(1) 光的反射

　　光学反射模型是用于描述光线在介质边界上发生反射的物理模型，它基于光的波动性和几何光学原理。当光线从一个介质传播到另一个介质时，会发生反射现象，即光线在介质边界上发生反弹。根据反射定律，入射角等于反射角，即入射光线和反射光线之间的角度相等，反射光线、入射光线和入射点处的界面法线在同一平面内（图 2-12）。

(2) 光的折射

当光线从一个介质传播到另一个折射率不同的介质中时,由于其传播速度的变化而引起传播方向变化的现象,即折射现象(图 2-12)。其入射角与折射角之间的关系,可以用斯涅尔定律(Snell law)来描述。斯涅尔定律是因荷兰物理学家威理博·斯涅尔而命名,又称为"折射定律"。

折射定律表明,当光波从介质 1 传播到介质 2 时,假若两种介质的折射率不同,则会发生折射现象,其入射光和折射光都处于同一平面,称为"入射平面",并且与界面法线的夹角满足如下关系:

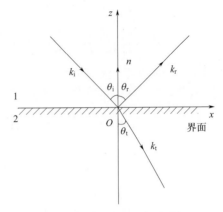

图 2-12 光的反射与折射

$$n_1 \sin \theta_1 = n_2 \sin \theta_2 \tag{2-4}$$

式中,n_1、n_2 分别是两种介质的折射率;θ_1、θ_2 分别是入射光、折射光与界面法线的夹角,分别叫作"入射角""折射角"。同时,折射光线位于入射光线和界面法线所决定的平面内,折射光线和入射光线分别在法线两侧。

(3) 光的散射

光的散射是一种物理现象,它发生在光线穿越不均匀介质时,导致光线部分偏离其原始的传播路径。显然,如果光入射的是均匀介质,那么光只会发生反射、折射,不会产生散射。光的散射有很多种,如米氏散射、瑞利散射、拉曼散射、布里渊散射等。在光散射的领域中,根据光频率是否发生变化,可以将其细分为两大类:弹性散射和非弹性散射。弹性散射描述的是光在散射过程中波长(或频率)保持不变的现象,入射光的波长与散射后的波长相同,如米氏散射和瑞利散射等。与之相对,非弹性散射则涉及散射前后光波长的变化,如拉曼散射、布里渊散射和康普顿散射等。特别地,瑞利散射作为弹性散射的一种,其显著特点是要求散射微粒的尺寸远小于入射光的波长,通常小于波长的十分之一。这种散射的一个重要特征是,散射强度在不同方向上并不一致,且散射强度与波长的四次方成反比关系。这种特性使得瑞利散射在光学研究和应用中占据了重要位置。比如,天空本来是没有颜色的,只是由于大气分子的存在,当太阳光入射到地球上的时候被散射了。如前所说,瑞利散射的强度与波长的 4 次方成反比,也就是说,波长越短,散射强度越强,所以蓝紫光被散射得最厉害,而紫光被大气吸收了,且人眼对紫光不敏感,因此,天空呈现蔚蓝色。同理,当空气中雾霾严重时,PM2.5 散射颗粒将会对太阳光产生严重的散射,此时空气的可见度非常低。

(4) 光的衍射

光在传播过程中,遇到障碍物或小孔时,光将偏离直线传播的路径而绕到障碍物后面传播的现象,叫光的衍射(diffraction of light)。光的衍射和光的干涉一样证明了光具有波动性。

光的衍射通常分为两类:一类是菲涅耳衍射;一类是夫琅禾费衍射。菲涅耳衍射适用于障碍物与光源和衍射图样的距离分别为有限远的情况。夫琅禾费衍射指障碍物与光源和衍射图样的距离均为无限远的情况,即入射光和衍射光都是平行光束,也称平行光束的衍射。

2.2.2 成像模型

在光学成像中,最常用的成像系统模型是针孔成像模型,如图 2-13 所示。该模型假设成像系统是由一个单一的针孔组成,光线沿直线传播,物体反射的光线,通过针孔在成像面形成倒立的影像。针孔与成像面的距离,称为焦距。针孔接近成像面,可拍摄广角照片,针孔远离成像面,可拍摄远摄照片。通过投影中心两侧的相似三角形关系,可以精确地计算出像的高度 h':

$$h' = h\frac{c}{s} \tag{2-5}$$

式中,h 为物体的实际高度;s 是物体到投影中心的距离,称为物距;c 为像平面到投影中心的距离,称为像距。

从式(2-5)可以看出,在光学成像系统中,像距 c 扮演着关键角色。当像距增加时,系统的放大效应也随之增强,导致像高 h' 相应增加。然而,当物距 s 增大时,物体与成像平面之间的距离拉远,这会削弱系统的放大效果,从而使得像高 h' 减少。

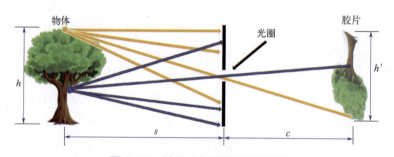

图 2-13 针孔成像模型原理示意图

一般而言,针孔越小,影像越清晰,但针孔太小,会导致衍射,反而令影像模糊,针孔过大,成像面一个点存在来自物体的多个点的光,导致成像模糊。这个模型可以用于描述简单的成像系统,但对于复杂的成像系统则可能会出现误差。因此,真正的相机使用镜头收集光线。镜头通常由精心设计的玻璃或塑料材料制成。这些材料的形状和构造经过精密计算,以精确控制光线的传播方式。具体而言,玻璃或塑料的曲面形状决定了镜头是使光线发散还是会聚。此时需要使用更复杂的模型,例如"透镜成像模型"。

镜头是基于折射原理构造而成的,根据公式(2-4)的折射定律,镜头成像的复杂性源于光的折射定律的非线性特性,这意味着同心光束在通过镜头后往往不会完全聚焦于一个点。然而,在入射角 θ 极小的情况下,这种非线性效应可以忽略不计,进而可以采用近轴近似,将 θ 近似处理为线性关系,那么就可以得到线性的折射定律:

$$n_1\theta_1 = n_2\theta_2 \tag{2-6}$$

当光线与系统光轴的夹角 θ 的正弦值可用角值(单位为弧度)代替,即 $\sin\theta \approx \tan\theta \approx \theta$,$\cos\theta \approx 1$,可以得到近轴光学(几何光学的一个分支)。当 θ 很小时,同一个物点所发出的不同光线经球面反射后汇交于一点,从而保持住了光束的单心性,即确保物体与其对应像点之间的明确对应关系。具体来说,当一个物体在垂轴平面上移动时,如果其对应的像点也在同一垂轴平面上进行线性的、等比例的位移,则这个光学系统被认为是理想的成像系统。进一步分析,当一个物体位于非常靠近光轴的位置,并且其每一个物点都以极细且接近光轴的单色光束形式通过光学系统成像时,可以观察到近乎完美的成像效果。说明无论是单个球面还是单个透镜构成的光学系统,在其近轴区域都具有理想的成像特性。反之,当物体处在近轴视角之外的时候,物体成像质量会下降,因为当光线在光学系统中传播时,如果其光路发生了偏离,不再按照理想的路径汇聚于高斯像点(即理想的成像点),这种偏差会导致一系列成像问题。具体来说,原本对应于物点的像不再是一个清晰的点,而是扩展为一个模糊的弥散斑。进一步地,整个物体的成像也不再是一个平坦的平面,而是呈现为一个曲面。因此,这种成像的失真使得物体的像与物体本身在形态上失去了原有的相似性,物体的成像质量下降了。因此,当相机的成像平面在成像系统的高斯平面附近的时候,相机的成像质量是最好的。

1841年,C.高斯建立了研究理想光学系统的几何光学理论,亦称"高斯光学",为光学研究提供了一个理想化的框架。在此框架下,同心光束经过由球面透镜构成的镜头后,会重新汇聚至一个点。高斯光学描述的是一个无像差、理想化的光学系统,任何偏离高斯光学预测的行为都被定义为像差。在光学系统的设计中,关键目标在于优化镜头的结构,以在确保满足高斯光学原理的基础上,实现足够大的入射角,从而满足实际应用中的广泛需求。透镜成像模型包括薄透镜成像模型(图2-14)与厚透镜成像模型。薄透镜成像公式(thin lens equation)如下:

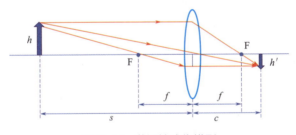

图2-14 薄透镜成像模型

$$\frac{1}{s}+\frac{1}{c}=\frac{1}{f} \tag{2-7}$$

$$M=\frac{h'}{h}=\left|\frac{c}{s}\right| \tag{2-8}$$

式中,c是像距;s是物距;f是焦距;h'和h分别为像高和物高,而成像的大小则与物距、焦距和像距有关。

然而,薄透镜是一个厚度为0的折射面,只有一个面与焦距,没有曲率,是一个理想化、不是真实存在的模型,且薄透镜绝大多数情况下都在空气中。而真实采用的则是厚透镜成像模型。厚透镜成像模型为光学系统提供了一个简化的表示,其中镜头被视为由两个球心位于同一直线上的折射球面组成,这两个球面之间填充着一种均匀的介质,镜头两侧的外部介质也具有相同的折射率。镜头本身具有一定的物理厚度,如图2-15所示。在描述光线传播时，假定光线从左向右行进，所有水平的间距均按照光线的传播方向进行测量。因此，任何位于镜头前的水平间距被视为负值。同样地，垂直方向上，向上的间距被定义为正，而向下的间距则为负。

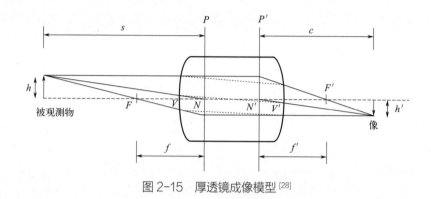

图 2-15　厚透镜成像模型[28]

在光学成像过程中，当物体位于镜头前方时，其像将在镜头的后方形成。对于镜头，存在两个焦点 F 和 F'，分别位于两侧，平行于光轴的光线经过镜头后会在另一侧汇聚于相应的焦点。

主平面 P 和 P' 是光学设计中的关键概念，它们可以通过追踪从镜头一侧入射的平行光线，并找到这些光线与另一侧过焦点光线的交点来确定。这两个平面均与光轴垂直，而焦点 F 和 F' 与主平面 P 和 P' 之间的距离分别为 f 和 f'。由于镜头两侧介质相同，焦距 f 和 f' 互为相反数，即 $f = -f'$。

在成像过程中，物体到主平面 P 的距离称为物距 s，而像到主平面 P' 的距离称为像距 c。图 2-15 中展示的虚点线即为光轴，它是镜头两个折射球面的旋转对称轴。折射球面与光轴的交点被定义为顶点 V 和 V'。

当镜头两侧介质相同时，存在两个特殊点 N 和 N'，它们分别是主平面与光轴的交点，也被称作节点。这些节点具有一个重要的性质：通过 N 点的光线在通过镜头前后与光轴的夹角保持不变，并且这些光线也会经过 N' 点。

基于上述定义，厚镜头的成像法则可以归纳为以下 3 点：
① 镜头前平行于光轴的光线会经过焦点 F'。
② 经过焦点 F 的光线在通过镜头后会变为平行于光轴的光线。
③ 通过节点 N 的光线也会经过节点 N'，并且在通过镜头前后与光轴的夹角保持不变。

从图 2-15 可以看出，这 3 条光线会在一个特定的点上会聚，这个点即为像点。由于像的几何尺寸完全取决于 F、F'、N 和 N' 这 4 个基本要素，它们对于成像过程至关重要。此外，值得注意的是，对于平行于主平面 P 和 P' 的物面上的所有物点，其对应的像点会形成一个平行于 P 和 P' 的平面，这个平面被称为像平面[29]。

与针孔摄像机类似，可以利用相似三角形的原理来确定物体与像之间的基本关系。这种方法提供了一种直观且精确的方式来理解和分析光学系统的成像特性。可以看出，$h/s = h'/c$，从而可以得到：

$$h' = h\frac{c}{s} \tag{2-9}$$

定义放大系数为 $\beta = h'/h$，利用光轴上下两侧的相似三角形，可以得出 $h'/h = f/(f-s)$ 及 $h'/h = (f'-c)/f'$，涉及的两个三角形分别位于镜头的两侧，它们共同拥有一条边，即光轴。焦点 F 和 F' 是这两个其中的一个顶点，分别位于镜头的两侧。为了保持数学描述的一致性和准确性，引入了正负符号的定义，以区分位于镜头前后的距离和方向。基于这一符号约定，当镜头两侧介质相同时，焦距 f 和 f' 互为相反数，即 $f = -f'$，依据这个关系，可以推导出：

$$\frac{1}{c} - \frac{1}{s} = \frac{1}{f'} \tag{2-10}$$

式 (2-10) 在光学成像分析中占据核心地位，它揭示了物距 s 与像距 c 之间的紧密关系。具体而言，当物体靠近镜头时，即 s 的绝对值减小，像距 c 会相应增大，反之，当物距增大时，像距会减小。这一原理对于理解聚焦过程至关重要，因为聚焦实质上就是通过调整镜头结构来改变像距，使得成像更加清晰。在极端情况下，当物距趋于无穷远时，所有光线将以平行光的形式传播，此时像距 c 将等于焦距 f'。这意味着，远处的物体发出的光线经过镜头后会汇聚在焦平面上，形成清晰的实像。另一方面，如果将物体置于焦点 F 处，情况则有所不同。此时，物体发出的光线经过镜头后将平行于光轴传播，这意味着像平面将位于无穷远处。如果进一步将物体向镜头移动，使其位于焦点 F 之内，将观察到光线在成像端发散的现象。此时，根据前面提到的公式，c 的正负号将发生变化，表明像将位于物体的同一侧，形成虚像（图 2-16）。这正是放大镜的工作原理[29]。

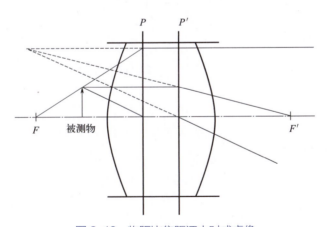

图 2-16 物距比焦距还小时成虚像

从 $\beta = h'/h = f/(f-s) = f'/(f's)$ 可以明确的是，当物距 s 保持不变时，随着焦距 f' 的增大，光学系统的放大倍率也会相应增加。然而，需要指出的是，实际的镜头系统远比之前讨论的厚镜头模型复杂。为了减少成像时的像差，现代的镜头通常由多个位于同一光轴上的光学镜片构成，这些镜片具有不同的曲率和折射率。

如图 2-17 所示，这是一个真实的镜头系统的示例，它展示了镜头的复杂结构和设计。

尽管真实的镜头系统包含多个光学元件，但仍然可以将其看作一个等效的厚镜头模型。这意味着，即使对于复杂的镜头系统，也可以使用类似于厚镜头模型的主要元素（如焦点、主平面等）来描述其光学性能。图 2-17 表示了焦点 F 和 F'，节点 N 和 N' 及主平面的位置。请注意，在这个镜头中，物方焦点 F 位于第二个镜片内部，而且 N' 在 N 的前方。

真实的镜头设计中，考虑到光线的收集和成像质量，都会设置一个特定的孔径大小。为了精确地控制到达像平面的光线数量，镜头系统中通常配备有可变光阑。用户可以通过镜头筒上的一个调节环来手动调整光阑的大小，从而改变通光量。在图 2-17 中，以 D 来表示这个系统的光阑。除了光阑本身，镜头的其他组成部分，如镜筒，也可能对到达像平面的光线总量产生限制。这些所有影响光线通量的因素统称为光阑。特别地，那些对通光量限制最为显著的光阑，即最大程度限制光线通过的部件，被称为镜头的孔径光阑。需要强调的是，镜头的孔径光阑并非总由最小的光阑决定。在光线穿过镜头时，光阑前后的镜片可能会改变光阑的实际尺寸，使之放大或缩小。因此，即便在镜头中存在较小的光阑，相对较大的光阑在某些情况下也可能成为整个镜头系统的孔径光阑，即那个对通光量产生最大限制的光阑。

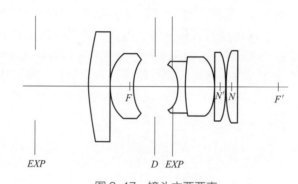

图 2-17　镜头主要要素

D—光阑；ENP—入瞳；EXP—出瞳

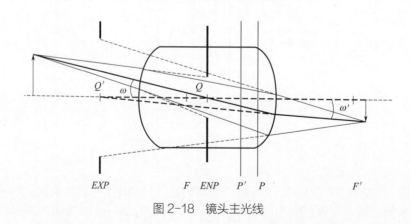

图 2-18　镜头主光线

基于孔径光阑的概念，可以定义镜头系统中的两个关键虚拟光阑：入瞳（ENP）和出瞳（EXP）。入瞳代表着镜头系统能够接收光线的有效面积，它是由孔径光阑被其前面的光学系统成像于物方空间所形成的，这个像通常是虚像。入瞳是所有从物面各点发出的光束共同经过的入口，这些光线得以进入镜头系统内部并传播。类似地，出瞳是孔径光阑被其后面的光学系统成像于像方空间所形成的虚像。出瞳定义了只有那些能够通过它的光线才能完全通过整个光学系统并最终在像平面上成像的条件。

可以从同心光束中挑选出一条通过镜头系统的重要光线——主光线。主光线过孔径光阑中心，其在物方和像方的对应光线或光线延长线也分别过入瞳和出瞳的中心，在图 2-18 中主光线的实际光路以粗实线表示，过入瞳中心 Q 和出瞳中心 Q' 的主光线的延长虚拟光路以粗虚线表示。在这个镜头中，主光线真实的传播路径非常靠近 Q 点。图 2-18 也画出了过入瞳和出瞳边缘的光线，以细实线表示，而过入瞳和出瞳边缘的延长虚拟光路则以细虚线表示。这些光线形成了进、出镜头系统的光锥，从而决定了能够到达像平面的光通量。

镜头的另外一个重要的参数是光瞳的放大率 $\beta_p = d_{EXP}/d_{ENP}$，也就是出射光瞳的直径与入射光瞳直径之比，$\beta_p$ 的大小也与物方和像方视场角相关：

$$\beta_p = \frac{\tan \omega}{\tan \omega'} \tag{2-11}$$

需要注意通常情况下 ω' 与 ω 不相等，仅在 $\beta_p = 1$ 时两者才一致。在上述基础上来讨论针孔模型中的光线相当于高斯光学中的主光线。在针孔模型中，所有光线都通过一个单一的投射中心，即针孔，而在高斯光学模型中，存在两个投射中心：一个位于入射光瞳，用于物方光束的汇聚；另一个位于出射光瞳，用于像方光束的发散。此外，在通常情况下，高斯光学中 $\omega' \neq \omega$，而在针孔摄像机中 $\omega' = \omega$。

为了使这两种模型保持一致，需要确保物方和像方的视场角相等，特别是物方视场角 ω，因为它直接取决于被测物体的几何尺寸。此外，还需要建立一个具有单一投射中心的系统。由于物方视场角 ω 必须保持不变，可以通过将出射光瞳上的投射中心移动到入射光瞳上的投射中心来实现这一目的。如图 2-19 所示，为了保持像的大小不变，需要将像平面在虚拟意义上移动到与入射光瞳的投射中心 Q 像距为 c 的点上。这一调整确保了即使像平面的位置有所变动，最终在像面上呈现的图像大小仍保持不变。

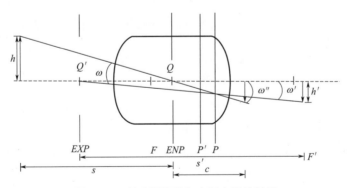

图 2-19 针孔摄像机和高斯光学的关系

如上所述，c 为摄像机常数或主距。这时就有了新的像方视角 ω''，根据 $\tan \omega = \tan \omega''$，可以得到 $h/s = h'/c$，也就是：

$$c = \frac{h'}{h}s = \beta s = f'\left(1 - \frac{\beta}{\beta_p}\right) \tag{2-12}$$

上面论述了如何通过相机标定得到主距 c。需要注意的是，主距与焦距 f' 可能不同，如相差 10% 左右。c 取决于物距 s。从上述的公式中可以看出，c 同时取决于像距 s'。因此，如果摄像机聚焦于另一个平面必须重新标定。

透镜成像模型考虑了透镜的形状和折射率等因素，可以更准确地描述透镜成像系统的行为。矩阵成像模型则使用矩阵运算描述光线传播和成像过程，可以应用于复杂的光学系统中。除了针孔成像模型、透镜成像模型和矩阵成像模型，还有其他类型的成像系统模型，如非线性成像模型、多视角成像模型等。这些模型可以应用于不同类型的成像系统中，根据需要进行选择。

在实际应用中，成像系统模型可以用于优化系统设计，如选择合适的透镜形状和参数，调整传感器位置和分辨率等。此外，成像系统模型还可以用于解决成像质量问题，如图像失真、模糊、噪声等。

2.3 成像系统组成

2.3.1 照明系统

(1) 光源

在机器视觉中，光源是至关重要的因素之一，光源的核心作用在于增强被测物体与背景之间的视觉区分度，以实现图像的高品质和鲜明对比度。光照直接影响图像的质量、特征提取和物体检测等任务的准确性。不同的光源类型和光照条件可以对图像产生不同的效果，从而影响计算机视觉算法的性能。选择合适的光源能够有效强调图像的关键特征，显著提升图像的整体效果。这不仅能简化后续图像处理算法的复杂度，还能显著提高检测的准确性，进而增强检测系统的整体稳定性，直接影响处理精度和速度，甚至系统的成败。

机器视觉中的光源种类多种多样，根据不同的应用场景和需求，选择合适的光源类型可以显著影响图像的质量、特征提取、物体检测等任务的准确性。机器视觉中常见的光源种类包括如下种类。

① 自然光。自然光是来自太阳或天空的光线，它具有宽广的光谱分布，能够提供逼真的颜色和光照效果，因此常常被视为最自然的光源。然而，自然光可能受到窗户、遮挡物、天气变化等因素的影响，造成光线不均匀和阴影，需要进行适当的控制。

② 白炽灯。白炽灯又叫作钨丝灯。电流通过灯丝时产生大量热量，使得灯丝被加热至超过 2000℃ 的极高温度，使其达到白炽状态，从而发出明亮的光芒，故称之为白炽灯。白炽灯是传统的照明光源之一，具有较暖的色温。白炽灯最接近于太阳光，显色性很好，显色指数 99～100，价格便宜。然而，白炽灯的光谱含有较多的红色成分，可能导致图像偏暖色调。白炽灯所消耗的电能只有约 10% 可转化为光能，而其余部分都以热能的形式散失，效率低，同时在高温下使用可能造成光源寿命较短，使用寿命通常不会超过 1000 小时。

③ 卤素灯。卤素灯作为白炽灯的一个先进变体，其独特之处在于灯泡内部注入了碘或

溴等卤素气体。在高温工作环境下，钨丝会逐渐升华，而卤素气体则与这些升华的钨进行化学反应。当钨丝冷却后，钨会再次沉积并凝固在钨丝上，这种化学过程形成了一种自我修复和再生的平衡循环，有效地延长了钨丝的使用寿命，避免了其过早断裂。因此，卤素灯泡的寿命比白炽灯更长。卤素灯具有比较接近于日光的连续光谱，显色性很好，显色指数95以上，价格也比较便宜。其体积小，控光性好，所以适合投射照明且对被照物色彩还原要求比较高的照明场合。卤素灯的寿命提高到2000～4000小时，缺点是不改变白炽灯的本质，发光效率比较低。

④ 荧光灯。荧光灯又叫日光灯，在室内照明中非常常见，荧光灯灯管内充有氩气和少量的汞，灯管内壁涂有荧光粉。荧光灯在气体放电的过程释放出紫外光，荧光粉吸收紫外光后释放出可见光。荧光灯的发光效率比白炽灯高，其光谱通常具有不连续性，可能导致图像中的颜色偏绿，显色相对较差，尤其早期的非三基色粉荧光灯，荧光灯含有汞等有害元素，具有一定的危害环境。另外，紫外辐射和频闪现象也会对人的眼睛造成伤害。

⑤ LED灯。LED（light emitting diode，发光二极管）灯是近年来越来越受欢迎的光源类型，LED是一种固态半导体器件，具备将电能直接转化为可见光的卓越能力。其工作原理高效且直接，无需中间转换步骤，即可实现电能到光能的转变。能耗较低，发光效率比白炽灯和荧光灯都高，理论上寿命很长，发光可达100000小时，适用于不同环境。它具有较宽的光谱范围，可根据需要调整颜色温度，因此在机器视觉中常被用于提供均匀且可控的光照条件。

不同光源参数对比如表2-2所示。

表2-2 不同光源参数对比

参数	高频荧光灯	卤素灯	LED光源
价格	低	高	中
亮度	低	高	中
稳定性	低	中	高
闪光装置	无	无	有
使用寿命	中	低	高
光线均匀度	高	中	低
多色光	无	无	有
复杂设计	低	中	高
温度影响	中	低	高

(2) 照明方式

照明方式是指在图像采集过程中用于照亮被观察物体的方法（图2-20）。选择适当的照明方式可以显著提高图像质量，以及特征提取和物体检测等任务的准确性。以下是机器视觉中常见的照明方式。

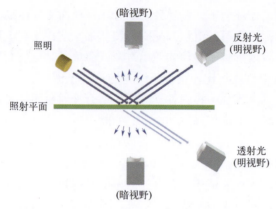

图 2-20　照明方式示意图

(a) 明场照明　　　　　　　　　　(b) 暗场照明

图 2-21　明场照明与暗场照明效果图

① 明场照明。明场照明（bright field illumination）是一种常见的照明方式，即光源以特定的角度照射在被测物体的正面，确保大部分光线直接反射至相机，从而最大化捕获物体的细节和特征，而散射光呈黑色，称之为明场照明［图 2-21（a）］。明场照明可以提供均匀的照明，使物体的轮廓和特征清晰可见。这种照明方式适用于表面检查、特征提取、物体定位等任务。

② 暗场照明。暗场照明（dark field illumination）是光源和被测物体呈一定的角度，使大部分光源不能反射到相机上，仅让少部分反射光或者散射光进入到相机里［图 2-21（b）］。这种照明方式可以突出物体的轮廓和边缘，适用于检测微小缺陷、凸凹表面等任务。

③ 背光照明。背光照明（backlighting）是一种将光源放置在被观察物体背后的照明方式，即相机和光源位于被检测物体的两侧（图 2-22）。它可以产生物体的轮廓和边缘的明亮区域，常用于目标轮廓分割和边缘检测任务。

④ 环形光照明。环形光照明（ring light illumination）是将光源设置成环状，照射在镜头周围。这种方式可以减少阴影并提供均匀的照明，适用于需要均匀照明的情况，如拍摄物体的正面。

(3) 光源颜色选择

通过研究发现，颜色具有如下特性：

① 在色相环（图 2-23）上，夹角为 180° 的两种色被称为互补色，例如，红与绿相差

180°，黄与青相差 180°，蓝与橙相差 180°，均为互补色。互补色具有极其强烈的对比与反差。此外，互补色在适当的比例下融合，能够产生纯净的白光，例如蓝光与橙光相互补充，融合后形成白光。

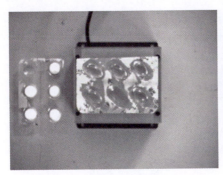

图 2-22　背光照明

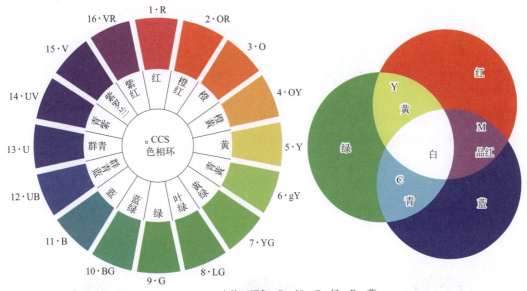

光的三原色：R，红；G，绿；B，蓝

图 2-23　色相环

② 在色彩环上，相距 60°以内的颜色，称为邻近色。任何单一颜色均能通过其邻近的两种单色光混合重现，有时甚至可以利用次近邻的单色光来达到相似效果，例如：黄光与红光的融合可产生橙光的视觉效果；而红光与绿光的混合则能复制出黄光。值得注意的是，在黑白相机下，色环中相邻或同种颜色的叠加会呈现出浅灰色。

③ 如果在色彩环上精心挑选的三种独立单色光，通过不同比例的混合，能够创造出日常生活中丰富多样的色调。这三种单色光，被誉为三基色光，它们在光学领域中占据着核心地位，即红色（R）、绿色（G）和蓝色（B）。

④ 当太阳光照射到物体上时，若某一特定波长的光被物体所吸收，那么物体所展现的

颜色（即反射光）将会是这一被吸收光的互补色。也就是说，之所以看见物体呈现颜色，是因为它反射了那种可见光（其实是吸收了其互补光，或称互补色），如图2-24所示。当白光照射到蓝色材料上，表面材料吸收了橙色（蓝色的互补色为橙色），所以该材料在人眼中为蓝色。当用红色光去照射同一蓝色物体，物体却显示紫色，因为蓝色材料的物体只吸收（其互补色）橙色光，而反射红光与物体本身的蓝色组合产生紫色。经黑白相机拍摄以后，同色打光为白色，互补色打光为黑色。

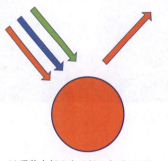 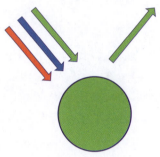

(a) 吸收大部分光反射红色看到红色　　(b) 吸收大部分光反射绿色看到绿色

图 2-24　光的吸收与反射

基于上述特性，在光源颜色选择的时候，往往需要考虑如下策略。

① 利用波长的特性。红外光波长长，具有穿透性强的特性，红外光可以过滤产品表面有机涂料干扰，检测表面划痕，也可以穿透深色口服液检测内部杂质。紫外光波长短，具有扩散率高以及激发荧光的特性，适用于：透明物体表面Mark点定位；路由器字符检测，该油墨对短波长紫外反射率较低；UV胶体检测；隐形码读取；等。

② 利用颜色的叠加（互补色，相邻色）。通常按照"红橙黄绿青蓝紫"的顺序，当光源与物体颜色相近，即颜色叠加后为白色，光源与物体颜色相距较远，颜色叠加后为黑色，即"同色打白，异色打黑"，如图2-25所示。

(a) 白光照射的图像　　(b) 紫色光源照射获取的图像　　(c) 绿色光源照射获取的图像

图 2-25　不同光源照射后获取的图像

③ 利用不同材质对不同波段的光源反射率不同。比如铜和金对于波长短的光源，反光较弱，银和铝在波长850nm左右反光相差最大，蓝色光源能够更好地打出铜、金、铝之间的差异，AOI光源照射PCB后获取的图像如图2-26所示，焊接点与背景反差明显。

图 2-26　AOI 光源照射下获取的 PCB 图像

2.3.2　镜头参数

在机器视觉系统中，镜头的质量和技术参数对成像系统的整体性能具有决定性的影响。镜头的合理选择与安装是确保机器视觉成像系统成功的核心要素。其中，与镜头密切相关的关键技术参数包括但不限于：镜头分辨率、焦距、最小工作距离、最大像面尺寸、视场及视场角、景深、光圈调节范围、相对孔径大小以及镜头与成像设备之间的安装接口类型等。

(1) 焦距

焦距是指镜头到成像传感器（或物体平面）的距离。它决定了图像的视场大小和放大倍数。较短的焦距可以提供较大的视场，适用于广角拍摄。较长的焦距可以实现较小的视场，适用于远距离拍摄或需要放大的任务。焦距是镜头固有的基本属性，它决定了在不同物体距离下目标的成像位置和尺寸。市面上常见的镜头焦距范围广泛，涵盖了从 6mm、8mm、12.5mm 到 50mm 等多种规格。在镜头与物体之间的距离保持恒定的条件下，焦距的增加会导致成像画面的范围缩小，但与此同时，画面的细节将会变得更加清晰和锐利。而随着镜头规格的增大，画面范围随之增大，但其画面细节越来越模糊。一般焦距大小依据如下公式计算来选择：

焦距 f = CCD 水平宽度 × 物距 / 物宽，或焦距 f = CCD 垂直高度 × 物距 / 物高，或：

$$f = \frac{D}{1+\frac{1}{K}} = \frac{DK}{1+K} = \frac{DW_c/W}{1+W_c/W} = \frac{DW_c}{W+W_c} \tag{2-13}$$

式中，D 为镜头到被摄物体间的距离（即物距）；K 为放大倍数率，K = 芯片短边 / 视野短边 = CCD 水平宽度（W_c）/ 物宽（W）。

以面阵大小为 1/3 英寸（1 英寸 =2.54cm）CCD 为例，其靶面尺寸为宽 4.8mm× 高 3.6mm，对角线 6mm，则镜头焦距 f 为：

$$f = DW_c/W = 4.8D/W \text{ 或 } f = DH_c/H = 3.6D/H \tag{2-14}$$

式中，W 为被摄物体的宽度；H 为被摄物体的高度；H_c 为 CCD 垂直高度。

当选用 1/2 英寸镜头时，在进行图像尺寸和镜头焦距等参数的计算时，假设有一个图像尺寸为高度 h=4.8mm，宽度 w=6.4mm 的成像区域。当镜头与景物的距离 D 设置为 3500mm 时，而景物的实际高度为 U=2500mm。将这些具体数值代入式（2-14）中进行计算，可得：

$$f = 4.8×3500/2500 = 6.72\text{mm} \tag{2-15}$$

将以上参数代入式（2-13）中，可得 $f = 4.8\times3500/(2500+4.8) = 6.71$mm。故选用 6mm 定焦镜头即可。需要注意的是：焦距大小对图像的清晰度没有直接影响，但它会通过影响景深、对焦精度、抖动敏感性以及光学特性等因素，间接影响图像中清晰区域的表现。焦距越长，景深越浅，清晰范围更小；焦距越短，景深越深，清晰范围更大。

(2) 视场

视场（field of view，FOV）是指在镜头的特定焦距下，能够拍摄到的物体区域的大小。它与焦距和传感器尺寸相关，通常以水平、垂直或对角线角度表示。视场的大小影响着能够在图像中捕获的物体数量和范围。

(3) 光圈

在光学镜头的设计中，包含一个尺寸可调节的组件，通常被称为光圈（aperture），它作为有效的光圈来控制光线的通过率。光圈表征镜头中的光圈孔径大小，通过细致地调节光圈的大小，可以精确地控制光线进入镜头内部的能量，进而优化成像质量和曝光效果。

到达像面（感光胶片）上的光强，受到镜头通光面积的直接影响，这种影响与光圈直径 D 的平方成正比，即光圈直径的增大将显著提高通光量。同时，像面的面积也起到关键作用，光强与像面面积成反比，表明较小的像面面积能够更有效地集中光线，使像面接收到的光强增强。一般而言，当照相机用于拍摄远距离物体时，由于拍摄距离较长，像距往往近似等于镜头的焦距 f。这意味着焦距的大小直接决定了像距的远近，而焦距越大，像距也相应增大。而像的面积是与像距的平方成正比的，即像的面积近似与焦距 f 的平方成正比。所以，一般情况下，像面接收到的光强正比于 $(D/f)^2$，即 $I \propto (D/f)^2$，D/f 称为相对孔径。但在相机行业里，一般不常使用相对孔径的概念，而是使用相对孔径的倒数 f/D，称之为 F 数，也叫光圈数。记作 $F/\cdots$，如 $F/6.1$ 表示 F 数等于 6.1。这实际上是一个比例关系，表明镜头的焦距与光圈直径之间的比值，即 $f/D = 6.1$，具体而言，它表示镜头的焦距是光圈直径的 6.1 倍。显然，像面接收到的光强反比于 F 数的平方。

光圈数（F）和光圈是一个反比关系，即 F 值越小，光圈越大，F 值越大，光圈越小。F 值越小光圈越大，如 F1.8 比 F2.8 光圈要大。光圈越大进光亮越多，光圈小则相反，光圈越大背景越虚化，光圈越小背景越清晰。因此，较大的光圈可以使更多的光线进入，适用于低光环境，较小的光圈可以控制光线的数量，适用于高光环境。光圈还影响图像的景深，即焦点区域前后的清晰范围。

(4) 镜头最大像面

最大像面指的是镜头所能提供的最清晰成像的极限范围，通常使用可观测范围的直径来衡量。一旦成像超出这一范围，图像的对比度将显著下降，细节将变得模糊不清。这一特性是由镜头本身的物理和光学属性所决定的，并且它直接限定了镜头能够支持的视场范围。因此，在选择和使用镜头时，了解并考虑到其最大像面是确保图像质量的关键因素之一。镜头规格一般分为 1/3″、1/2″和 2/3″等。镜头的视场就是镜头最大像面所对应的观测区域。视场角等于最大像面对应的目标张角。鉴于镜头的成像清晰范围受限于其最大像面尺寸，因此需要格外关注相机传感器与镜头所支持的最大传感器尺寸之间的匹配关系。为确保成像质量，所选镜头的最大传感器支持尺寸应至少与相机传感器尺寸相当，甚至更大。这样的配置有助于防止渐晕（vignetting）现象的发生，即图像边缘因光线不足而导致的亮度降低现象。

通过确保传感器尺寸的兼容性，可以避免渐晕对图像质量的影响。

如图 2-27（a）所示，当相机传感器尺寸超出镜头所能支持的最大传感器尺寸时，产生的图像边缘会出现类似隧道的光线减弱效果，这就是所谓的渐晕现象。渐晕现象不仅影响图像质量，还会增加机器视觉系统的开发难度和调试复杂性。因此，在选择镜头时，应尽量避免此类不匹配的情况。图 2-27（b）和（c）则展示了当镜头支持的最大传感器尺寸与相机传感器尺寸相匹配或更大时的情况，这两种情况下机器视觉系统能够正常工作。

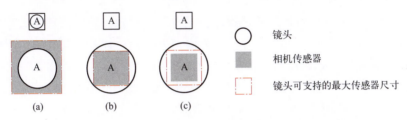

图 2-27　镜头大小与相机传感器尺寸不同时的成像情况

（5）镜头景深

景深与镜头和成像系统紧密相连。简而言之，景深是指在沿着镜头光轴方向上，从最近到最远的能够保持清晰成像的物体距离范围，影响着图像的清晰度和立体感，如图 2-28 所示。在成像系统的焦点平面前后，来自物点的光线以锥状形式开始会聚和发散。随着这些光线沿光轴在焦点平面前后移动，物点的影像逐渐失去清晰度，形成一个逐渐扩大的圆形模糊区域，这个区域被称为弥散圆（circle of confusion）。若这个圆形影像的直径足够小（离焦点较近），成像会足够清晰，如果圆形再大些（远离焦点），成像就会显得模糊。当物点的成像在某一特定临界位置变得无法辨认时，这个模糊的圆形区域就被定义为容许弥散圆（permissible circle of confusion）。焦点前后两个容许弥散圆之间的距离称为焦深。在目标物一侧，焦深对应的范围就是景深。

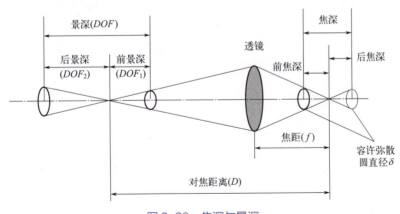

图 2-28　焦深与景深

景深的计算公式如下：

$$前景深： DOF_1 = \frac{F\delta D^2}{f^2 + F\delta D} \tag{2-16}$$

后景深：$$DOF_2 = \frac{F\delta D^2}{f^2 - F\delta D} \tag{2-17}$$

景深：$$DOF = \frac{2f^2 F\delta D^2}{f^4 - F^2\delta^2 D^2} \tag{2-18}$$

式中，δ 为容许弥散圆的直径；f 为镜头焦距；D 为对焦距离；F 为镜头的拍摄光圈值。

景深的大小取决于多个因素，通过景深公式可以观察到，后景深通常大于前景深。这种景深的变化与镜头的焦距、光圈大小（以光圈值 F 表示）以及对焦距离（近似于拍摄距离）紧密相关。具体地，在保持其他条件恒定的前提下：

① 光圈的大小直接影响景深。当光圈增大（即光圈值 F 减小）时，景深会相应减小，反之，光圈缩小（光圈值 F 增大）时，景深会增大。

② 镜头的焦距也是影响景深的重要因素。焦距越长，景深越浅，即清晰成像的范围越窄，而焦距越短，景深越深，清晰成像的范围越广。

③ 对焦距离或拍摄距离同样对景深有显著影响。对焦距离越远，景深越大，成像的清晰范围也越大，而对焦距离越近，景深越小，清晰范围随之变窄。

在机器视觉系统中，特别是在检测目标高度可能变化的应用场景下，选择合适的景深对于确保系统的稳定性和准确性至关重要。合适的景深设置可以确保在不同距离和高度变化下，目标都能被清晰成像，从而提高系统的整体性能。

(6) 镜头畸变

实际中，镜头自身特性与理想成像系统模型总是有差距的，镜头特性的不完美性对成像系统有较大影响。例如，在使用广角镜头或变焦镜头的广角端时，成像画面常呈桶形膨胀状态，这种情况称为桶形畸变（barrel distortion）。而在使用长焦镜头或变焦镜头的长焦端时，成像画面常会向中间收缩，这种情况称为枕形畸变（pincushion distortion）。还有些镜头产生的畸变是图像中心处接近桶形畸变，但由中心向边缘逐渐过渡到枕形畸变，这时图像上半部分极其像八撇胡须，故而称为须形畸变（mustache distortion）。这些由于镜头自身特性引起的畸变统称为镜头畸变（lens distortion），如图 2-29 所示。

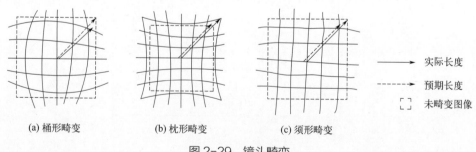

(a) 桶形畸变　　(b) 枕形畸变　　(c) 须形畸变

图 2-29　镜头畸变

(7) 镜头接口

为了确保镜头与相机能够顺畅地安装并协同工作，它们之间的物理接口必须相互兼容。

在镜头与相机的接口标准中，C接口是一种常见的规格，可以确保镜头与采用相应标准的相机能够无缝对接，实现高效的图像采集和传输。常见的接口标准有C接口（C-mount）、CS接口（CS-mount）和F接口（F-mount）。在机器视觉领域，目前C和CS接口的镜头及相机占主导地位，它们的唯一区别是背焦距不同，如图2-30所示。F接口常用于高像素数的线扫描相机（2048像素以上），能获取比C和CS接口镜头更大的图像。

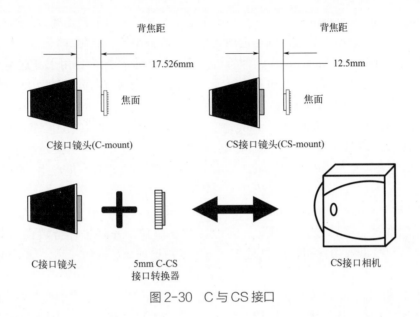

图2-30 C与CS接口

C接口镜头的标准背焦距通常为17.526mm，而CS接口镜头的背焦距则设定为12.5mm。为了满足这两种接口之间的兼容性，可以通过为C接口镜头安装一个5mm的扩展管（也称为转换器）来模拟CS接口镜头的焦距特性。通过这种方式，原本为C接口设计的镜头可以转换为CS接口使用，确保在CS接口的相机上也能获得合适的成像效果，就可以得到CS接口的镜头，但CS镜头却不能与C接口的相机搭配使用。C接口是镜头的国际标准，因此有很多C接口的镜头可供选择。

镜头与相机连接之初，观测目标的成像面不一定恰巧与相机传感器的感光面重合。为了得到清晰的影像，就需要调整镜头成像面的位置，使之恰巧落在相机传感器的感光面上，这个过程称为调焦。调焦过程并不改变镜头或镜头组自身的焦距（或改变很小），而只是通过沿着光轴前后移动整个镜头或只微小调节镜头组中某一个透镜的位置，使镜头像面和相机传感器感光面重合。几乎所有镜头筒上都有一个调焦环，日常生活中，转动调焦环以获取清晰图像的过程实际上就是通过机械装置调焦的过程。

与调焦不同，变焦是指在保证像面不动的前提下，通过移动镜头组内透镜的相对位置使整个镜头系统的焦距发生较大变化。除了光学元件，镜头设备一般还包括固定光学元件的零件（如镜筒、透镜座、压圈、连接环等）、镜头调节机构（如光圈调节环、调焦环等）和镜头连接机构等。高级点的镜头上有时还有自动调整光圈、自动调焦或光强度感测等电子机构。这些设备与光学系统协同工作，可以确保镜头和相机构成的成像系统为视觉系统工作提供良好的图像信号基础。

2.3.3 相机

(1) 工业相机分类

工业相机是专门设计用于工业视觉应用的高性能相机。根据不同的分类标准,工业相机可以分为多个类别。以下是常见的工业相机分类。

① 根据传感器类型分类。

面阵相机(area scan cameras):最常见的工业相机类型,它们使用像素阵列在整个图像区域同时捕获图像。适用于静态或低速运动场景,如物体检测、检测缺陷、定位等。

线阵相机(line scan cameras):这种相机一行行地捕获图像,适用于高速运动的场景,如连续生产线上的物体检测、印刷质量检查等,需要成像物体与相机产生相对运动。

② 根据成像器件的不同分类。

CCD 相机(charge-coupled device camera):使用电荷耦合器件(CCD)作为成像传感器,它们在成像区域内同时捕获图像,然后将电荷转换为模拟信号,再转换为数字信号。CCD 相机具有较低的噪声和较高的图像质量,适用于对图像质量要求较高的应用,如医学成像和科学研究。

CMOS 相机(complementary metal-oxide-semiconductor camera):使用互补金属氧化物半导体(CMOS)传感器,它们逐行逐行地捕获图像,并将每一行转换为数字信号。CMOS 相机具有较低的功耗和较高的速度,适用于高速成像和实时应用,如工业自动化和机器视觉。

sCMOS 相机(scientific CMOS camera):是一种基于 CMOS 技术的高性能相机,专门用于科学和高要求成像的应用。它们结合了 CCD 和 CMOS 的优点,具有较低的噪声、高的动态范围和快速的帧率,适用于生物医学研究、药物发现等领域。

InGaAs 相机(Indium Gallium Arsenide camera):使用铟镓砷化物(InGaAs)成像传感器,可以捕获近红外(NIR)光谱范围内的图像。这些相机适用于需要穿透材料的应用,如食品检测、药物研发和军事应用。

热成像相机(thermal imaging camera):使用热传感器来捕获被测物体的红外辐射,从而创建热图像。它们广泛用于检测温度差异、隐蔽物体探测等热学应用,如夜视、建筑检测和工业过程监控。

每种类型的工业相机都具有特定的优势和适用范围,选择合适的相机类型应该根据应用需求、成像条件和预算等综合考虑。

③ 按接口分类。

GigE Vision 相机:使用 GigE(千兆以太网)接口连接,方便数据传输和控制。

USB 相机:使用 USB 接口连接,适用于一般视觉应用。

Camera Link 相机:使用 Camera Link 接口连接,适用于高带宽、高速度的应用。

CoaXPress 相机:使用 CoaXPress 接口连接,具有高带宽和长距离传输的能力。

(2) 工业相机参数

① 分辨率(resolution)。分辨率指的是图像中像素的数量,通常用纵向像素数×横向像素数表示(如 1920×1080)。分辨率决定了图像的细节捕获能力,即相机能够捕获多少细小的特征和边缘。高分辨率相机可以捕获更多的细节,但也需要更大的存储空间和处理能力。分

辨率对于工业视觉任务非常重要,特别是需要对小物体、细微特征或高精度测量的任务。选择适当的分辨率要根据应用需求和实际场景来决定,避免分辨率过低导致成像不清晰,同时也要避免分辨率过高导致不必要的数据处理负担。

例如,已知视野大小为 12×10mm,要求精度为 0.02mm。

计算:(12/0.02)×(10/0.02) = 30 万像素,需要大于 30 万像素的相机。通常不会用一个像素表示一个精度,而是乘以 3~4 倍,即:30 万像素 ×4=120 万像素,长宽分别乘以 2,最低不低于 120 万像素。

② 靶面尺寸(sensor size)。靶面尺寸指的是相机传感器的物理尺寸,通常以英寸或毫米为单位。传感器尺寸直接影响图像的视场大小和适用范围。较大的传感器可以捕获更宽广的视场,适合广角拍摄和捕获更多的周围环境;较小的传感器则适合远距离拍摄和需要放大的应用。

靶面尺寸还与镜头选择有关,确保所选的镜头能够完全覆盖相机传感器的尺寸,以获得最佳的图像质量。此外,分辨率和靶面尺寸之间存在一定的关系。在其他因素相同的情况下,较大的靶面尺寸通常允许更高的分辨率。这是因为在相同的物理尺寸内放置更多的像素,可以捕获更多的细节。

2.3.4 镜头与相机综合选型案例

在没有预先确定相机和镜头的情况下,选型时首先需要深入分析项目的工作环境和需求。这包括考虑相机的安装位置(即工作距离)、需要监测的最大范围(视场)、待检测对象中的最小特征尺寸,以及这些特征在图像中所需代表的像素数。基于这些关键参数,可以进行详细的计算和分析,从而确定最适合项目需求的镜头和相机型号。因此,为机器视觉项目选择镜头和相机的简化流程如图 2-31 所示。

假设待测物体大小为 16.0mm×13.8mm,检测物距要求 ≤ 160mm,特征尺寸为 0.02mm×0.02mm,客户端算法要求被测特征需要在成像中占用 2 个像素以上,以便检出效率,相机与镜头选择策略如下。

(1) 相机分辨率

每个特征占用单个像素的情况下,分辨率最小为 (16/0.02)×(13.8/0.02)=800×690。为保证系统稳定性,特征尺寸按照 3 个像素评估,相机分辨率需要 2400×2070=496.8 万像素。注意,这里长边和短边都乘以 3,而之前是在总的像素数上乘以边缘像素。

考虑选用 500 万像素相机 MV-CA050-10GM,分辨率为 2448×2048,像元大小为 3.45μm,传感器尺寸为 8.45mm×7.07mm,对角线长度为 11.02mm(2/3")。

(2) 镜头选型

在规划成像系统时,需要根据系统的水平视野(FOV)和探测器的水平尺寸来计算所需的系统放大倍率,则系统放大倍率需求为:

$$\beta_H = \frac{8.25mm}{16mm} = 0.52 \qquad (2-19)$$

为了满足特定的成像需求,需要基于垂直视野(VFOV)和探测器的垂直尺寸来计算系统所需的放大倍率,则计算系统放大倍率需求为:

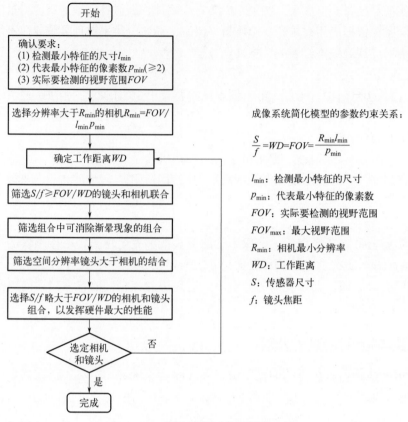

图 2-31 选择相机和镜头的简化流程

$$\beta_V = \frac{7.07mm}{13.8mm} = 0.51 \quad (2\text{-}20)$$

通过综合考虑水平视野和垂直视野的要求，以及探测器在水平和垂直方向上的尺寸，让系统在水平方向和垂直方向都可以得到一个足够大的视野，计算出最佳的放大倍率，将系统的放大倍率定为：

$$\beta = \beta_V = 0.51 \quad (2\text{-}21)$$

将工作距离定为 150mm，物距 l 近似为工作距离。联立式 (2-13)，可以计算所需镜头焦距需求为：

$$f = \frac{\beta l}{1+\beta} = \frac{0.51 \times 150}{1+0.51} = 50.7mm \quad (2\text{-}22)$$

将镜头焦距定为标准焦距 50mm，又考虑到相机靶面为 2/3″（镜头支持靶面应大于或者等于相机靶面），可以选用型号为 MVL-MF5028M-8MP。

(3) 远心镜头选型

根据传感器尺寸 2/3″，放大倍率需求为 0.51，工作距离小于 160mm。可选择使用远心镜头 MVL-MBT-0.5-65，该款镜头工作距离为 65mm，固定放大倍率为 0.5，像方分辨率为

160lp/mm，镜头极限分辨率为 1000/(2×160)=3.125μm，可支持 MV-CA050-10GM 的使用。

(4) 其他因素

选型镜头时，除了要考虑系统的工作距离、放大倍率和镜头的焦距等因素，还要综合考虑其他因素，如：

① 镜头光圈要求（飞拍场景，对相机帧率和曝光有严格要求）；
② 镜头相对照度；
③ 工作波长范围（是否有单色光补光，需要屏蔽环境光干扰）；
④ 工作温度/湿度范围（特殊场景）；
⑤ 环境震动（机械臂辅助场景）；
⑥ 镜头是否需要防水；
⑦ 镜头的尺寸限制。

 思考题与习题

（1）从图像工程角度上，典型的机器视觉系统一般由哪四部分组成？试说明各自的功能。

（2）试分析视觉光源中明场照明和暗场照明的区别。

（3）请说明工业相机中 CCD 和 CMOS 芯片的工作原理及其特点。

（4）面阵相机和线扫描相机成像方式上有什么区别？

（5）请给出物距的定义。

（6）汽车玻璃的尺寸一般在长 400mm × 宽 400mm 以内，工业相机距离玻璃 1000mm，要求轮廓检测的精度达到 0.1mm，请计算工业相机的合适分辨率及镜头的合适焦距。

第 3 章
红外与高光谱成像原理

本章主要介绍红外与高光谱成像的基本原理,帮助读者:理解红外成像的物理基础,包括热辐射的基本原理和红外波段的特性;掌握高光谱成像的技术原理,包括光谱分辨率和成像光谱仪的工作原理;学习红外与高光谱成像系统的关键组件及其功能;了解这两种成像技术在不同领域的应用,为进一步的专业研究和应用开发打下基础。

3.1 红外成像

红外成像技术具备将物体自然产生的红外辐射转化为可视化的红外图像的能力,从而极大地扩展了人眼的视觉范围至远红外区域。近年来,该技术取得了快速的进步,并在多个领域中得到了广泛的推广和应用。红外图像的质量已达到黑白电视的水平,这些图像的静态照片可与高质量的黑白照片相媲美。

3.1.1 概述

自然界中的一切物体,只要它的温度高于0K,那么它就总是在不断地发射辐射能。从原理上讲,只要能探测并收集这些辐射能,就可以通过重新排列来自探测器的信号形成与景物辐射分布相对应的红外图像[30]。图 3-1 给出了 4 幅红外图像,再现了景物各部分的辐射起伏,因而能显示出景物的特征。红外成像技术能把目标与场景各部分的温度分布、反射率(投射到物体上面被反射的辐射能与投射到物体上的总辐射能之比)差异转变为相应的信号,再转换为可见光图像。这种把不可见的红外辐射转换为可见光图像的装置称为红外热像仪。

1952 年,美国陆军首先研制出二维慢帧扫描式非实时红外图像显示装置,采用单元辐射热探测器。20 世纪 50 年代后期迅速发展起来的光子探测器(如 InSb、Ge: Hg),其快速响应度特点使红外图像的实时显示成为可能。20 世纪 60 年代初,美国德州仪器公司和休斯公司分别实施发展热像仪的计划,于 1965 年制成样机。至 1974 年,研制出 60 多种热像仪,用于陆、海、空三军。1976 年,美国通用组件热像仪开始批量生产。1981 年,采用扫积型HgCdTe 器件(SPRITE 探测器)的通用组件热像仪在英国诞生。此后,热像仪在军事上得到广泛应用。

热像仪凭借其卓越的温度分辨力(0.01~0.1℃),为观察者提供了精准捕捉目标的能力。其工作波段位于中、远红外区间，相较于其他在可见光和近红外区域工作的设备，热像仪展现出了更为优越的穿透力，能够轻松应对雨、雪、雾、霾以及常规烟幕等复杂环境。同时，热像仪具备抗强光干扰的能力，而且能够在昼夜不间断地运行，这一特性使其在复杂的战场环境中展现出极高的适应性和稳定性。此外，由于热像仪在大气中受散射影响较小，通常能够实现更远的探测距离，为战场决策提供更为精准和可靠的数据支持。例如，步兵手持式热像仪作用距离为 2～3km；舰载光电火控系统中的热像仪，对海上目标跟踪距离约 10km，地空监视目标距离为 20km[31]。也正是因为热像仪以中、远红外辐射为信息载体，故具有很好的洞察掩体和识破伪装的本领。

图 3-1 红外图像实例

3.1.2 红外辐射定律

研究红外图像，首先必须了解红外辐射的本质。本小节将对红外辐射的 4 个基本定律进行介绍，从而描述红外辐射的基本特性。同时也为后续高光谱图像的成像原理提供理论基础。

"黑体"是理解红外辐射的基础。黑体在物理学中被明确定义为能够完全吸收和重新发射所接收到的全部能量的物体（无反射现象）。其吸收率和发射率均达到最高的数值 1，这意味着在任何温度条件下，无论是何种波长的电磁辐射，黑体都能以恒定的吸收系数 1 进行吸收。黑体辐射只取决于黑体的温度，而与黑体的物质材料无关。

自然界中不存在绝对黑体，但在实验室环境下能够模拟黑体。黑体能够标定各类辐射探测器探测源的强度，能够帮助研究物体表面的热辐射特性，还能够有助于简化模型等。在理论研究和工程实践中，常用物体的比辐射率来定量描述物体辐射和吸收红外电磁波的能力，它等于物体的实际红外辐射与同温度下黑体红外辐射的比值，常用符号 ε 表示：

$$\varepsilon = I / I_b \tag{3-1}$$

现实世界中许多光源可认为或近似认为是黑体，如太阳、地球、星球等。许多光源和辐射体，虽然它们的辐射特性和黑体相差较大，甚至还有吸收带（线），但常常也用与黑体相当的某些特性来近似地表征它们。

(1) 基尔霍夫定律

该定律描述的是：物体的辐射出射度 M 与其吸收本领 α 之间的比值 M/α，不会随物体性质的改变而变化，恒等于相同温度下绝对黑体（$\alpha=1$）的辐射出射度 M_0。

$$\frac{M_1}{\alpha_1} = \frac{M_2}{\alpha_2} = \cdots = M_0 = f(T) \tag{3-2}$$

它是一切物体热辐射的普遍定律。定律表明：物体若具备较强的吸收能力，则其发射能力也强。若某一物体无法发射某一特定波长的辐射能，那么它同样也无法吸收这一波长的辐射能，反之亦然。特别值得一提的是，绝对黑体在相同温度下，对于任何波长的辐射能，在单位时间、单位面积上的发射或吸收量均超越其他物体。

(2) 普朗克（Planck）定律

给出了其辐射出射度（M）与温度（T）、波长（λ）的关系，普朗克定律表示为：

$$M_0(\lambda, T) = 2\pi hc^2 \lambda^{-5} \left[\exp\left(\frac{hc}{\lambda kT}\right) - 1 \right]^{-1} \tag{3-3}$$

式中，h、k、c、λ、T 分别表示普朗克常数（取值 $6.626 \times 10^{-34}\text{J} \cdot \text{S}$）、玻耳兹曼常数（取值为 $1.3806 \times 10^{-23}\text{J/K}$）、光速（$2.998 \times 10^8 \text{m/s}$）、波长、热力学温度（K）。

(3) 斯特藩-玻耳兹曼定律

在全波长内对普朗克公式积分，得到黑体辐射出射度与温度之间的关系：

$$M_0(T) = \int_0^\infty M_0(\lambda, T) \mathrm{d}\lambda = \frac{c_1 \pi^4}{15 c_2^4} = \sigma T^4 \frac{W}{m^2} \tag{3-4}$$

式中，$\sigma = \frac{c_1 \pi^4}{15 c_2^4} = 5.6696 \times 10^{-8}(\text{W} \cdot \text{m}^{-2} \cdot \text{K}^{-4})$，为斯特藩-玻耳兹曼常量。

斯特藩-玻耳兹曼定律表明：黑体在单位面积、单位时间内的辐射能量总量，严格地与黑体温度 T 的 4 次方保持正比例关系。当黑体温度逐渐升高时，其释放的红外辐射能量会呈现出几何级数式的增长趋势。这一特性不仅直观地展示了能量与温度之间的紧密联系，也间接验证了"无论利用红外成像传感器探测哪个波段区间，只要温度高的物体，它的能量值就高"这一论断[32]。

(4) 维恩位移定律

$$\lambda_m T = b \tag{3-5}$$

式中，常数 $b = \frac{c_2}{4.9651} = 2898(\mu\text{m} \cdot \text{K})$。维恩位移定律指出：当黑体的温度升高时，其光谱辐射的峰值波长向短波方向移动。如加热一块金属时，我们可以观察到随着温度的升高，其颜色会按暗红、橙色、黄色、白色的顺序变化，即发射电磁波向短波变化的现象。

3.1.3 红外成像系统的工作过程与结构

红外成像系统属于被动式红外成像技术。在自然界中，任何物体的温度若高于绝对零度,均会持续地向外发射红外辐射。基于这一原理,通过有效收集并探测这些辐射,便能构建出与物体温度分布相匹配的热图像,进而直观地展示物体各部分在温度或辐射发射率之间的差异。

红外成像系统根据扫描结构的不同,可以分为光机扫描型和非扫描型。在光机扫描型红外成像系统中,探测器把接收的辐射信号转换为电信号,并通过隔直流或交流耦合电路把背景辐射从目标信号中消除,从而获得对比度良好的红外图像[33]。如图 3-2 所示为光机扫描型红外成像系统的工作过程。光学系统负责收集目标发射的红外辐射,然后通过光谱滤波过程,将目标景物的红外辐射精确地聚焦到红外探测器上。探测器与相应单元共同作用,把二维分布的红外辐射转换为按时序排列的一维视频信号,经过后续处理,变成可见光图像显示出来。

由此可见,红外成像系统通常包括 4 个组成部分:光学系统、红外探测器及制冷器、电子信号处理系统和显示系统。如图 3-3 所示,光学系统首先将目标发射的红外辐射收集起来,经过光学滤波后,将景物的辐射能量分布汇聚到位于光学系统焦平面的探测器光敏面上。光机扫描器包括两个扫描镜组,一个做垂直扫描,一个做水平扫描。扫描器位于聚焦光学系统和探测器之间。当扫描器工作时,从景物到达探测器的光束随之移动,在物空间扫出像电视一样的光栅。当扫描器以电视光栅形式将探测器扫过景物时,探测器逐点接收景物的辐射并转换成相应的电信号,经过视频处理的信号,在同步扫描的显示器上显示出景物的红外图像[34]。

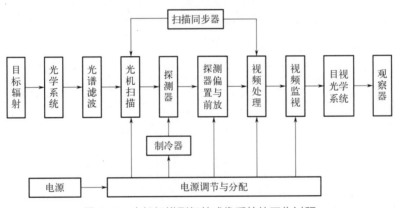

图 3-2 光机扫描型红外成像系统的工作过程

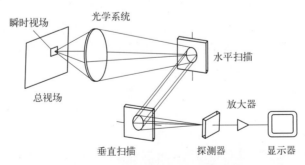

图 3-3 光机扫描型红外成像系统

另一类红外成像系统为非扫描型红外成像系统。它利用多元探测器阵列，使探测器中的每个单元与景物的一个微面元对应，因此可取消光机扫描。热释电红外成像系统正是此类系统的典型代表。该系统采用热释电材料制成的靶面构成热释电摄像管。其工作机制依赖于电子束的直接扫描及相应的处理电路，共同构成了电视摄像型热像仪。这一设计彻底摒弃了传统的光机扫描方式，不仅大幅简化了系统的整体结构，还免除了制冷需求，从而实现了成本的有效降低。然而，相较于光机扫描型红外成像系统，其性能略显不足。因此，尽管光机扫描型红外成像系统存在结构复杂、成本高昂等局限性，但由于其卓越的性能表现，仍受到了广泛关注，并持续得到改进与优化。

3.1.4 红外成像系统的摄像方式

采用单元探测器的红外成像系统，由于探测器的基本限制，通常不具备足够的热灵敏度。因此，必须提高探测器阵元数，以此来改进每帧和每分辨单元的信噪比，提高红外成像系统的分辨性能[35]。在红外成像系统中，将多元探测器按照不同方式排列起来分解景物，以并联扫描或串联扫描的方式对物体进行摄像。

(1) 并联扫描摄像方式

并联扫描是利用一个与行扫描方向垂直的探测器阵列来分解景物，阵列中的每个探测器平行地扫过景物，每个探测器扫过一行。如果整个景物区域所对应的行数大于探测器阵元数，那么为了得到一幅完整的图像，还需要慢速场扫描。每个探测器输出的信号经过多路传输和扫描转换后送给显示器。图3-4为并联扫描摄像方式的示意图。并联扫描摄像方式的优点是提高了系统的灵敏度，降低了对探测器速度的要求，缺点是探测器数量多，电路和材料工艺复杂。

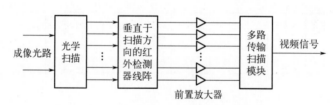

图 3-4　红外成像系统的并联扫描摄像方式

(2) 串联扫描摄像方式

串联扫描摄像方式中，探测器阵列的排列方向平行于扫描方向。串联扫描中的每个单元探测器都扫过成像的总视场。各路探测信号经相应的延迟后叠加，形成单一通道的视频信号输入显示器，如图3-5所示。串联扫描也需要进行快速的行扫描和慢速的场扫描。由于阵列中的每个探测器都要扫描整个视场，探测器的驻留时间与单元扫描相同，因此，串联扫描要求探测器响应速度快、时间常数小。

串联扫描摄像方式的一个突出优点是可以消除并联扫描摄像方式时由于探测器性能不均匀造成的图像缺陷。串联扫描摄像方式等效于用一个探测器分解景物。与并联扫描摄像方式相似，串联扫描系统的信噪比比单元探测器提高了 n 倍。此外，在串联扫描摄像方式下信号处理容易，不需要扫描变换就可以得到标准的视频信号，送入闭路电视显示。但是，串联扫描摄像方式对探测器的速度要求高。

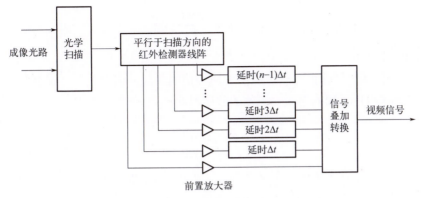

图 3-5　红外成像系统的串联扫描摄像方式

3.1.5　红外成像系统的基本参数

(1) 光学系统入瞳口径 D_0 和焦距 f'

热像仪光学系统的 D_0、f' 是决定其性能、体积和重量的重要因素。

(2) 瞬时视场

在光轴保持静止状态时，系统能够直接观测到的空间区域即被定义为瞬时视场。该视场的范围受到两个参数的制约：一是单元探测器的具体尺寸；二是红外物镜所设定的焦距值。这两者共同决定了系统所能达到的最高空间分辨能力。

若探测器为矩形，尺寸为 $a \times b$，则：

$$\alpha = \frac{a}{f'} \tag{3-6}$$

$$\beta = \frac{b}{f'} \tag{3-7}$$

即为瞬时视场平面角（常以 rad 或 mrad 表示）。

(3) 总视场

总视场是指热像仪的最大观察范围。通常以水平方向、垂直方向的两个平面角来描述。

(4) 帧周期 T_t 与帧数 f_p

系统构成一幅完整画面所花的时间 T_t 叫帧周期或帧时（以时间计），而 1s 内所构成的画面帧数叫帧频或帧速 f_p（以频率计），故：

$$f_p = \frac{1}{T_f} \tag{3-8}$$

(5) 扫描效率 ε

热像仪对景物成像时，由于同步扫描、回扫、直流恢复等都需要时间，而这些时段内不产生视频信号，故将其归总为空载时间 T'_f。于是，差值 $(T_f - T'_f)$ 即为有效扫描时间，它与帧周期之比就是扫描效率，即：

$$\varepsilon = \frac{T_f - T_f'}{T_f} \tag{3-9}$$

(6) 驻留时间

驻留时间是指系统光轴扫过一个探测器所经历的时间，记为 τ_d。若帧周期为 T_f，扫描效率为 ε，则热像仪所采用的单元探测器的驻留时间 τ_{d1} 为：

$$\tau_{d1} = \frac{\varepsilon T_f \alpha \beta}{AB} \tag{3-10}$$

式中，A 与 B 分别代表热像仪在水平方向与垂直方向上的视场角；α、β 是它们的瞬时视场角。当探测器是由 n 个与行扫描方向正交的单元探测器组成的线列时，则驻留时间 τ_d 为：

$$\tau_d = n\tau_{d1} = \frac{n\varepsilon T_f \alpha \beta}{AB} \tag{3-11}$$

也就是说，在帧周期恒定且扫描效率不变的前提下，把 n 个相同的单元探测器按照与行扫描方向正交的方式排列成线性序列，就可以使每个探测器上的驻留时间延长至原来的 n 倍，显著提升热像仪的信噪比。然而，值得注意的是，在实施过程中需要确保探测器的驻留时间超过其固有的时间常数，从而保证探测的有效性与稳定性。

3.1.6 红外探测器

(1) 红外探测器的用途及类型

在红外成像系统中，红外探测器扮演着至关重要的角色。它通过光电转换机制，巧妙地将捕捉到的辐射能转换为电信号。紧接着，这些电信号会经过放大、解码等一系列优化处理，形成最终的红外图像。

红外探测器主要有热探测器和光子探测器两大类。热探测器的工作原理是将接收到的红外辐射集中在探测器的敏感元件上，引发其与温度相关的物理量发生变化，然后将这些物理量的变化通过模数转换技术转化为电信号，以供后续处理。如热敏电阻、热耦合热释电探测器等都属于这一类别。这种探测器对任何波长的辐射都有响应，因此也被称为无选择性探测器。相比而言，光子探测器对红外波长的响应范围较窄，有些甚至需要在低温条件下使用。然而，它的优势也是显著的，即能够直接将所捕获的红外辐射转化为电效应，从而在响应速度与灵敏度上大幅领先。具体包括光导型探测器和光伏型探测器两种，它们分别是基于半导体的光电效应和光伏效应进行工作的。具体来说，在吸收到红外辐射的光子后，光导型探测器会产生可以参与导电的非平衡载流子（如空穴），以提升器件的电导率，而光伏型探测器则会产生电子-空穴对，通过分离不同类型的载流子来产生电势能。

(2) 红外探测器的特性参数

① 响应度。探测器的响应度是表征探测器对辐射敏感程度的参数。它表征探测器将入射的红外辐射转变为电信号的能力。响应度 R 的定义是，探测器输出电压 U_s 或电流 I_s 与入射到探测器光敏面积上的辐射度通量 Φ 之比，即：

$$R = \frac{U_s}{\Phi} = \frac{I_s}{\Phi} \tag{3-12}$$

它反映了探测器将入射的红外辐射有效转换为电信号的能力。

② 噪声等效功率。在实际应用中，红外探测器在接收入射辐射信号的同时，不可避免地会受到噪声的干扰。显然，噪声的存在会削弱探测器对微弱辐射信号的敏感度，也就是说，探测器能够识别的最小辐射功率被噪声所限制。因此，当探测器输出功率与噪声功率相等时，入射到探测器上的辐射功率定义为噪声等效功率[36]，以表示探测器所能探测到的最小辐射功率的能力。用数学公式表示为：

$$NEP = \frac{EA_d U_N}{U_s} \tag{3-13}$$

式中，E 为入射到探测器上的辐照度；A_d 为探测器光敏面积；U_s 为探测器输出信号电压的方均根值；U_N 为输出的噪声电压的方均根值。

③ 探测率与比探测率。噪声等效功率的倒数称为探测率，即：

$$D = \frac{1}{NEP} \tag{3-14}$$

显然，D 越大，说明探测器能探测到的信号功率越小，探测性能越好。换句话说，这一参数描述的是，在探测器的噪声电平之上产生可检测的电信号的能力。尽管这一参数在衡量探测器性能时比直接使用噪声等效功率更为直观，但它作为探测器性能的综合评估指标仍存在一定的局限性。具体来说，该参数没有将器件的光敏面积以及测量电路的频带宽度作为考量因素。因此，当探测器的光敏面积或测量电路带宽不同时，探测率值也会有所差异。

为了促进不同探测器之间的有效对比，引入了比探测率 D^* 这一概念。该指标通过将探测率 D 归一化至测量电路带宽为 1Hz 且探测器光敏面积为 1cm² 的条件，确保了在不同测量带宽和光敏面积下，探测器的探测性能可以直接进行比较[37]。因此，比探测率的计算方式可以表示为：

$$D^* = D\sqrt{A_d \Delta f} \tag{3-15}$$

式中，Δf 为测量带宽。值得注意的是，该指标与测试条件密切相关，因此在提供 D^* 的具体数值时，必须明确注明所采用的测试条件，以确保数据的准确性和可比性。

④ 时间常数。当探测器接收到突然照射于其敏感面的辐射时，其输出电压需要经过一段时间才能上升到与该辐射功率相对应的值。同样地，当辐射突然消失时，探测器的输出电压亦需要经历一个衰减的过程，在一段时间后逐渐回落至辐射照射前的水平。若以矩形辐射脉冲作为输入，观测探测器输出信号的波形，可明显发现输出信号的上升沿和下降沿均滞后于矩形脉冲的边界。在多数情况下，信号的上升与下降过程遵循 $(1-e^{-t/\tau})$ 的指数规律，其中 t 代表探测器的时间常数或响应时间。简而言之，探测器的时间常数是指探测器的输出信号电压从零值增长至其最大值的 63% 所需要的时间。

⑤ 光谱响应。在探测器受到相同功率的不同单色辐射照射时，所产生的信号电压与辐射波长之间的关系，被定义为探测器的光谱响应。为了准确、详尽地刻画这一特性，通常采用两种图形化的表达方法：一是绘制单色辐射响应度（R_λ）随波长变化的曲线图；二是利用光谱比探测率（D_λ^*）与波长之间的对应关系绘制曲线图。这两种方法都能准确地反映探测器对不同波长辐射的响应能力。如图 3-6 所示为光子探测器和热探测器的理想光谱响应曲线形状。

由图 3-6 可见，两类探测器的光谱响应曲线存在显著差异。对于光子探测器而言，只有入射光子能量超越 $h\nu_c$ 时，才能激发光电效应使探测器产生输出。换言之，该类型的探测器仅对波长小于 λ_c 的光子具备响应能力。在波长小于 λ_c 的区间内，光子探测器的响应度随波长线性增加，直至达到截止波长 λ_c 时，其响应度骤然下降至零。因此，光子探测器的光谱比探测率 D_λ^* 可表示为：

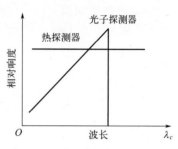

图 3-6　探测器的理想光谱响应形状

$$D_\lambda^* = \begin{cases} \dfrac{\lambda}{\lambda_c}, & \lambda \leqslant \lambda_c \\ 0, & \lambda > \lambda_c \end{cases} \tag{3-16}$$

式中，λ 又称峰值波长，通常用 λ_p 表示。对于热探测器，其响应度在任何波长下都保持不变，可见其响应能力只与吸收辐射功率有关，与波长无关，即：

$$D_\lambda^* = D^* \tag{3-17}$$

上述指的是理想曲线，实际曲线可能有偏离。例如，光子探测器的实际响应并不是在 λ_c 处突然截止，而是在 λ_c 附近逐渐下降。一般规定响应度下降到峰值的 50% 处的波长为截止波长[38]。

(3) 常用红外探测器

对于红外探测器的基本要求有：

① 具备尽可能高的探测率，以提升整个系统的热灵敏度，确保对微弱热信号的精准捕捉。

② 工作波段应与被测目标的辐射光谱相匹配，以确保最大化地接收来自目标的有效红外辐射。

③ 对于采用并扫技术的多元探测器系统，各单元探测器的性能特性需保持高度一致，以保证整体探测结果的准确性和可靠性。

④ 具备较快的响应速度、尽可能小的时间常数，以满足快速扫描和高帧率成像的应用需求，确保实时性。

⑤ 不宜设置过高的制冷要求，以满足热成像系统的小型化和轻便化。理想情况下，应优先考虑采用非制冷型探测器，以简化系统结构，降低系统能耗与成本。

某些常用的红外探测器及其性能参数，以列表形式给出，以便进行合理的选择。表 3-1 为一些红外探测器的性能。

表 3-1　一些红外探测器的性能

探测器类型	工作模式	响应波段 /μm	峰值比探率 /(cm·Hz$^{1/2}$·W^{-1})	响应时间 /ms	阻值范围 /Ω	工作温度 /K
硫酸镧镓钛（LATGS）	热释电	3~5、8~12	10^8~10^9	10~100	10^7~10^8	300（室温）
钽酸锂（LiTaO$_3$）	热释电	宽带中红外	10^7~10^8	10~100	10^7~10^8	300（室温）
锰-镍-钴氧化物（MCNO）	热敏电阻	近红外至远红外	10^7~10^8	10~20	约642.19	300（室温）
碲镉汞（HgCdTe）	光导	3~5、8~12	10^{10}~10^{11}	1~10	10^3~10^6	77（需冷却）
氧化钒（VO$_x$）	热敏电阻	8~14	10^8~10^9	5~20	10^4~10^5	300（室温）
硅锗合金（SiGe）	光导	1~2	10^9~10^{10}	0.1~1	10^2~10^3	4.2（需冷却）

3.2　高光谱成像

自20世纪80年代初提出成像光谱概念以来，高光谱遥感便始终处于遥感科学技术的前沿，并得到了不断的发展。高光谱遥感是能够在电磁波谱的紫外、可见光以及红外区域，捕捉到大量极为狭窄且光谱连续的图像数据的技术，其光谱分辨率通常高达$10^{-2}\lambda$量级。而成像光谱仪，正是为获取大量高光谱图像（图3-7）而专门设计的光谱采集设备，是该技术领域不可或缺的关键工具和核心组成部分。

成像光谱仪的发展为定量遥感理论的建立奠定了技术基础。定量遥感是指从远处获得地表物质的组成，并能在一个遥感视场单元内确定各种物质成分的相对丰度。传统的多光谱成像系统对光谱曲线的采样过于零散，这难以满足矿物识别、植被生化参量提取等高精度应用对连续高分辨率光谱数据的需求。因此，成像光谱技术的出现为这一困境提供了有力的解决方案，并推动了定量遥感向更多、更新的应用领域进一步扩展。具体来说，高光谱遥感能够有效探测和识别地表及大气中的

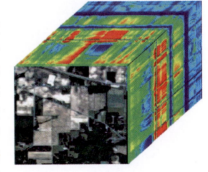

图3-7　高光谱图像示意图

物质种类，精准评价与测量光谱所反映的物质含量，确定光谱混合空间内各组分的面积比例，并精细描绘各类地物的空间分布状况[39]。此外，通过周期性的数据监测，高光谱遥感还能有效追踪各类地物的动态变化，为相关领域的研究与应用提供了更为全面、深入的信息支持。

3.2.1　基本概念

遥感成像技术的进步始终围绕着两大方向展开：一方面，通过缩小遥感器的瞬时视场

角（instantaneous field of view，IFOV），实现了遥感图像空间分辨率（spatial resolution）的显著提升；另一方面，通过波段数量的扩增及每个波段带宽的缩减，实现了遥感图像的光谱分辨率（spectral resolution）的极大提高[40]。其中，高光谱遥感技术正是这一领域内的突破性进展，是遥感图像在光谱分辨率提升方面的标志性成果。高光谱的成像光谱仪不仅能够有效地捕捉到目标的空间信息，还能为每个成像像元提供丰富且精细的光谱信息，涵盖数十乃至数百个波段。因此，所产生的高光谱图像构成了一个独特的三维数据立方体，其中既包含了二维空间信息，也融入了一维光谱信息。为便于后续的讨论，现将以下几个核心概念进行说明。

(1) 光谱分辨率

光谱分辨率是指探测器在波长方向上的记录宽度，又称波段宽度（bandwidth），如图 3-8 所示。图 3-8 中的纵坐标（y 轴）表示探测器的光谱响应，横坐标（x 轴）所代表的是波长的是函数。光谱分辨率被严格定义为仪器达到光谱响应最大值的 50% 时的波长宽度[41]。

我们日常用的普通黑白/全色相机的光谱覆盖范围为 0.4～0.76μm，即其光谱分辨率为 0.3μm，已经能全面记录整个可见光波段的反射辐射信息。而地球资源卫星 Landsat/TM3 则聚焦于 0.63～0.69μm 的红光区域，并以 0.06μm 的光谱分辨率，实现了对该区域内反射辐射特征的精细捕捉。进一步地，航空可见光与红外成像光谱仪（AVIRIS）以其惊人的 224 个精细划分的波段，和接近 10nm 的光谱分辨率脱颖而出。该仪器覆盖了从 0.4～2.45μm 的广阔光谱范围，可以对特定波长下不同物质间的微小差异实现精确捕捉，显著提升了物体识别的精度。综上所述，光谱分辨率的不断提升是推动遥感技术深入发展、提升专题研究针对性与应用分析效能的关键因素。

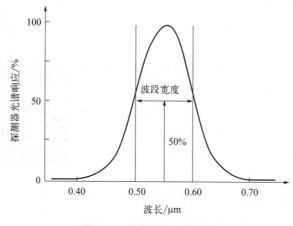

图 3-8 光谱分辨率的定义

(2) 空间分辨率

空间分辨率是指图像上能够精确区分的最小单元的尺寸或大小。对于成像光谱仪而言，其空间分辨率是指能够区分两个相邻目标物的最小角度或线性间隔[42]。这一参数由仪器的角分辨率所决定，具体表现为仪器的瞬时视场角（IFOV）的数值大小。

瞬时视场角通常以毫弧度（mrad）为单位进行计算，其对应的地面面积则被定义为：

地面分辨单元（ground resolution cell，GR），它们的关系为

$$GR = 2H\tan\left(\frac{IFOV}{2}\right) \tag{3-18}$$

式中，H 为遥感平台高度。如仪器 $IFOV$ 为 2.5mrad 时，从 1000m 高度上拍摄的图像的地面分辨单元为 2.5m×2.5m。通常而言，遥感系统的空间分辨率与其识别物体的能力呈正相关，即分辨率越高，识别能力越强。然而，在实际应用中，还需综合考虑环境背景的复杂性等多种因素对于识别效果的影响。

(3) 时间分辨率

遥感探测器依据设定的时间周期进行周期性数据采集，此过程中，两次连续重复采集的最短时间间隔被称为时间分辨率。该分辨率的具体数值由多个飞行器运行参数共同决定，包括但不限于其轨道的高度、轨道的倾角、运行的完整周期、轨道之间的间隔以及可能存在的偏移系数等[42]。

(4) 辐射分辨率

辐射分辨率，作为衡量遥感探测器性能的重要指标，描述了探测器在接收光谱信号时所能区分的最小辐射度差异。换句话说，它反映了探测器对不同辐射源辐射强度差异的辨识能力，以及对光谱信号强度变化的敏感程度，即探测器的灵敏度。通常采用灰度分级数，即量化级数，来表示这种分辨率，它代表了从最暗灰度值到最亮灰度值之间所能区分的细致程度。

在遥感数据的目标识别与分析中，辐射分辨率扮演着至关重要的角色。以 Landsat 卫星系列为例，早期采用的 MSS 传感器使用的是 6 位二进制编码来记录反射辐射的强度，即其可记录的辐射强度范围是 0～63。随着技术的进步，MSS 传感器的部分波段被提升至 7 位二进制编码，即这些波段的辐射强度取值被扩大至 0～127，从而提高辐射分辨率。而后续的 Landsat 4、Landsat 5 等系统所采用的 TM 传感器，在其绝大部分波段中都采用了 8 位二进制编码，进一步将取值范围扩展到了 0～255，显著提高了辐射分辨率，从而使遥感图像中的细节更加清晰，增强了图像的信息解析度和分析精度。

(5) 仪器的视场角

仪器的视场角（field of view，FOV）是指仪器扫描镜在空中扫过的角度，它和遥感平台高度 H 共同决定了地面扫描幅宽（ground swath，GS）[40]。

$$GS = 2H\tan\left(\frac{FOV}{2}\right) \tag{3-19}$$

视场角的大小决定了光学仪器的视野范围，视场角越大，视野就越大，光学倍率就越小。通俗地说，目标物体超过这个角就不会被收在镜头里。视场角有水平视场角和垂直视场角之分。

(6) 调制传递函数

调制传递函数（modulation transfer function，MTF）反映遥感器（或图像）的光学对比度与空间频率的关系，是成像系统对所观察景物再现能力的度量。

$$MFT = \frac{T_i}{T_o} \tag{3-20}$$

式中，T_i、T_o 分别表示图像的调制度、目标的调制度。

调制传递函数通常是空间频率的函数，用传递函数曲线（或单位角度线对数）来表示其空间传输特性。光学遥感器成像系统的调制传递函数是影响图像分辨率和清晰度的重要因素。遥感器的系统调制传递函数由探测器件、光学系统性能对焦精度、像元配准精度以及大气等各种因素共同决定。

（7）信噪比

信噪比（signal-to-noise ratio，SNR）是衡量探测器性能优劣的一个关键指标，它反映了探测器所捕获信号与背景噪声之间的相对强度。这一参数对于后续的遥感数据处理及分析，如分类与目标识别，有着至关重要的影响。值得注意的是，图像的信噪比与其空间分辨率、光谱分辨率之间存在着微妙的平衡关系：当空间分辨率和光谱分辨率得到提升时，往往会伴随着信噪比的下降。因此在实际应用中，必须根据具体任务需求和多方面因素的综合考量，对这些指标进行合理的取舍。

（8）探测器凝视时间

探测器的瞬时视场角扫过地面分辨单元所耗费的时间，被称为凝视时间（dwell time）。这个时间的长度，是通过计算行扫描时间与该行像元数的比值得到的[43]。凝视时间的长短直接影响探测器接收到的能量，凝视时间越长，意味着探测器能够更长时间地接收来自地面的能量，进而增强了光谱响应，使得图像的信噪比也相应提高。

3.2.2 成像光谱仪的成像方式

高光谱遥感的成像包括空间维成像和光谱维成像。因此，本小节将从空间成像方式和光谱成像方式上分别对成像光谱仪的常用类型进行介绍。

（1）空间成像方式

空间维成像是通过飞行平台的平动以及置于飞行平台上的成像光谱仪，以一定的工作模式来实现的，常用的工作模式为摆扫型和推扫型。

① 摆扫型成像光谱仪。摆扫型成像光谱仪通过光机的左右摆扫与飞行平台的前向运动，共同实现了对目标区域的二维空间成像。在此过程中，其内置的线性探测器负责捕捉和记录每个瞬时视场内所有像元的光谱维信息，如图3-9所示。此类型光谱仪的核心在于一个倾斜45°的扫描镜，该镜在电机的驱动下，围绕着与遥感平台前进方向平行的水平轴进行全方位的360°旋转。因此，扫描镜能够对地面进行左右平行的扫描，形成扫描路径与遥感平台移动方向相互垂直的结构，有效扩大了成像仪的观测范围。

而光学分光系统作为成像光谱仪的重要组成部分，主要由光栅与棱镜等光学元件构成。这些元件协同作用，先对入射光源进行色散，再将分散后的光线聚焦到探测器上，从而获得图像的光谱维信息。通过这种方式生成的图像数据，不仅具备高光谱分辨率，还具备出色的空间分辨率，为后续的科学研究与实际应用提供了强有力的支持。

摆扫型成像光谱仪的优势显著，首先在于它的视场角可以达到90°，确保了宽广的观测范围。其次，它可以让不同光谱波段在任何时刻都聚焦于同一像元，具有优异的像元配准能力。此外，该类型光谱仪在每个光谱波段只需一个探测元件进行定标，这不仅简化了操作流程，更显著提升了数据的稳定性与可靠性。再加上其在物镜之后进行分光的独特设计，使得该类型光谱仪能够覆盖广泛的光谱范围,从可见光延伸至热红外波段,满足了多样化的科研与应用需求。例如,美国喷气推进实验室研发的 AVIRIS 系统以及美国 GER 公司的 GERIS 系统均采用了摆扫型设计[44]。然而,摆扫型成像光谱仪亦存在其局限性。具体来说,由于采用了光机扫描方式,每个像元的凝视时间都相对较短,这在一定程度上限制了光谱和空间分辨率的进一步提升,同时也给信噪比的优化带来了挑战。

② 推扫型成像光谱仪。推扫型成像光谱仪配备了一个精密的面阵探测器,它的排列方向垂直于平台的移动方向,如图 3-10 所示。在遥感平台持续前进的过程中,该探测器能够直接对地面信息进行扫描并生成二维空间图像。此外,通过光栅与棱镜的协同作用,像素点的光谱信息在平行于平台运动的方向上被进一步细分,从而形成图像的光谱维。与摆扫型光谱仪不同的是,该类型成像光谱仪的扫描路径和平台的行进方向是完全一致的。

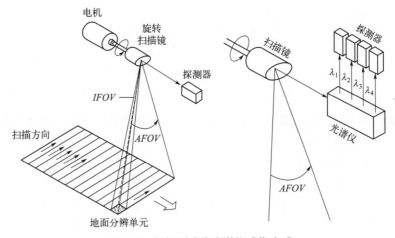

图 3-9 摆扫型成像光谱仪成像方式

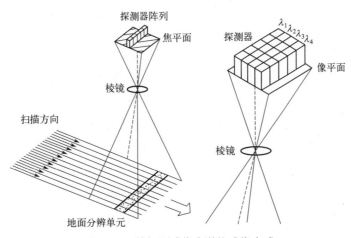

图 3-10 推扫型成像光谱仪成像方式

推扫型成像光谱仪最大的亮点在于其显著延长了像元的凝视时间,这一特性主要得益于其凝视时间只受平台地速的影响。与摆扫型成像光谱仪相比,其凝视时间的增加量可达

10^3 数量级。此外，由于推扫型成像光谱仪无需复杂的光机扫描运动结构，因此它的整体体积相对较小，便于携带与部署，实现了设计上的紧凑化与轻量化。在实际应用中，国内外已有多个成功的案例，如中国科学院上海技术物理研究所研制的 PHI、加拿大的 CASI 等。此外还有美国地球观测系统（earth observation system，EOS）计划中的高分辨率成像光谱仪（high resolution imaging spectrometer，HIRIS）及超光谱分辨率数字图像收集实验仪（hyperspectral digital imagery collection experiment，HYDICE），它们不仅继承了推扫型成像光谱仪的显著优势，还将可探测的光谱波段范围进一步扩展至短波红外波段（0.4～2.5 μm），为科学研究和地球观测提供了更为丰富的数据支持[45]。

(2) 光谱成像方式

成像光谱仪的光谱成像方式可以从原理上分为色散型、干涉型、滤光片型、二元光学元件型、三维成像型。

① 色散型成像光谱仪。色散型成像光谱仪的核心运作机制在于，它巧妙地将入射狭缝设置在准直系统的前焦面。因此，当入射辐射经过此狭缝后，会先经历准直光学系统的校正，保证光线的平行性，然后通过棱镜与光栅狭缝的色散作用，分离成不同波长的光谱，并在最终由成像系统根据一定的波长顺序映射到探测器的不同区域，从而形成清晰的图像。在色散过程中，棱镜与光栅各自扮演着关键角色：棱镜利用其材料对不同波长光线折射率的差异，实现了光线的有效分离；而光栅则通过其独特的缝隙结构，引起光线的衍射与干涉效应，进一步增强了色散效果。

根据探测器的不同结构特点，色散型成像光谱仪可细分为线列型和面阵型两大类，分别对应于摆扫型成像光谱仪和推扫型成像光谱仪，满足了不同领域对于光谱分析的不同需求[46,47]。色散型成像光谱技术既可以应用在准直光束中，也可以应用在发散光束中，后者具有较多优点，如简化系统结构、色散像按波长线性分布在像面上、色散像没有几何失真。发散光束色散成像光谱方法已经应用到了 Orbview-4 卫星上的战术遥感器的概念设计中[47]。

② 干涉型成像光谱仪。干涉型成像光谱仪的基本原理在于目标物体所发出的辐射在通过干涉元件时，会形成特定的干涉图，而这些干涉图再经过傅里叶变换的解析就可以转换为光谱图，从而揭示每个像元所承载的光谱信息。至于空间维度，该技术采用了与色散型成像光谱仪相同的摆扫式或推扫式扫描，实现对目标物体上各像元的定位与记录。

③ 滤光片型成像光谱仪。滤光片型成像光谱仪的成像原理简洁直观、易于实现。它就是将滤光片直接加在了相机上，使得目标的不同波长辐射在透过滤光片后对应呈现在每一行像元上。通常可以根据所使用的滤光片类型分为可调谐滤光片型和光楔滤光片型[46]。

④ 二元光学元件型成像光谱仪。二元光学元件不仅是成像元件，同时也是色散元件。与传统的色散元件棱镜或光栅不同，它并非在垂直于光轴的方向进行色散，而是沿光轴方向展开。因此，通常采用面阵 CCD 探测器沿光轴方向扫描，使得每一位置均能对应于特定波长进行成像[45]。这一过程中，CCD 探测器所捕获的不仅包含目标波长的清晰图像，还叠加了其他波长在不同离焦位置所形成的图像。为消除这种图像重叠，可以采用计算机层析技术，通过复杂的消卷积算法，从混合信号中提取出清晰的物面图像，最终构建出完整的图像立方体。

⑤ 三维成像型成像光谱仪。三维成像型光谱仪，是对传统光栅（棱镜）色散型光谱仪

的进一步升级与优化。如前所述，在传统的色散型光谱仪中，光谱仪系统的入射狭缝是被精准地放置在望远系统的焦面上，以捕捉并解析光谱数据。而三维成像型光谱仪则将在其焦面上放置了一个像分割器，从而将原本的二维图像进行精细分割，并转化为长条带状的图像形式。这一创新性的设计不仅保留了光谱信息的完整性，还显著提升了光谱仪的成像能力与数据处理效率。

3.2.3 成像光谱仪的系统介绍

(1) 国外的成像光谱仪

表 3-2 总结了国外主要的机载成像光谱仪情况，主要包括传感器类型及中文名称、国别及运营商、启用时间、波段数、波长等。

表 3-2　国外主要的机载成像光谱仪

传感器类型	中文名称	国别/运营商	启用时间/年	波段数/个	波长/μm
AVIRIS	机载可见光近红外成像光谱仪	美国/NASA	1987	224	0.41～2.45
CASI	紧密机载成像光谱仪	加拿大国际研究有限公司	1990	288	0.43～0.86
CHRISS	紧密机载高分辨率成像光谱仪	美国科技应用国际股份公司	1992	40	0.43～0.86
AISA	应用机载成像光谱仪	芬兰/SpecimLtd	1993	286	0.45～0.90
DAIS3715	数字机载成像光谱仪	德国/GER	1994	37	0.40～12.0
DAIS7915				79	
DAIS16115				160	
DAIS21115				211	
YDICE	高光谱数字图像采集实验仪	美国/海军研究实验室/ERIM	1994	206	0.40～2.50
				126	0.40～2.50
ASIVNIR-640	机载光谱成像仪	挪威/NorskElektro OptikkAS	2003	128/64	0.4～1.0
ASIVNIR-1600				160	0.4～1.0
SWIR-320i				160	0.9～1.7
SWIR-320m				256	1.3～2.5
APEX	机载棱镜实验传感器	欧洲航天局	2004	312	0.38～1.0
				199	0.94～2.5

(2) 国内的成像光谱仪

① 航空成像光谱仪。我国于 20 世纪 80 年代中后期开始发展自己的高光谱成像系统，经历了从多波段扫描到成像光谱扫描，从光机扫描到面阵 CCD 探测器固态扫描的发展过程[48]。表 3-3 列出了推扫型成像光谱成像仪的一些主要技术参数。

表 3-3 推扫型成像光谱成像仪（PHI）主要技术参数

参数	内容
工作方式	面阵 CCD 探测器推扫
视场角	0.36rad（21°）
瞬时视场角	1.0mrad
波段数	244
信噪比	300
光谱分辨率	小于 5nm
光谱范围	400～850nm
像元数	367pixel/line
光谱采样	1.86nm
帧频	60Fr/s
数据速率	7.2Mb/s
质量	9kg

② 航天成像光谱仪。我国于 2002 年 3 月发射的"神舟"3 号无人飞船，搭载有我国中分辨率的成像光谱仪（CMODIS）。它有 34 个波段，波长范围在 0.4～12.5μm。2007 年发射的"嫦娥一号"卫星搭载我国自行研制的干涉成像光谱仪，用来探测月球表面物质。2008 年发射的环境与减灾小卫星 HJ-IA 搭载一台 128 个波段的高光谱成像仪。2008 年发射的"风云 -3"气象卫星搭载的中分辨率成像光谱仪具有 20 个波段，成像范围包括可见光、近红外、中红外和热红外。

3.2.4 高光谱成像技术的应用

高光谱成像光谱仪通过其先进的技术，同时捕获了地表物体的空间信息与光谱信息。鉴于各种物质在发射、吸收、反射光谱上的独特差异，即每种物质都具有其独一无二的"光谱指纹"，因此，可以利用高光谱图像对地物目标进行高精度识别与区分，并准确锁定目标位置。这一技术在民用与军事两大领域均展现出了举足轻重的作用与影响力。

(1) 民用领域

① 在地质学中的应用。遥感技术应用于地质学中的目的是能够准确分辨、识别出不同地质岩石和矿物。宽波段遥感只能分辨不同地质岩石，难以识别含不同成分的岩石和矿物，

而高光谱图像则可通过诊断性光谱特征来对岩石或矿物成分及结构进行识别。高光谱图像在地质学中的应用主要体现在矿物识别与填图、岩性填图、矿产资源勘探、矿业环境监测、矿山生态恢复和评价等方面[48]。

② 在海洋及内陆水环境监测中的应用。高光谱遥感以其特有的高光谱分辨率，对水体泥沙含量和污染浓度能有效识别，对调查和监测水环境问题具有独到的效果。

③ 在农业中的应用。植被光谱特性的核心决定要素包括色素的构成、细胞的构造以及水分的含量。当植被遭遇损害时，叶绿素的含量会大幅度降低，而与此同时，叶红素和叶黄素则会有所增加。这种变化在光谱特性上体现为：在 $0.7\mu m$ 波长位置上的反射光出现了 $5\sim17nm$ 的"红移"现象。此外，反映植被水分压力的波段主要集中在 $1.4\mu m$、$1.9\mu m$ 和 $2.1\mu m$ 的水分吸收峰值处，而用于估算植被养分的波段则位于短波红外区域。然而，在低光谱分辨率的遥感数据源中，这些细微的光谱变化都是很难被捕捉到的。因此，为了更清晰地通过光谱特征识别植被或农作物的状态，农业领域也逐渐引入了高光谱遥感技术[49]。

④ 在大气环境监测中的应用。高光谱遥感数据波长范围覆盖了从紫外到远红外波段，具有极高的光谱分辨率，在环境污染监测中的应用发展很快，现在已可测出水体的叶绿素含量、泥沙含量、水温、水色，可测定大气气温、湿度及 CO、NO、CO_2、O_3、CH_4 等的浓度分布，可测定固体废弃物的堆放量、分布及其影响范围等，还可对环境污染事故进行遥感跟踪调查，预报事故发生点、污染面积、扩散程度及方向，估算污染造成的损失，等等[50]。

⑤ 在雾霾治理中的应用。近些年，我国许多地方受到了雾霾的困扰，雾霾天气越来越多地受到了人们的关注和热议。传统雾霾监测手段主要依赖于地面观测站及人工巡查，尽管此方法在一定程度上有效，但其对人力、物力及财力的高消耗，以及监测范围与精度的局限性，都难以满足雾霾监测的复杂需求。相比之下，高光谱技术则具有观测覆盖范围广、信息量大、识别准确度高、客观真实性强等诸多优势，可以有效弥补地面数据离散性较大的不足。该技术不仅能够独立提供高精度的雾霾监测数据，还能与地面观测数据进行相互验证，从而加深对雾霾污染的科学认知，推动雾霾污染科学研究的进一步发展[51]。

(2) 军事领域

高光谱遥感技术除了在民用领域有广泛的应用外，在军事领域也体现了巨大的应用潜力。目前，高光谱数据在军事领域，如战场情报侦察、弹道导弹助推段分辨、海军作战以及探测核生化武器等方面都发挥着巨大的作用。

① 战场情报侦察。在对复杂战场进行详细侦察时，高光谱能在连续工作波段同时对重点目标进行探测，可直接反映被测物体的精细光谱特征，提高光谱分辨率能增强探测目标的能力。

② 弹道导弹助推段分辨。对正在助推阶段的弹道导弹，高光谱成像探测技术能够精确识别导弹的发射原点，为后续的导弹拦截行动提供了宝贵的情报信息。同时，该技术还能通过分析导弹尾焰的光谱特征，获知推进剂的种类、发动机的具体规格等一系列重要参数，为防御决策提供有力支持。此外，高光谱成像仪可以凭借其独特的光谱分析能力，排除导弹所释放的各种诱饵和假目标的迷惑干扰，准确识别出真正的目标，确保防御行动的准确性和有效性。

③ 海军作战。海军利用高光谱数据可获得近海环境的动态特性，对海水透明度、海深

探测、水下危险物、洋流、潮沙、海底类型、海洋生物发光场、海滩特征、油泄、海洋大气能见度、大气水汽量和低能见度卷云等特性进行舰上自动化分析处理和特征提取的研究，对海军作战有十分重大的意义[52]。

④ 探测核生化武器。高光谱遥感也是一种防范大规模杀伤性武器的重要手段。它可以通过识别物质特征光谱，准确判断战场上武器的种类及弹药储备情况，也可以对化学战剂、化学云及核武器等威胁进行精确探测，从而为武器使用的实时监测与预警奠定了坚实基础。

思考题与习题

（1）在客观世界中，绝对黑体并不存在。列举现实中近似黑体的例子。
（2）红外检测器有哪些类型和哪些特征参数？解释其意义。
（3）简述主动式红外成像系统的主要构成及工作过程。
（4）目前，热成像系统可以分为光机扫描型和非扫描型两种，简述其各自的特点。
（5）简述高光谱成像过程。
（6）举例说明高光谱应用的领域。

第 4 章 雷达成像原理

本章主要介绍了合成孔径雷达、毫米波雷达、激光雷达等成像原理,帮助读者:了解雷达成像的基本概念,包括雷达波的发射、传播和接收,掌握三种雷达的成像机制,以及雷达成像在不同领域的应用。

4.1 雷达成像概述

雷达(radar)是"radio detection and ranging"缩写的音译,其原意是"无线电探测与测距",即利用无线电发现并测定目标物体在空间中的具体位置。雷达成像是借助雷达技术,通过主动发射电磁波信号获取目标物体的空间位置及形态信息的重要成像手段。在具体的成像过程中,雷达系统会先发射一束具有窄带宽、高功率、短脉冲特性的电磁波。这些电磁波传播至目标物体后会发生反射、绕射和散射等现象,使得一部分电磁波又反射回雷达系统。这些反射回来的电磁波,即回波信号,随后被雷达系统的接收机所捕获,并经过一系列的信号处理过程,最终转换为直观的可视化图像,如图 4-1 所示。

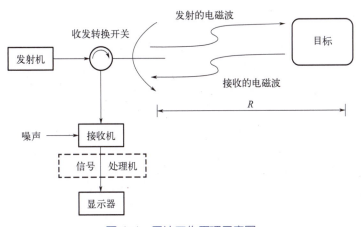

图 4-1 雷达工作原理示意图

雷达成像的基本原理是通过测量反射信号的时延和幅度,对目标进行定位和描绘。由于电磁波是以光速 $c(3\times10^8\text{m/s})$ 在空间传播,雷达到目标的距离 R 可以通过测量发射和接收

信号之间的时间差 t 来确定，即 $R = ct$。同时，雷达接收到的回波信号强度可以反映目标的反射能力，从而实现目标的亮度展示。通过将多个目标的距离和亮度信息进行综合，就可以得到目标在雷达图像上的位置和形状，如图4-2所示。

图4-2 雷达图像实例

根据成像雷达的工作波段，可以分为分米波雷达、厘米波雷达、毫米波雷达、激光雷达和其他波段雷达。其中，激光雷达的波长范围在红外线到紫外线之间，也称光学雷达（light detection and ranging, LiDAR）。毫米波虽然和厘米波、分米波同属于微波范畴，但它处于微波与红外可见光之间，因此毫米波雷达兼具了激光雷达的某些特性，在性能上与微波雷达存在显著差异，常作为一个独立的类别进行讨论。而微波雷达具有很强的穿透能力，不受云雾、雨雪等恶劣天气条件的影响，能够进行全天时、全天候的观测，因此多用于遥感领域，安装在机载或星载平台上实现对地球表面的探测。下面将对这几类成像雷达的具体成像过程进行介绍。

4.2 合成孔径雷达成像

合成孔径雷达（synthetic aperture radar, SAR）是一种高分辨率微波成像雷达，其高分辨率特性体现在高距离向分辨率和高方位向分辨率两个方面。距离向是指雷达到地物目标的直线距离的方向，即发射和接收电磁波的方向。方位向则是指垂直距离向的方向，在SAR中对应于雷达平台的运动方向，如图4-3所示。与遥感可见光相机需要保持垂直向下拍摄成像的方式不同，SAR在随飞机或卫星等载体飞行时，会用一根天线从侧面照射地面目标来进行成像操作，因此它也被称为侧视雷达，而这种成像方式被称为斜距成像。当雷达载体向前移动时，SAR的天线会按一定的重复频率不断发射电磁脉冲信号，并接收回波信号，从而使扫描区域不断积累形成图像。

根据雷达发射波束的不同方式，SAR可分为条带SAR、聚束SAR、扫描SAR：在条带（stripmap）模式下，雷达波束的照射范围呈现为与平台运动方向平行的带状区域；在聚束（spotlight）模式下，雷达波束的指向可以根据控制不断调整，确保波束在雷达行进过程中始终照射在同一目标区域；在扫描（scan）模式下，雷达波束能够迅速地在数个子观测带之间转换，从而增大测绘带宽。这3种SAR成像模式如图4-4所示。

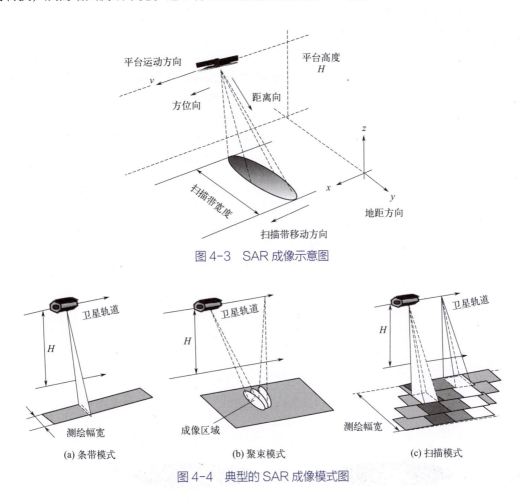

图4-3 SAR成像示意图

图4-4 典型的SAR成像模式图

作为21世纪的科技创新成果，SAR具备全天候、全天时的工作特点，能够在不同频段、不同极化方式下，实现与距离无关的高分辨率雷达图像获取，被广泛应用于军事、经济、科技等诸多领域，展现出广阔的应用前景和巨大的发展潜力。为了更清楚地了解SAR的成像原理和机理，下面将以星载条带式SAR为例介绍SAR成像中的基本概念和基本原理。

4.2.1 合成孔径概述

雷达孔径是指天线的有效长度，即天线具备多大的有效面积去接受目标反射回来的电磁波。早期研究雷达成像系统时采用的是真实孔径雷达（real aperture radar）。真实孔径雷达成像系统相对较为简单，它是由一个实际天线在一个固定位置上接收同一地物回波信号的侧视雷达。它通过脉冲回波的延迟来实现对地物目标距离向的测量，并通过角度的大小来实现目标方位向的辨识。这种成像机理类似于普通的拍照相机，需要保持地物目标和成像雷达之间固定的角度关系，如图4-5（a）所示。由于这个对应关系的存在，真实孔径雷达图像的方位向分辨率受到天线尺寸的限制，若想要提高图像的方位向分辨率，则需要加大天线的尺寸。但是，所采用天线尺寸的大小往往又受制于雷达系统被载平台大小，不可能为了提高分辨率无休止地增加天线尺寸。因此，研究者们提出了合成孔径技术。

合成孔径是指利用雷达与目标之间的相对运动，把一个真实的小孔径天线合成一个等效虚拟的长孔径天线的过程[52]。具体来说，它是借助雷达的移动，使得作为辐射单元的一个小孔径天线也沿着直线不断移动，在不同位置上接收同一地物的回波信号并进行相关处理，从而使小孔径天线通过"运动"的方式合成一个等效的"大天线"，提高图像的分辨率。如图4-5（b）所示，雷达随载体向前运行时，以固定的重复频率向照射区域发射电磁波。当小孔径天线发出第一个脉冲并接收从目标散射回来的第一个回波脉冲后，把它存储起来后，沿直线移动一段距离到第二个位置。然后，小孔径天线在第二个位置继续发射一个脉冲（这个脉冲与第一个脉冲之间存在由延时引入的相位差），并把第二个散射回波也存储起来，再沿直线移动一段距离到第三个位置，发射脉冲信号再接收回波。这就是SAR成像采用的走-停-走（go-stop-go）模式[53]。以此类推，小孔径天线便在这一直线上构成了一个长的天线阵。在一个合成孔径时间里，载体所走过的路程就是一个合成孔径阵列的长度。随后，把所有存储起来的回波进行处理，便可得到一个大天线的方向图，进而提高雷达的方位向分辨率。

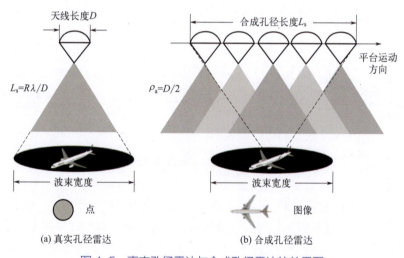

图 4-5 真实孔径雷达与合成孔径雷达的效果图

在图4-5中，D表示天线的真实孔径长度（m），λ表示波长（m），$\beta=\lambda/D$则表示实际波束宽度（rad）。R是目标与雷达之间的距离，则真实孔径天线的辐照宽度L_s为：

$$L_s = \beta R = R\lambda/D \tag{4-1}$$

这一距离也是真实孔径雷达的方位向分辨率，以及该真实孔径天线的合成孔径长度。相比于长为L_s的真实天线阵，在SAR中的合成天线阵同时收发信号，相位差加倍。因此，长为L_s的合成天线阵的波束宽度是真实天线阵波束宽度的一半，即$\beta_s=\lambda/2L_s$。因此，SAR的方位向分辨率为：

$$\rho_a = \beta_s R = \frac{\lambda}{2L_s}R = \frac{\lambda}{2R\frac{\lambda}{D}}R = \frac{D}{2} \tag{4-2}$$

4.2.2 SAR 成像几何关系及相关概念

SAR 成像系统中涉及的术语较多，本小节将以 SAR 成像的几何模型为基础来介绍相关概念。图 4-6 为星载条带式 SAR 成像空间几何模型。假设天线的真实长度为 D，载体的飞行速度为 v，目标点 P 与雷达之间的距离为 R。

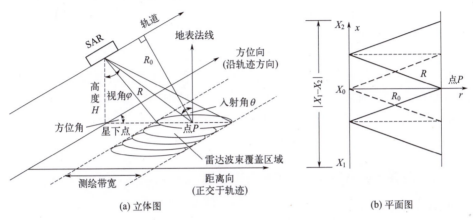

图 4-6　星载条带式 SAR 成像空间几何模型图

(1) 方位向（azimuth direction）

SAR 载体运行的方向，即纵向，在图 4-6（a）中是沿轨迹方向，或者是平行于轨道且同向的方向，在图 4-6（b）中，x 轴的方向是方位向。

(2) 距离向（range direction）

与方位向垂直的方向称为距离向，即横向，正交于轨迹方向。在图 4-6（b）中，r 轴的方向就是距离向。

(3) 距离（range）

SAR 成像是斜距成像，因此距离分为斜距（slant range）、地距（ground range）和中心距离（center range）。如图 4-6 所示，斜距是雷达到目标之间的距离，一般用 R 表示，中心距离是目标与雷达航线的最短距离，用 R_0 表示。中心距离 R_0 根据系统参数设计，设计完成后不会随时间改变，而斜距 R 会随着雷达平台的运动而不断改变。

(4) 合成孔径长度

在图 4-6（b）中，目标点 P 是 r 轴上的一点，当雷达波束刚好触到点 P 时，雷达载体的位置为 X_1，当雷达载体向前运动到 X_0 的位置时，此时雷达垂直照射点 P，目标点正好处于波束中心，当雷达载体到达位置 X_2 时，波束处于离开目标点的临界状态。因此，$|X_1 - X_2|$ 是雷达波束能够覆盖到 P 点的雷达载体所移动的距离，这个距离就是一个合成孔径的长度。

(5) 合成孔径时间

从雷达波束照射到目标 P 点时开始，到波束离开目标 P 点时结束，这个过程所经历的时间称为合成孔径时间，即 T_s。一般情况下，合成孔径时间可以被认为是合成孔径距离 L_s 除以雷达载体平台的有效速度 v，即 L_s/v。

(6) 视角（viewing angle）

当雷达系统以水平状态飞行时，视角和图 4-6（a）中标注的相同，但当载体进行滚动时，视角也会产生相应的变化，即从近距离观测点至远距离观测点，视角的数值将逐渐增大，并与俯角互为补角关系。

(7) 方位角（azimythal angle）

方位角（ϕ）是雷达波束在地面的投影与载体在地面轨迹沿运行方向的夹角。当载体由远向近靠近目标时，方位角由小变大。

(8) 入射角（angle of incidence）

雷达波束与地表法线之间的夹角称为入射角，用 θ 表示。值得注意的是，入射角并不等于视角，当地面是平坦区域时，它们相等，因此对于低空飞行的机载成像可以认为它们相等，因为在这种情况下通常不会出现地形。一旦出现了地形，即观测表面不是平坦的，就必须考虑表面弯曲效应。此时，SAR 图像中入射角会随着像素逐一变化，入射角总是大于视角。

4.2.3 SAR 成像分辨率

(1) 距离向分辨率

雷达的分辨率是指雷达对两个相邻目标的分辨能力。这种分辨能力是依靠雷达不断地向外发射电磁脉冲串，并通过测量这些脉冲串的接收时间差和接收能量大小来实现对目标距离和大小的探测[54]。因为 SAR 是斜距成像，所以，首先考虑两个点目标在斜距方向的分离情况。雷达波是以光速进行传播的，相应的回波是用时间差 Δt 来进行分离的，定义为：

$$\Delta t = 2R/c \tag{4-3}$$

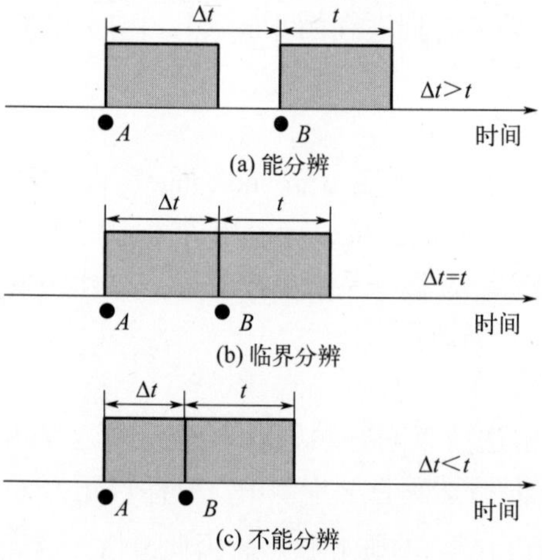

式中，c 为光速；2 表示信号在雷达与目标之间的往返；R 是雷达与目标之间的斜距距离。假设雷达发射的脉冲为方波脉冲，脉冲持续时间为 τ，有两个目标，较近目标为 A，较远目标为 B，那么从近目标 A 处反射回来的回波脉冲与从远距离目标 B 处反射回来的回波脉冲之间的时间间隔为 Δt，如图 4-7 所示。目标 A 和 B 均位于同一方位角，但它们与雷达之间的距离是不同的。一般而言，当较近目标 A 的下降沿与较远目标 B 的上升沿刚好重合时，就认为是达到了它们可被雷达明确区分的极限，即此时的两目标之间的距离就是所定义的距离向分辨率，如图 4-7（b）所示。雷达接收到的脉冲串的最小分离有效时间就是脉冲的持续时间 τ，即 $\Delta t=\tau$。因此，成像雷达的斜距分辨率为：

图 4-7　SAR 成像距离向分辨率脉冲示意图

$$\rho_r = \Delta R = c\tau/2 \tag{4-4}$$

一般情况下，距离向分辨率指的就是斜距分辨率。从式 (4-4) 中可知，距离向分辨率由脉冲宽度 τ 决定。脉冲宽度越小，距离向分辨率越高。当 τ 为 $0.1\mu m$ 时，距离向分辨率为 15m。

因此，为了获取高分辨率图像，就需要发射脉冲的持续时间尽可能短，即要求信号具有较大的带宽。可在实际应用中，我们同样期望获取宽发射脉冲。因为宽脉冲持续时间长，能够获取足够的能量来探测更远的距离，有利于目标检测。然而，这与大发射带宽之间存在明显的矛盾。为了解决这一矛盾，SAR 在成像过程中会通过调制手段将发射信号转化为宽脉冲的形式，并利用压缩技术将接收到的信号精炼为窄脉冲，从而在保证信号宽带特性的同时，满足了高分辨率的成像需求。在此过程中，线性调频信号（linear frequency modulation, LFM）成为了解决这一矛盾的有效解决方案。SAR 成像数据的具体过程将在 4.2.4 小节详细介绍。

(2) 方位向分辨率

方位向分辨率是指对距离相同而方位角不同的两个点目标的分辨能力。方位向分辨率是由天线的有效波束宽度确定的，相同径向距离的目标，若间距大于天线波束宽度，就能被区分，若小于波束宽度，则不能被区分[55]。如图 4-8 所示，由于目标 C 与目标 A 或目标 B 的距离都大于波束宽度，所以雷达能够对它们进行分辨。

如果从信号处理的角度考虑，方位向分辨率与距离向分辨率类似，可以定义为：当一个目标的回波强度到达峰值点时，另一个目标的回波强度从零开始上升，此时两目标之间的角度就是雷达方位分辨的极限，即方位向分辨率。

SAR 成像的一个关键技术是孔径的"合成"，即利用一个沿着轨迹"运动"的天线合成一个等效尺寸大得多的天线，以提高方位向分辨率。实质上，SAR 也是利用多普勒历程来实现方位向高分辨率的。

由于 SAR 的成像平台是连续运动的，因此可以利用回波定位原理来确定回波来自波束的哪一部分。在波束的前半部分内，目标回波发生向高频偏移的多普勒频移，在波束的后半部分，目标回波则发生向低频偏移的多普勒频移。频移越大，代表回波离波束中心越远。天线足迹可以看作被划分的一系列等多普勒频移的单元。当雷达扫过任何目标时，其回波频率将相应改变。多普勒波束锐化方法是利用位于同一距离处不同方位位置的目标点具有不同的多普勒频移的观点来解释合成孔径原理。

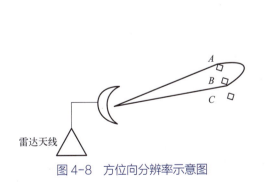

图 4-8 方位向分辨率示意图

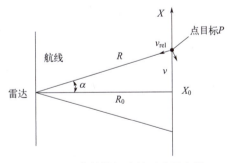

图 4-9 多普勒频移的形成示意图

图 4-9 是多普勒频移的形成示意图。距离雷达 R 处有一个点目标 P，雷达载体以速度 v 匀速直线运动，令其坐标为 X_0，点目标 P 的坐标用 X_R 表示。目标相对于雷达的运动可以分解为两部分：沿雷达与目标连线方向的径向运动，速度为 $v\sin\alpha$；沿切线方向的运动，速度为 $v\cos\alpha$，α 的定义如图 4-9 所示。如果对波束通过目标过程中所引起的 R（雷达到目标的斜距）的微小变化不计，那么角 α 应该很小，则有：

$$\sin\alpha = \frac{X_0 - X_R}{R} \tag{4-5}$$

运动目标的多普勒频移公式为：

$$f_d = v_{rel}/\lambda = \frac{v\sin\alpha}{\lambda} \tag{4-6}$$

式中，v_{rel} 是雷达和目标之间的相对运动速度；λ 是雷达信号波长。

这里先明确一个关键概念——零多普勒时刻。零多普勒时刻，简而言之，就是雷达平台与目标之间距离最近的时刻。在雷达系统以正侧视模式运行时，该时刻恰好对应于波束中心扫描目标的时刻[55]。然而，在非正侧视的工作模式下，波束中心扫描目标的时刻会与零多普勒时刻之间存在偏差，可能提前也可能滞后，取决于雷达平台的具体工作模式。

假设是正侧视成像，因此当波束中心位于零多普勒线（垂直于飞行路径）时，其相对速度最小，当远离波束时，其相对速度为 $-v_{rel}$。因此，回波频率范围为 $[f_c - f_D, f_c + f_D]$，其中 f_c 为发射脉冲中心频率，即载频，而 f_D 为：

$$f_D = \frac{2v\sin\alpha}{\lambda} \tag{4-7}$$

式中，因子 2 是因为在发射和接收过程中有 2 次多普勒频移。因此，总带宽为：

$$B_D = (f_c + f_D) - (f_c - f_D) = 2f_D = \frac{4v\sin\alpha}{\lambda} \tag{4-8}$$

图 4-10 清晰地描绘了多普勒频移的变化过程。对于点目标 P，当雷达波束的前沿（上升沿）触及目标时，多普勒频率会瞬间达到其正方向的最大值。然而，随着波束的其余部分相继扫过目标，多普勒频率会经历一个逐渐减小的过程。当波束的中心线恰好与目标重合时，即 $X_R = X_0$，$R = R_0$，就是零多普勒时刻，此时的多普勒频率为零。在这以后，多普勒频率会转而变为负值，并继续减小，直至波束完全移出目标范围，此时多普勒频率达到其负方向的最大值。需要指出的是：同一距离门上的不同目标点，它们的瞬时多普勒频率是不相同的。

如果雷达天线真实孔径为 D，则沿航迹方向波束照射区的长度为 $L = R\lambda/D$，与真实孔径雷达的分辨率相同。因此，由该雷达接收的多普勒信号的总带宽为：

$$B_D = \frac{4v\sin\alpha}{\lambda} \approx \frac{4v}{\lambda}\alpha = \frac{4v}{\lambda} \times \frac{\lambda}{2D} = \frac{2v}{D} \tag{4-9}$$

类似于距离向分辨率，方位向不同信号的时间分辨能力 ρ_t 为：

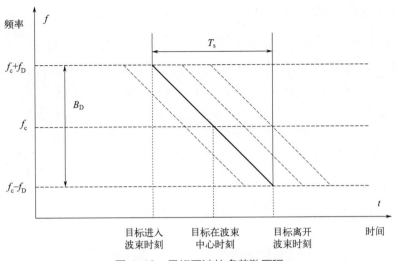

图 4-10 目标回波的多普勒历程

$$\rho_t = 1/B_D \tag{4-10}$$

式中，B_D 为多普勒带宽。式 (4-10) 乘以方位向的相对运动速度 v，就可得到方位向分辨率的距离表达式，即 $\rho_a = v/B_D$，再将式 (4-9) 代入可得：

$$\rho_a = v\frac{1}{B_D} = v\frac{1}{\dfrac{2v}{D}} = \frac{D}{2} \tag{4-11}$$

从式 (4-11) 可以看出，SAR 成像系统方位向分辨率的理想值等于天线尺寸的一半。它不依赖于雷达与目标之间的距离，所以对于机载或星载 SAR 成像系统，这个值是一样的。同样，它与雷达波长也无关。所以不同波段的传感器，只有天线孔径大小一致，才具有相同的理论方位向分辨率。

式 (4-11) 与式 (4-2) 完全相同，这表明不论从多普勒的角度还是从孔径合成的角度来解释 SAR 成像的方位向分辨率，都是一致的，其值在理想情况下等于天线孔径的一半，而与其他因素无关。值得注意的是，尽管距离向和方位向分辨率都与距离远近无关，但雷达和目标的距离也不能是无限远。因为 SAR 发射电磁波在传播的过程中，信噪比将按雷达与目标之间距离的三次方（R^3）衰减。在有限功率条件下，信噪比的损失会使远距离的目标的细节变得模糊。类似的，也不能为了得到更高的方位向分辨率，就使天线的孔径尺寸无限小。因为天线尺寸越小，则意味着波束宽度越大，在有限功率条件下，对雷达的硬件和工艺有着更高的要求，为保持较高的信噪比，天线尺寸不能过小。

(3) 分辨单元

雷达图像的分辨单元与光学图像不一样，光学图像的一个分辨单元就是一个像元。而对于雷达图像，图像的分辨单元是由距离向分辨率和方位向分辨率共同确定的。根据 Nyquist 采样定理，每个分辨单元在方位向和距离向均有 2 个采样点。在 SAR 图像中，这些采样点被称为像元，因此，每个分辨单元包含 4 个像元[56]。

4.2.4 SAR 成像处理过程

SAR 成像处理的核心目标是从接收到的 SAR 回波信号中重构出目标的后向散射特性，从而帮助提取和识别地物目标的特征信息。该过程实质上是一种数据转换，即将原始复杂的回波数据转换为直观的影像数据，实现了从数据空间到图像空间的映射[53]。地物目标的后向散射系数 $\sigma(x,r)$ 是一个二元函数，其变量分别为距离向位置 r 和方位向位置 x，直观地反映出 SAR 成像处理本质上是一个二维信号处理任务。因此，SAR 成像处理的一种最高效的策略，便是采用二维匹配滤波器直接对回波信号进行匹配与滤波处理，如图 4-11 所示。

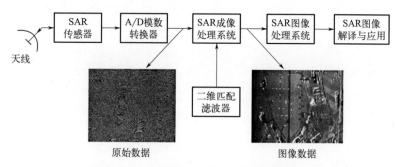

图 4-11 SAR 成像二维处理过程示意图

这种处理方法的显著优势在于它能对目标的后向散射系数实现卓越的恢复效果。依托准确的多普勒参数，它能够达到最优的距离向分辨率和方位向分辨率。然而，该方法存在一个显著的局限性问题：计算量极为庞大，难以达到实时或近实时处理的效率要求。特别是随着各领域应用对图像分辨率要求的日益提升，该方法的计算效率更是急剧下降，逐渐显露出其对于高分辨率 SAR 成像处理的不适应性。

考虑到这种直接进行二维处理的方法存在很多局限性，因此产生了一种新的、避开直接的二维处理的思路。SAR 在采集回波数据的过程中，采用的是走-停-走模式，这使得距离向和方位向可以分开处理。事实上，回波信号中蕴含两个关键的时间参数：一个是电磁波传播的"快时间"参数；另一个是载体缓慢前行的"慢时间"参数。这两个时间参数保证了距离向与方位向的处理得以独立进行。综上，在 SAR 成像处理过程中主要采用的是两个独立的一维匹配滤波器分别处理，如图 4-12 所示。这一设计不仅优化了处理流程，使其更为清晰，同时有效减少了所需的计算量。

SAR 成像过程一般包括距离向压缩处理和方位向压缩处理两个过程：距离向采用脉冲压缩技术实现高分辨率；方位向采用合成孔径技术实现高分辨率（实际上是通过匹配滤波来实现的）。所以，距离向和方位向的处理都可以通过脉冲压缩来实现，脉冲压缩的本质就是匹配滤波。在 SAR 成像中，利用匹配滤波可以获得最大输出信噪比，得到最优的检测性能、最优的目标参数估计和最佳的目标分辨率，同时信号的相位也都能校正到同相位，这对 SAR 信号处理非常有益。由数字信号处理理论可知，匹配滤波器的响应实际上是输入信号自相关运算的结果，因此，匹配滤波处理等价于输入信号的自相关运算。

在图 4-12 中，当对距离向和方位向进行压缩处理时，它们均由各自专属的参考函数进行操作。这里所说的参考函数,实际上是匹配滤波器系统所特有的响应函数,具体表现为线性处理系统针对输入信号的冲击所产生的响应函数。

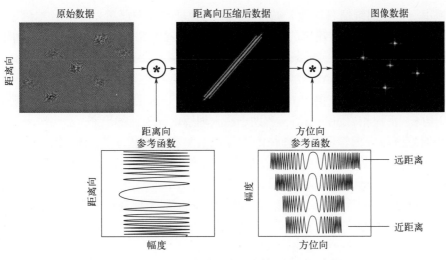

图 4-12 SAR 成像两个一维处理过程示意图

假设 SAR 发射的脉冲信号为 $s(t)$,即:

$$s(t) = \exp\left[j2\pi\left(f_c t + \frac{1}{2}Kt^2\right)\right] \tag{4-12}$$

根据匹配滤波器的性质,有 $h(t) = s(-t)$,可得距离向的参考函数为:

$$f_r(t) = \exp\left[j2\pi\left(f_c t - \frac{1}{2}Kt^2\right)\right], \quad t \in \left(-\frac{T}{2} < t < \frac{T}{2}\right) \tag{4-13}$$

式中,T 为脉冲宽度;f_c 为载频;K 为线性调频信号的调频率。同样,可以得到方位向的参考函数为:

$$f_a(t) = \exp\left[j2\pi\left(f_{dc} t - \frac{1}{2}f_{dr}t^2\right)\right], \quad t \in \left(-\frac{T_s}{2} < t < \frac{T_s}{2}\right) \tag{4-14}$$

式中,T_s 为合成孔径时间;f_{dc} 为多普勒中心频率;f_{dr} 为多普勒调频率。f_{dc} 和 f_{dr} 通常是从回波数据中得到它们的估计值。

4.2.5 SAR 成像的特点及应用

(1) SAR 成像的特点

① 具有全天候全天时工作能力,具有一定的穿透能力。

② 能获得多种回波信息,如幅度信息、相位信息、极化信息、空间几何结构信息、纹理信息、数字高程模型以及地表形变信息等,能获得与距离无关的二维高分辨率图像。

③ 工作模式多样,可以多极化、多波段、多模式、多视角、多平台成像。

④ 成像机理复杂，容易受到斑点噪声以及目标表面结构和粗糙度的影响。
⑤ 对方位特敏感，即目标在 0～360°旋转时，获取的 SAR 图像是不同的。

(2) SAR 成像的应用

① 城市三维、四维信息提取：城市地区的叠掩现象较为严重，SAR 技术可以解决散射体叠掩问题，进而实现高层建筑的三维成像。此外，随着 SAR 技术的发展，城市四维信息的获取也成为可能，即可以实现城市建筑的形变监测。

② 地质和地貌研究：SAR 技术在地质和地貌研究中发挥着重要作用。通过 SAR 图像，可以检测地表的微小形变，揭示潜在的地质活动和地表运动。此外，SAR 也能够提供地表特征，如山脉、河流和岩石的细节，有助于深入理解地球表面的形态。

③ 环境监测与灾害管理：SAR 技术在环境监测和灾害管理方面具备广泛应用。例如，监测海岸线的变化、森林覆盖的变化以及城市扩张的情况。在自然灾害发生后，SAR 图像能够快速提供灾情信息，帮助决策者作出紧急响应。

④ 农业和森林资源管理：农业和森林资源管理中的土地利用、作物健康和植被分布等方面，SAR 技术也提供了有力的工具。通过分析 SAR 图像，可以监测农田土壤湿度、植物生长状态，甚至估计森林的生物量和树种类型。

⑤ 军事与情报获取：SAR 在军事和情报领域有重要地位。SAR 技术具备全天候、全天时、对抗干扰能力强的特点，因此在情报获取、目标识别和监测等方面发挥着关键作用。

4.3 毫米波雷达

4.3.1 毫米波雷达的特性

① 频带极宽，如在 35GHz、94GHz、140GHz 和 220GHz 4 个主要大气窗口中可利用的带宽分别为 16GHz、23GHz、26GHz 和 70GHz，均接近或大于整个厘米波频段的宽度，适用于各种宽带信号处理[57]。

② 可以在小的天线孔径下得到窄波束，方向性好，有极高的空间分辨率。

③ 有较宽的多普勒带宽，具有良好的多普勒分辨率，测速精度较高。

④ 地面杂波和多径效应影响小，低空跟踪性能好。

⑤ 对目标形状的细节敏感，可提高多目标分辨和对目标识别的能力与成像质量。

⑥ 发射波束发射窄，在电子对抗中难以截获，此外，由于作用距离有限，在使用距离之外的敌人探测器也难以发现。

4.3.2 毫米波天线

毫米波雷达的应用取决于信号在自由空间的传播。发射机的能量经传输线送到天线。天线将发射机的能量集中于确定的波束内，并将波束指向预定的方向。接收时，又由天线从特定的方向形成波束，有选择地收集各个目标反射回波的能量。常用的毫米波雷达天线形式有：①反射面天线；②透镜天线；③喇叭天线；④介质天线；⑤漏波天线；⑥微带天线；⑦相控阵列天线。用于100GHz以下毫米波的高增益天线，基本上是表4-1所列的微波孔径天线的对应物。

表4-1 毫米波雷达天线形式

形式	细分形式	
反射面天线	单反射面：抛物面、抛物柱面、抛物线环面、赋形反射器、抛物线盒	双反射面：卡塞格伦、格里高里、扭转反射器
透镜天线	介质透镜天线、金属板透镜天线、最短程透镜天线	
阵列天线	固定波束：对称阵子阵列、波导裂缝阵列、宽壁波导裂缝阵列、窄壁波导裂缝阵列	电扫描波束：相位扫描阵列、频率扫描阵列、幅度扫描阵列、开关波束扫描阵列

4.3.3 毫米波雷达的应用

(1) 战场监视和目标捕获毫米波雷达

由于毫米波雷达能有效抑制地面杂波，多径效应影响小，在距离向和方位向上都能获得高分辨率，所以特别适合短程战场监视和目标捕获应用。例如，美国佐治技术研究所于20世纪60年代研制的AN/MPS-29是第一代实用型毫米波战场监视雷达，具有测距、目标捕获和识别功能。

(2) 毫米波跟踪、导引和火控雷达

由于毫米波雷达具有极高的空间测量精度，低角跟踪性能良好，但其作用距离有限，为此，常采用微波与毫米波双频段工作模式，取其优点互补。先由微波雷达完成中、远距离目标搜索、捕获和探测，然后通过毫米波雷达波束实现精密跟踪、引导和火控。据对美国电子防御杂志（JED）等公开媒体披露的数十种毫米波雷达的不完全统计，超过60%的毫米波雷达采用双频（少数多频）工作体制。

(3) 毫米波测量雷达

为了对毫米波雷达系统进行有意义的分析，有必要掌握研究目标和杂波信号的特征数据及其截面积数据，因此近几年来已研制了多种毫米波测试雷达和（或）系统。毫米波反射测量主要有：表面测量，包括雨、地杂波、海杂波的后向散射测量；基本的雷达横截面积测量；特征测量；极化测量；等等。

(4) 多传感器中的毫米波雷达

多频谱技术将微波和毫米波雷达、红外系统等多种传感器有机地组合在一起，互相取长补短，形成最佳战术效果。目前，美国正在研究采用多频谱传感器来探测地面活动目标的方法，毫米波雷达正是其利用的一种传感器，当毫米波雷达发现一个潜在目标，就用激光行扫描器、红外传感器、摄像机和其他系统来识别目标，确定目标的特征[58]。图4-13展示了一种智能化多频谱侦察系统原理框图。

(5) 汽车自适应巡逻控制/防撞系统

直升机防撞、舰船防撞和汽车防撞已成为全世界关注的重要课题。随着高速公路的迅速发展，恶劣气候状况下出现数十辆，甚至数百辆汽车相撞事件常有报道。若在汽车上配有全天候防撞告警传感器，及时测定其安全的距离和速度，则可避免这类悲剧。从成本-效益最佳观点来看，目前低成本的毫米波雷达的元器件以及低成本的数字信号处理元器件均可购到。因此，在世界范围内，对研制低成本的毫米波汽车防撞雷达产生极大的兴趣，试验表明，该系统能使驾驶员在全天候条件下测定前方危险障碍物或测出与前方汽车的安全距离和相对速度，并能控制汽车的制动系统，从而实现安全行驶。图 4-14 展示了毫米波汽车防撞雷达的原理框图。

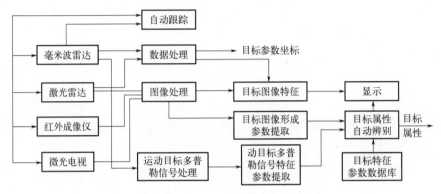

图 4-13　智能化多频谱侦察系统原理框图

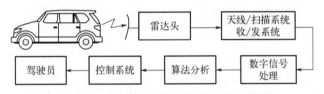

图 4-14　毫米波汽车防撞雷达的原理框图

(6) 毫米波精密制导

近年来，精确制导武器在命中精度、制导方式、投掷距离等方面均取得了飞速发展。海湾战争中，精确制导武器仅占全部投弹量的 8%，致使投弹平均命中率仅为 30%。到"沙漠之狐"行动时，精确制导武器已上升到 95%，命中率达到 90% 以上[59]。显然，未来战争的定义与作战方式将在很大程度上受到精密电子制导武器装备发展的影响。而毫米波精密制导技术，作为现代电子战与导弹战领域的攻击手段之一，已充分展现出其极高的命中精度与强大破坏力，成为了不可忽视的重要力量。

(7) 毫米波雷达的空间应用

毫米波雷达特别适合于外层空间应用，因为那里大气吸收效应已不复存在，可以认为这是毫米波雷达最理想的应用场合。例如，美国航空空间公司研制的实验空间目标识别雷达，频率为 94GHz，峰值功率为 1kW，距离向分辨率为 15cm[60]。当需要观测远距离、高速飞行的空间目标时，则必须采用大型毫米波雷达。大型毫米波雷达应用的例子有：美国夸加林岛上的 Ka 波段（波长 8mm 左右），发射机平均功率 10kW，采用反射面天线，其直径 13.7m，天线波束宽度 0.76mrad（0.043°），天线增益 70dBi，天线波束转动速度可达 12°/s。

4.4 激光雷达

4.4.1 激光雷达的定义

激光雷达是工作在光波频段，通过向目标发射激光束来探测目标位置、运动状态等特性的雷达系统。与毫米波雷达相比，激光雷达的探测距离更远，可以达到几百甚至几千米。一般情况下，激光雷达比毫米波雷达具有更高的精确度，但更容易受到雨、雪等恶劣天气环境的影响。因此，在自动驾驶汽车的应用中，激光雷达与毫米波雷达通常被互补使用，以共同提供更全面、准确的环境感知能力。

激光雷达根据安装位置的不同，分为两大类：一类安装在智能网联汽车或无人驾驶汽车的四周；另一类安装在智能网联汽车或无人驾驶汽车的车顶，如图 4-15 所示。安装在智能网联汽车或无人驾驶汽车四周的激光雷达，其激光线束一般小于 8，常见的有单线束激光雷达和四线束激光雷达，适用于 L3 级[1]以下。安装在智能网联汽车或无人驾驶汽车车顶的激光雷达，其激光线束一般为 16/32/64 束，适用于 L3 级以上，L5 级甚至会使用 128 线束激光雷达。少线束激光雷达主要用于智能网联汽车的先进驾驶辅助系统，多线束激光雷达主要用于制作无人驾驶汽车的高精度地图，并进行道路和车辆的识别等。

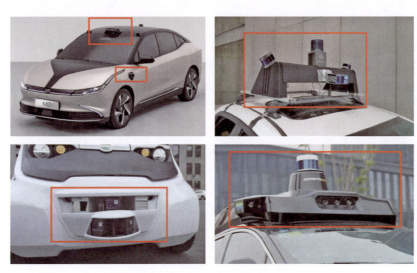

图 4-15 激光雷达的安装位置

4.4.2 激光雷达的特点

① 探测范围广。探测距离可达 300m 以上。

② 分辨率高。激光雷达可以获得极高的距离、速度和角度分辨率。通常激光雷达的距离向分辨率可达 0.1m，速度分辨率能达到 10ms 以内，角度分辨率不低于 0.1mard，也就是说可以分辨 3km 距离内相距 0.3m 的两个目标，并可同时跟踪多个目标。

③ 可直接获取探测目标的距离、角度、反射强度、速度等信息，生成多维度图像。

---

[1] 自动驾驶等级分为 L0～L6，代表不同自动化程度，从零到完全自动化。

④ 具备全天候工作能力，只需主动发射激光束，便可通过回波信号获取准确的目标信息，确保了在任何环境下的高效运行。

尽管激光雷达具有上述很多优点，可支持实际场景中的多种需求，但它的体积较大，成本较高，而且不能识别交通标志和交通信号灯。

4.4.3 激光雷达系统的组成

智能网联汽车激光雷达系统由收发天线、收发前端、信号处理模块、汽车控制装置和报警模块组成，如图 4-16 所示。

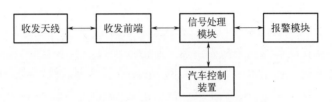

图 4-16 智能网联汽车激光雷达系统组成

① 收发天线。收发天线通常安装于车辆保险杠内，用于向车辆前方发出发射信号，并接收反射信号。

② 收发前端。收发前端负责信号调制、射频信号的发射接收及接收信号解调。

③ 信号处理模块。该模块具备强大的自动分析能力，能够迅速计算出与前方车辆的距离及相对速度，并在转弯时改变对临近车辆的测算方法，确保测量结果的准确性。

④ 汽车控制装置。汽车控制装置是自动驾驶系统的中枢，它通过精确控制发动机的输出转速、调节制动力及变速器挡位等，实现对汽车行驶速度的全面掌控。

⑤ 报警模块。根据设定的安全车距和报警距离，以适当的方式给驾驶员报警，保障汽车安全行驶。

4.4.4 激光雷达的测距原理

激光雷达的测距原理是通过测算激光发射信号与激光回波信号的往返时间，从而计算出目标的距离。首先，激光雷达发出激光束，激光束碰到障碍物后被反射回来，被激光接收系统进行接收和处理，从而得知激光从发射至被反射回来并接收之间的时间，即激光的飞行时间，根据飞行时间，可以计算出障碍物的距离。根据所发射激光信号的不同形式，激光测距方法有脉冲测距法、干涉测距法和相位测距法等。

(1) 脉冲测距法

首先，激光器会发射一束光脉冲，并同时启动预设的计数器记录时间。接着，当接收系统捕获到经过障碍物反射回来的光脉冲时，计数器会立即停止。此时，计数器上显示的时间即为光脉冲从发射到接收所经历的时长。由于光速是已知的恒定值，因此，一旦获取了光脉冲往返的时间差，就可以精确计算出待测距离，如图 4-17 所示。

脉冲式激光测距可探测的距离比较远，最大射程可达几十千米，发射功率一般从几瓦到几十瓦不等。脉冲激光测距的关键之一是对激光飞行时间的精确测量。激光脉冲测量的精度和分辨率与发射信号带宽或处理后的脉冲宽度有关,脉冲越窄,性能越好。

(2) 干涉测距法

干涉测距法是一种基于光波干涉特性的高精度距离测量方法,其测距的基本原理在于利用两束具有相同频率、相同振动方向且相位差恒定的光束进行干涉。如图 4-18 所示,分光镜首先将激光器发射出的单一光束分割为两束,随后这两束光波分别经由反射镜 M_1 和 M_2 反射,在分光镜处重新汇聚。由于两束光波在传播过程中所经历的路程长度不同,导致它们在交汇点产生明暗相间的干涉条纹。因此,传感器将这些干涉条纹转换为电信号后就能实现对距离的测量。

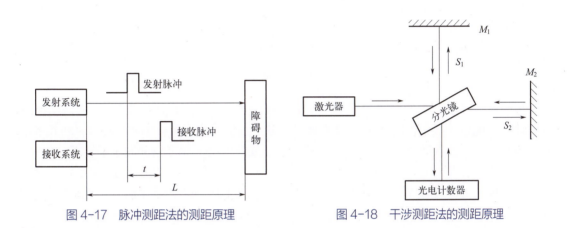

图 4-17 脉冲测距法的测距原理　　　　图 4-18 干涉测距法的测距原理

尽管干涉法测距技术已经相当成熟,且具备较高的测量精度,但其主要应用场景仍集中在距离变化的监测上,如干涉仪、测振仪及陀螺仪等设备中,而非直接用于绝对距离的测量。

(3) 相位测距法

相位测距法利用发射波和返回波所形成的相位差来测量距离。如图 4-19 所示,经过调制的频率通过发射系统发出一个正弦波的光束,该光波经过障碍物反射后,被接收系统接收。通过计算这两束光波之间的相位差,便可得到待测距离。

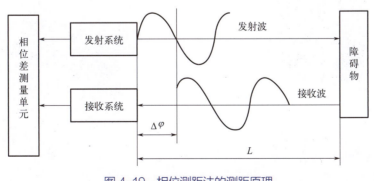

图 4-19 相位测距法的测距原理

激光从发射到接收的时间为：

$$t = \frac{\Delta\varphi}{\varpi} = \frac{\Delta\varphi}{2\pi f} \tag{4-15}$$

式中，t 为激光从发射到接收的时间；$\Delta\varphi$ 为发射波和返回波之间的相位差；ϖ 为正弦波角频率；f 为正弦波频率。因此，待测距离为：

$$L = \frac{1}{2}ct = \frac{c\Delta\varphi}{4\pi f} \tag{4-16}$$

相位测距法，凭借其高精度、小体积、简易结构以及全天候可用的显著优势，被视为最具发展潜力的距离测量技术之一。相比于其他类型的测距方法，相位测距法正朝着更加小型化、高稳定性以及易于与其他仪器集成的方向稳步发展[61]。

4.4.5 激光雷达的类型

(1) 机械激光雷达

机械激光雷达带有控制激光发射角度的旋转部件，体积较大，价格昂贵，测量精度相对较高，一般置于汽车顶部。图4-20为激光雷达厂商威力登（Velodyne）的HDL-64E机械激光雷达，它采用64线束激光规格，性能出众，能够描绘出周围空间的三维形态，精度极高，甚至能够探测出百米内人类的细微动作。HDL-64E机械激光雷达已经在谷歌、百度等公司生产的无人驾驶汽车上使用。HDL-64E机械激光雷达的缺点是体积大、装配复杂、成本高、机械旋转部件在行车环境下的可靠性不高，难以满足车规的严苛要求。

(2) 固态激光雷达

固态激光雷达则依靠电子部件来控制激光发射角度，无需机械旋转部件，故尺寸较小，可安装于车体内。图4-21为激光雷达公司Quanergy在2016年发布的号称全球首款的固态激光雷达S3，它采用了相控阵技术，不含任何旋转活动部件，实现了小型化，并提高了可靠性。在效果上，S3可以达到厘米级精度、30Hz扫描频率、0.1°的角分辨率，以及不同天气条件下的高稳定性，这些特性比起一般的激光雷达更具竞争力。虽然只有8线束，但是每

图 4-20　机械激光雷达

图 4-21　固态激光雷达

秒扫描接近 0.5 个百万点，产生 50 万点的点云数据量，就使横向扫描的时候，横向的角度分辨率非常高。

为了降低激光雷达的成本，也为了提高可靠性，满足车规的要求，激光雷达的发展方向从机械激光雷达转向了固态激光雷达[62]。混合固态激光雷达没有大体积旋转结构，采用固定激光光源通过内部玻璃片旋转的方式改变激光光束方向，实现多角度检测的需要，并且采用嵌入式安装。

4.4.6 激光雷达的主要指标

激光雷达主要指标有距离向分辨率、最大探测距离、测距精度、测量帧频、数据采样率、角度分辨率、视场角、波长等。

① 距离向分辨率。距离向分辨率是指两个目标物体可区分的最小距离。

② 最大探测距离。最大探测距离通常需要标注基于某一个反射率下的测得值，例如白色反射体大概 70% 反射率，黑色物体 7%～20% 反射率。

③ 测距精度。测距精度是指对同一目标进行重复测量得到的距离值之间的误差范围。

④ 测量帧频。测量帧频与摄像头的帧频概念相同，激光雷达成像刷新帧频会影响激光雷达的响应速度，刷新率越高，响应速度越快。

⑤ 数据采样率。数据采样率是指每秒输出的数据点数，等于帧率乘以单幅图像的点云数目。通常数据采样率会影响成像的分辨率，点云越密集，目标呈现就越精细。

⑥ 角度分辨率。角度分辨率是指扫描的角度分辨率，等于视场角除以该方向所采集的点云数目，因此本参数与数据采样率直接相关。

⑦ 视场角。视场角又分为垂直视场角和水平视场角，是激光雷达的成像范围。

⑧ 波长。激光波长会影响雷达的环境适应性和对人眼的安全性。

4.4.7 激光雷达的应用

(1) 少线束激光雷达的应用

以德国 IBEO 公司生产的 LUX（4 线束）激光雷达汽车智能传感器为例，该激光雷达具有 110°的宽视角，0.3～200m 的探测距离，和绝对安全的 1 等级激光[63]。不仅能输出原始扫描数据，还可以同时输出测量对象的数据，如位置、尺寸、纵向速度、横向速度等，拥有远距离、智能分辨率、全天候等能力，在以下 7 个方面拥有出色的性能。

① 行人保护。当行人出现在车辆行驶的前方区域，需要即时防护时，LUX（4 线束）激光雷达能够精准检测 0.3～30m 视场内的所有行人。通过细致分析目标的形态、速度及腿部动态来区分行人与普通物体。在启动安全防护措施（如安全气囊）前 300ms，传感器就能发出预警，确保在碰撞发生前为行人提供周全保护。

② 自适应巡航控制系统的启停控制。基于 LUX（4 线束）激光雷达的自适应巡航系统，可在 0～200km/h 的速度范围内实现自动行驶。此外，宽视场范围使它能及时检测到周围的车辆并判断它们的速度。因此，该系统能完全自主调整车速，并在必要时实施制动停车。

③ 车道偏离预警。LUX（4 线束）激光雷达能够精准识别车辆前方车道线标识及潜在障

碍物，同时计算出车辆在道路中的位置。一旦发现车辆有偏离车道的趋势，系统将立即发出预警信号。

④ 自动紧急制动。由于该激光雷达能够实时监测车辆前方所有静止及移动物体，并准确判断其形态，因此在感知到潜在危险时，系统将自动启动紧急制动措施，有效避免碰撞事故的发生。

⑤ 预碰撞处理。LUX（4线束）激光雷达能够精确计算出碰撞的初步接触点，并立即采取措施以减轻碰撞影响，提前激活安全系统。因此，该系统可以通过全面分析环境扫描数据，在任何类型碰撞发生前的100ms内发出警告。

⑥ 交通拥堵辅助。LUX（4线束）激光雷达可以在城市的上下班高峰期，帮助驾驶员进行平稳的加减速控制与运行可靠的行人保护机制，让驾驶过程既安全又省心。

⑦ 低速防碰撞功能。凭借LUX（4线束）激光雷达对前方路况持续监测及分析的优势，避免了在30km/h速度以内由于驾驶员注意力分散而导致的碰撞事故。

(2) 多线束激光雷达的应用

① 高精度电子地图和定位。利用多线束激光雷达的点云信息与车载组合惯导采集的信息，进行高精度电子地图制作，如图4-22所示。无人驾驶汽车利用激光点云信息与高精度电子地图匹配，以此实现高精度定位。

图4-22　激光雷达用于制作高精度电子地图和定位

② 障碍物检测与识别。利用高精度电子地图限定感兴趣区域，根据障碍物特征和识别算法，对障碍物检测与识别，如图4-23所示。

③ 可通行空间检测。利用高精度电子地图限定感兴趣区域，可以对感兴趣区域内部（比如可行驶道路和交叉口）的点云的高度及连续性信息进行判断点云处是否可通行，如图4-24所示。

④ 障碍物轨迹预测。根据激光雷达的感知数据与障碍物所在车道的拓扑关系（道路连接关系）进行障碍物的轨迹预测，以此作为无人驾驶汽车规划（避障、换道、超车等）的判断依据，如图4-25所示。

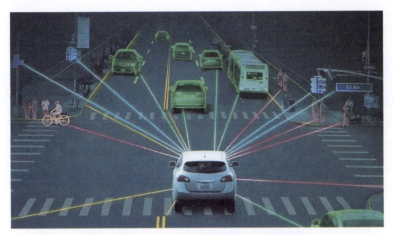

图 4-23 激光雷达用于障碍物检测与识别

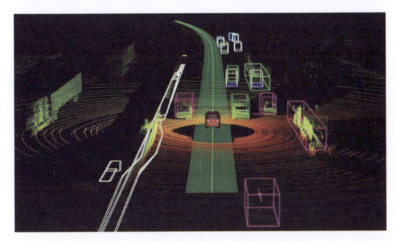

图 4-24 激光雷达用于可通行空间检测

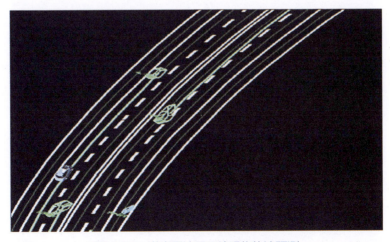

图 4-25 激光雷达用于障碍物轨迹预测

思考题与习题

(1) 雷达成像和光学成像有什么不同?
(2) 什么是方位向分辨率?什么是距离向分辨率?
(3) 用合成孔径和多普勒历程解释 SAR 和真实孔径雷达之间的区别。
(4) SAR 成像过程主要包括哪两个步骤?它们之间有什么区别?
(5) 简述毫米波雷达的特点和应用。
(6) 简述激光雷达的系统组成及工作原理。
(7) 举例说明激光雷达的应用。

第2篇 图像算法处理基础

第 5 章 视觉图像处理基础与开发语言

本章学习内容旨在让读者：初步了解视觉图像处理的基本概念，掌握数字图像的表示与分类、图像的基本性质以及基本代数运算；熟悉图像处理开发语言与工具，熟悉至少一种图像处理库或工具，如 OpenCV、MATLAB、HALCON，并能够使用这些工具进行图像处理任务。

5.1 数字图像基础

5.1.1 图像概念

图像（image）是所有具有视觉效果的画面，包括纸介质上的画面、各类图片（如普通照片、X 光片、遥感图片）、各类光学图像（如电影、电视、投影仪或计算机画面）、客观世界在人们心目中的有形想象以及外部描述，如绘画、绘图等。

图像可以按记录方式分为模拟图像和数字图像两类。模拟图像利用物理量（如光、电等）的强度变化来记录场景的亮度信息，如模拟电视图像和普通照片等，模拟图像在空间分布和亮度取值上均为连续分布。数字图像则是为了能用计算机对图像进行加工，将模拟图像在坐标/灰度空间进行离散化，或直接获取得到的离散图像。数字图像通过计算机记录每个点的亮度信息，这些数据存储在计算机中。每个基本坐标空间单元叫作图像的元素，简称像素（pixel），量化的灰度就是数字量值。

数字图像处理（digital image processing）是采用数字计算机对图像进行去除噪声、增强、复原、分割、提取特征等处理与分析的过程，也称之为计算机图像处理（computer image processing）。数字图像处理依赖于数字计算机和其他相关技术（如数据存储、显示和传输）发展。

5.1.2 数字图像表示

（1）图像数字化

数字图像是模拟图像经过采样和量化得来或通过数字成像设备直接获取。所谓采样，就是用图像坐标(图像所在的空间)将模拟图像信号离散化;量化则是把离散化后的图像灰度幅值按照一定标准赋值。图 5-1 形象地说明了这个过程。图 5-1 左上角给出了一幅灰度图像(黑灰白)的原始图像,右上角和左下角是空间采样过程,右下角是量化过程。

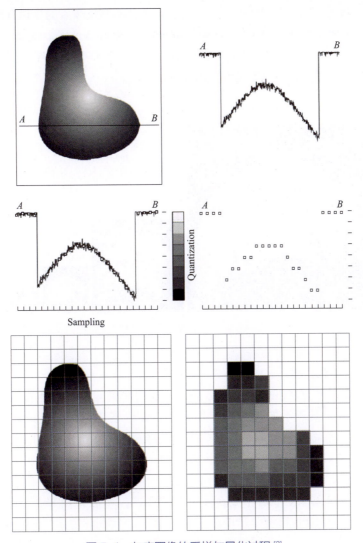

图 5-1　灰度图像的采样与量化过程[2]

模拟灰度图像经过把图像数字化之后,图像数据呈现出的就是一个二维矩阵,如下所示:

$$f(x,y) = \begin{bmatrix} f(0,0) & f(0,1) & \cdots & f(0,N-1) \\ f(1,0) & f(0,1) & \cdots & f(1,N-1) \\ \vdots & \vdots & & \vdots \\ f(M-1,0) & f(M-1,1) & \cdots & f(M-1,N-1) \end{bmatrix}$$

式中，x、y 表示像素分别在 x 轴和 y 轴方向上的空间坐标位置；$f(x, y)$ 是其量化后的幅度值，称为灰度值（gray scale）；图像大小为 $M \times N$，M 为图像高度，N 为图像宽度。

(2) 图像空间分辨率

数字图像空间分辨率指图像中单位长度包含的像素或者点的数目，常以像素/英寸（pixels perinch, PPI）为单位来表示。为了方便，通常不涉及像素的物理分辨率进行实际度量时，直接称一幅大小为 $M \times N$ 的数字图像空间分辨率为 $M \times N$ 像素，也即图像由 M 行 N 列共计 $M \times N$ 像素组成。一般来说，空间分辨率越大，空间采样越细，图像描述越清晰，同时图像在计算机中所占用存储空间也越大，如图5-2所示。

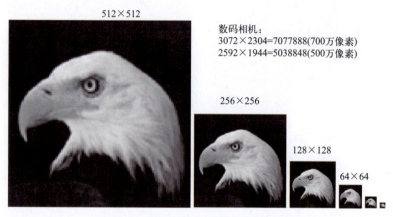

图 5-2 空间分辨率与图像质量的关系

(3) 图像灰度级和深度

灰度级是图像中不同灰度值的最大数量，也是每个像素灰度值取值范围（或灰度等级范围），灰度级越多，其表示的色彩划分越细，图像也越清晰。实验表明：人眼在通常的室内环境中观察图像监视器屏幕时，对灰度等级数为 8、16、32 的正确识别率分别约为 93.16%、68.75%、45.31%，当灰度级大于 32 (25) 等级时，人眼几乎难以正确分辨相邻灰度级间的差异。因此每个像素的灰度级至少要用 6 位（单色图像）来表示，每个像素存储所需要的容量称为图像深度，对于 256 级灰度的图像，一般采用 8bit，其深度即为 8，高精度的可用 12bit 或 16bit。当然，灰度级越大，每个像素在计算机中所占用存储空间也越大。一般来说，一幅 256 级的单通道灰度图像需要 8bit（即一个字节）来表示一个像素，大小为 256×256 和 512×512 的图像，其数据量分别为 256×256×8bit=256×256Byte=64kB 与 512×512×8bit=512×512Byte=256kB。如果采用 12bit 表示一个像素，两幅图像的数据量分别为 256×256×12bit=98304Byte=96kB 与 512×512×12bit=393216Byte=384kB。

5.2 数字图像分类

(1) 按灰度深度分类

按图像灰度取值范围分，图像可以分为二值图像、灰度图像、彩色图像与多光谱图像等，如图 5-3 所示。

二值图像（binary image）：又称为黑白图像，是指图像中每个像素的亮度或灰度值只取 0（黑）与 1（白）或 0（黑）与 255（白）两种灰度值的图像。二值图像具有数据量小、处理速度快、成本低、实用性强等优点，但只能表示图像的边缘信息，图像内部的纹理特征表现不明显，常用于车牌识别、字符提取等。

灰度图像（gray scale image）：又称为灰阶图像，指图像中每个像素可以由 0（黑）到 255（白）间的值来表示亮度，并且每个像素只有一个采样颜色的图像。灰度值表示亮度或明暗情况，值越大，表示越明亮，则颜色越浅。

彩色图像（color image）：由三幅不同颜色（红色、绿色、蓝色）的灰度图像组合而成的图像，每个像素可以分为红（R）、绿（G）、蓝（B）三种基色，每种基色的强度决定了最终的颜色。因此，彩色图像包含 3 个通道。例如，图像深度为 24 位，色彩表示为 R:G:B=8:8:8，即每种基色分量占用 8 位来表示其强度，强度范围为 2^8=256 级。图像可以呈现 2^{24}=16777216 种色彩（24 位色）。24 位色被称为真彩色，它可以达到人眼分辨的极限。

多光谱图像：指包含很多通道的图像，当只有 3 个通道时即为彩色图像。在多光谱图像中，每个通道是一幅灰度图像，每个像素都与其在不同通道的值组成一个数值串，这个数串就被称为像素的光谱标记。

图 5-3　图像灰度深度分类

(2) 按成像传感器类别分类

图像成像设备主要用于将视觉信号转换为数字图像，根据成像传感器的不同，数字图像可以分为可见光图像（visible image）、红外图像（infrared image）、雷达图像（radar image）、超声图像（ultrasonic image）、磁共振成像（magnetic resonance imaging，MRI）、X 光图像等，如图 5-4 所示。

(3) 按编码格式分类

数字图像编码格式是指数字图像存储文件的格式，不同文件格式的数字图像，其压缩方式、存储容量及色彩表现不同，应用场景也有所差别。常见的数字图像格式有 JPEG、BMP、PNG、GIF、TIFF 等。

BMP 是一种常用的采用位映射存储格式且与硬件设备无关的图像文件格式。BMP 格式在 Windows 系统中作为图像数据交换的标准格式，因此所有在 Windows 环境下运行的图形图像软件都兼容这种格式。由于其稳定性，BMP 图像格式被出版行业广泛采用。此外，BMP 不采用其他任何压缩，仅需要图像深度可选，所以该格式图像文件所占存储空间较大。

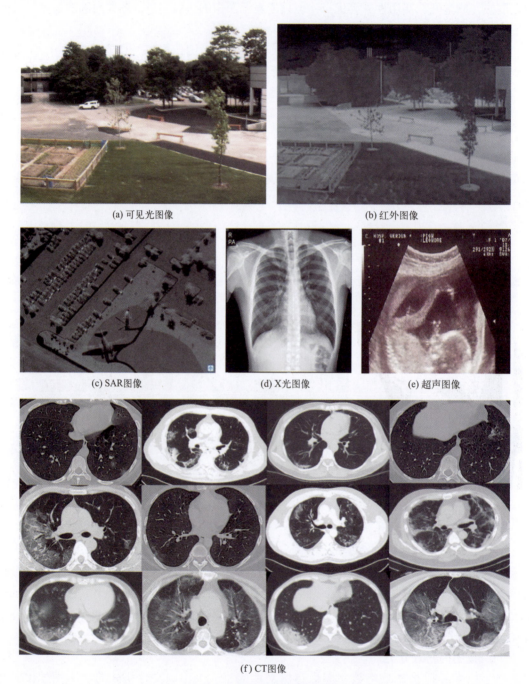

(a) 可见光图像　　　　　　　　　　　(b) 红外图像

(c) SAR图像　　　　(d) X光图像　　　　(e) 超声图像

(f) CT图像

图 5-4　按图像成像模式分类

JPEG 是最常见的图像文件格式，通过高效的压缩算法去除冗余图像数据，从而显著减小文件大小，同时还能保留丰富的图像细节。但需要注意的是：由于重复或不重要的信息被删除，容易导致图像数据的损失，特别是在高压缩比情况下，解压后的图像质量会明显下降，因此对于高质量图像，不建议设置太高的压缩比例。JPEG 格式可以调整图像质量，适合用于互联网，能够缩短图像传输时间。因此，JPEG 是目前网络和彩色打印最合适的图像格式。

GIF 图像文件不依赖于任何特定的应用程序，几乎所有相关软件都支持该格式，并且有大量的软件在公共领域使用它。GIF 格式已成为网络上传输图像的常用格式，传输速度远快于其他图像文件格式，因此常用于动画和透明图像。然而，其主要缺点是最多只能处理 256 种颜色，因此不适合存储真彩色图像。

PNG（portable network graphics）为"可移植性网络图像"，其能提供比 GIF 小 30% 的无损压缩图像文件，同时支持 24 位和 48 位真彩色图像，并具备其他多种技术支持。

5.3 图像性质

5.3.1 图像邻域

像素相邻性是指当前像素与周边像素的邻接性质，通常称为像素的邻域。按照不同邻接性质通常分为 4 邻域、8 邻域、D 邻域（又称对角领域）[2]，如图 5-5 所示。

① 4 邻域：将当前像素 $P(x,y)$ 作为中心位置，其上、下、左、右的 4 个像素称为当前像素 P 的 4 邻域。常用 $N_4(P)$ 来表示像素点 P 的 4 邻域。对于 $P(x,y)$ 来说，4 邻域的 4 个像素分别是 $(x,y-1)$、$(x,y+1)$、$(x-1,y)$ 和 $(x+1,y)$。

② D 邻域：将当前像素 $P(x,y)$ 作为中心位置，其左上、左下、右上和右下的 4 个像素称为当前像素 P 的 D 或对角邻域。常用 $N_d(P)$ 来表示像素点 P 的 D 邻域。对于 $P(x,y)$ 来说，D 邻域的 4 个像素分别是 $(x-1,y-1)$、$(x-1,y+1)$、$(x+1,y-1)$ 和 $(x+1,y+1)$。

③ 8 邻域：将当前像素 $P(x,y)$ 作为中心位置，其上、下、左、右、左上、左下、右上和右下的 8 个像素称为当前像素 P 的 8 邻域。常用 $N_8(P)$ 来表示像素点 P 的 8 邻域。对于 $P(x,y)$ 来说，8 邻域的 8 个像素分别是 $(x,y-1)$、$(x,y+1)$、$(x-1,y)$、$(x+1,y)$、$(x+1,y+1)$、$(x+1,y-1)$、$(x-1,y+1)$ 和 $(x-1,y-1)$。显然，$N_8(P) = N_d(P) + N_4(P)$，即 8 邻域 =4 邻域 +D 邻域。

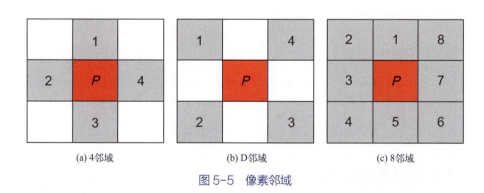

图 5-5　像素邻域

5.3.2 图像连通域

邻接性质表示像素之间的邻接关系,图像中的任意两个像素点 p 和 q 之间的邻接关系,需满足两个必要条件:

① 两个像素的位置是否相邻（4 邻域、8 邻域或者对角邻域）;

② 两个像素的颜色值或者灰度值是否满足特定的相似性准则（例如颜色值相等或相似）。

如果像素点 p 和 q 满足上述 2 个条件,那么认为像素点 p 和 q 是连通或邻接的。根据像素的相邻性,可以分为 4 邻接或连通、8 邻接或连通和 m 邻接或连通,如图 5-6 所示。

① 4 邻接或连通。对应具有相同或相近灰度值的两个像素点 p 和 q,如果 $q \in N_4(p)$,则称像素 p 和 q 是 4 邻接或连通的。

② 8 邻接或连通。对应具有相同或相近灰度值的两个像素点 p 和 q,如果 $q \in N_8(p)$,则称像素 p 和 q 是 8 邻接或连通的。

③ m 邻接或连通。对应具有相同或相近灰度值的两个像素点 p 和 q,如果满足如下条件之一:

a. $q \in N_4(p)$;

b. $q \in N_d(p)$ 且 $N_4(p) \cap N_8(p) = \phi$。

则称像素点 p 和 q 是 m 邻接或连通。

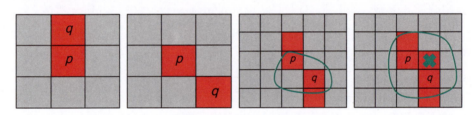

图 5-6 像素连通关系

通路:一条从像素点 $p(x,y)$ 到像素 $q(s,t)$ 之间的通路,是具有坐标 (x_0,y_0)、(x_0,y_0)、(x_1,y_1)、…、(x_n,y_n) 的不同像素的序列。其中,$(x_0,y_0) = (x,y)$,$(x_n,y_n) = (s,t)$,而坐标序列中连续两点 (x_i,y_i) 和 (x_{i+1},y_{i+1}) 是邻接的,$1 \leqslant i \leqslant n$,如果 $(x_0,y_0) = (x_n,y_n)$ 则该通道是闭合通路。

连通性在后续图像分割中比较有用,通常在检测到图像中一个对象后,需要连通性处理将对象边缘提取出来。

5.3.3 像素间距离

距离是数学中的法则,用在某些空间中测量沿曲线的距离和曲线间的角度,包含曲线所在空间的曲率的信息。对于数字图像中的距离度量,可以表示为如下内容。

对于像素 $p(x,y)$、$q(s,t)$ 和 $z(v,w)$,如果同时满足如下条件:

a. $D(p,q) \geqslant 0$,当且仅当 $p = q$ 时,$D(p,q) = 0$;

b. $D(p,q) = D(q,p)$;

c. $D(p,z) \leqslant D(p,q) + D(q,z)$。

则 D 是距离函数或者度量，常见的距离度量有欧氏距离、城市街区距离（D_4 距离）、棋盘距离（D_8 距离）等。

① 欧氏距离：就是直接根据坐标位置计算二维平面上的距离。

$$D(x,y) = \sqrt{(x-s)^2 + (y-t)^2} \tag{5-1}$$

② 城市街区距离：在实际开发过程中，欧氏距离计算比较复杂，计算通常只是为了比较像素之间距离大小，可以直接将欧氏距离计算简化成 D_4 距离，这样可以大大简化计算量。

$$D_4(x,y) = |x-s| + |y-t| \tag{5-2}$$

③ 棋盘距离：在 x 和 y 两个方向上只取距离最长的一个坐标差。

$$D_8(x,y) = \max(|x-s|, |y-t|) \tag{5-3}$$

5.4 图像代数运算

代数运算是通过对两幅或多幅图像的对应像素进行加、减、乘、除等操作来生成输出图像的方法。需要注意，常用的图像数据类型是 unit8，进行代数运算时可能会出现溢出，因此在运算前，应先将图像的数据类型转换为 float 或 double 类型，并在图像计算后对处理结果进行灰度动态范围调整。

5.4.1 图像加法

图像加法代数运算是将一幅图像的内容叠加在另一幅图像上，或者给图像的每一个像素加一个常数来改变图像的亮度，即对两幅图像的点之间进行加的运算，如图 5-7 所示。运算相应的公式为：

$$s(x,y) = p(x,y) + g(x,y) \tag{5-4}$$

图像的加法常用来求平均值以去除加性噪声或者生成图像叠加效果实现二次曝光。此外，通过图像加法可以得到各种图像的合成效果，对于两个图像 $f(x,y)$ 和 $h(x,y)$ 的均值有：

$$g(x,y) = \frac{1}{2}[f(x,y) + h(x,y)] \tag{5-5}$$

输出图像会得到二次曝光的效果，将式（5-5）进行推广得：

$$g(x,y) = \alpha f(x,y) + \beta h(x,y) \tag{5-6}$$

式中，$\alpha + \beta = 1$。

图 5-7 图像加法合成效果

5.4.2 图像减法

图像减法是指对两幅图像的对应像素进行减法运算，如图 5-8 所示。图像减法运算常用于求两张图差异，在工业、医学、气象以及军事等领域中都有广泛的应用。设有图像 $p(x,y)$ 和 $g(x,y)$，对它们进行相减运算，可获得两图的差异：

$$s(x,y) = p(x,y) - g(x,y) \qquad (5-7)$$

图像减法提供了图像间的差值信息，能用于移除一幅图像中不必要的加性要素（如缓慢变化的背景阴影、周期性噪声等）、提取图像梯度、检测同一场景中两幅图像的变化以及运动目标检测等。如给定不同时间点的图像 $T_1(x,y)$ 与 $T_2(x,y)$，通过图像减法就可以获取图像间的差异。

图 5-8 图像减法获取差异

5.4.3 图像乘法

图像乘法即在两幅图像之间对应像素做乘法运算，乘法运算主要用于将一幅图像乘以一个常数来调节图像的明暗效果，或实现掩模操作，即屏蔽掉图像的某些部分，如图 5-9 所示。

5.4.4 图像除法

除法运算常用于校正成像设备的非线性效应，适用于特定类型的图像（如断层扫描等医学图像)。图像除法也可以用来检测两幅图像间的区别,但是除法操作给出的是相应像素值的变化比率,而不是每个像素的绝对差异,因而图像除法也称为比率变换。基础的除法运算可以用于调整图像的灰度级,广泛应用于遥感图像处理。它能够生成对颜色和多光谱图像分析非常关键的比率图像。

图 5-9　图像乘法处理结果

5.4.5　逻辑运算

逻辑运算是通过对两幅或多幅图像的对应像素进行逻辑与、或、非运算来生成输出图像的方法,主要针对二值图像,应用于图像增强、图像识别、图像复原和区域分割等领域。与代数运算不同,逻辑运算既关注图像像素点的数值变化,又重视位变换的情况。给定两幅二值图像 A 与 B (图 5-10),相关逻辑运算如下。

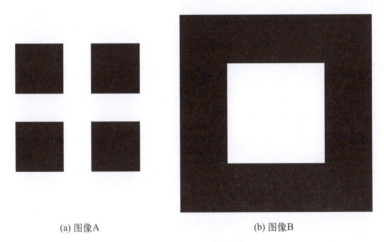

(a) 图像A　　　　　　　　(b) 图像B

图 5-10　二值图像

① 逻辑补运算 NOT,处理结果如图 5-11 所示。
② 逻辑与运算 AND (A 图像与 B 图像共同部分),处理结果如图 5-12 所示。
③ 逻辑或运算 OR (A 图像加 B 图像部分),处理结果如图 5-13 所示。
④ 逻辑异或运算 XOR (A 图像加 B 图像部分,去除叠交部分),处理结果如图 5-14 所示。

(a) A图像NOT逻辑运算　　　　　　(b) B图像NOT逻辑运算

图 5-11　二值图像逻辑补运算处理结果　　　　图 5-12　二值图像逻辑与运算处理结果

图 5-13　二值图像逻辑或运算处理结果　　　　图 5-14　二值图像逻辑异或运算处理结果

5.5　开发语言

目前有许多较为成熟的机器视觉与图像处理软件，包括有 MATLAB、OpenCV、HALCON、VisionPro、HexSight、EVision、SherLock、Matrox Imaging Library（MIL）等，如表 5-1 所示，这些软件具有界面友好、操作简单、扩展性好、与图像处理专用硬件兼容等优点，从而在机器视觉与图像处理领域得到了广泛的应用[26]。

表 5-1　常用视觉分析软件对比表[26]

名称	厂家名	优点	缺点	开发环境
HALCON	德国 MVTec	功能强大，能处理三维视觉信息，提供 1000 多个算子，并支持 100 多种工业相机和图像采集卡	价格较高	支持跨平台。可用 C、C++、C#、VB 和 Delphi 等多种编程语言
VisionPro	美国 Cognex	简单易用，开发快速，支持多种 Cognex MVS-8100 系列图像采集卡	性能上某些方面不如 halcon	Windows 环境下运行，基于 .Net 开发环境
HexSight	加拿大 Adept	定位精度高、速度快、对环境光线等干扰不敏感，兼容各种 USB、1394 以及 GigE 接口的摄像机	—	支持 VB、VC++ 或 Dephi 平台二次开发
EVision	比利时 Euresy	侧重相机 SDK 开发，代码简便、处理速度非常快	在 OCR 和几何形状匹配方面偏弱	Windows 环境下运行，基于 .Net 开发环境

续表

名称	厂家名	优点	缺点	开发环境
SherLock	加拿大 Dalsa	设计灵活	—	支持 VC/VB 编程
MIL	加拿大 Matrox	价格低	不提供几何定位	支持 C++、C#、VB.net 等编程
OpenCV	美国 Intel	免费开源	没有技术支持，开发慢	支持跨平台，支持 C、C++、Python、C#、Java 等编程语言
MATLAB	美国 MathWorks	数学软件，具有强大矩阵计算和数据可视化，具有完整的集成开发环境，包括了编辑器、函数库。编程效率高	运行速度慢	—

5.5.1 MATLAB

MATLAB[64] 是美国 MathWorks 公司出品的商业数学软件，和 Mathematica、Maple 并称为三大数学软件，主要用于数据分析、无线通信、深度学习、图像处理与计算机视觉、信号处理、机器人、控制系统等领域。MATLAB 也吸收了像 Maple 等软件的优点，使 MATLAB 成为一个强大的数学软件，同时也加入了对 C、FORTRAN、C++、Java 的支持。

MATLAB 汇集了大量计算算法，包含 600 多个工程中常用的数学运算函数，可以方便地实现各种所需的计算功能。这些函数所采用的算法都是最新的科研和工程计算成果，并经过了各种优化和容错处理。在相同的计算需求下，使用 MATLAB 编程可以显著减少工作量。MATLAB 函数集涵盖从最基础的函数到复杂的函数，如矩阵运算、特征向量、快速傅立叶变换等。函数能够解决的问题包括矩阵运算和线性方程组求解、微分方程和偏微分方程组求解、符号运算、傅里叶变换、数据统计分析、工程优化问题、稀疏矩阵运算、复数运算、三角函数和其他基础数学运算、多维数组操作以及动态建模和仿真等。MATLAB 包括图像处理、计算机视觉等工具箱。

图像处理工具箱（image processing toolbox）包含以下功能：图像的数据读取和保存，图像显示，创建用户界面，几何变换，滤波器设计及线性滤波，形态学处理，图像域转换，图像增强、分析、合成、配准、分割、ROI 处理、恢复、彩色图像处理，以及邻域和块处理，等等。

计算机视觉工具箱（computer vision toolbox）包含常用图像处理（如颜色空间变换、几何变换）、机器学习算法（如 GMM、SVM、KMeans 等）、特征提取（包括 Covariant detectors、HOG、SIFT、MSER 等）、超像素（Superpixel）分割（如 Quick shift、SLIC 算法等）、高级聚类算法（如整数 KMeans）、高维特征匹配算法（如随机 KD 树 Randomized kd-trees 等）。

5.5.2 OpenCV

OpenCV[65]（open source computer vision library）是 1999 年由美国 Intel 建立的一个基于 BSD 许可发行的跨平台计算机视觉库，可以运行在 Linux、Windows 和 Mac OS 操作系统上，它具有轻量级且高效的优点——由一系列 C 函数和少量 C++ 类构成，同时提供了 Python、

Ruby、MATLAB 等语言的接口，实现了图像处理和计算机视觉方面的很多通用算法。该库包含了横跨工业产品检测、医学图像处理、安防、用户界面、摄像头标定、三维成像、机器视觉等领域的超过 500 个接口函数，主要应用于具有实时性要求的机器视觉处理。OpenCV 体系结构如图 5-15 所示。

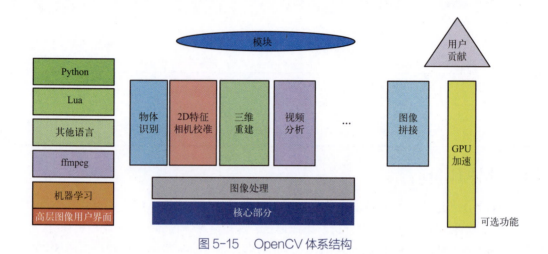

图 5-15　OpenCV 体系结构

OpenCV 将每个模块中的源文件编译成一个库文件，用户在使用时，仅将所需的库文件添加到自己的项目中，与自己的源文件一起连接成可执行程序即可，主要库文件如下所述。

opencv_core：核心模块，具体包括 OpenCV 基本数据结构、动态数据结构、绘图函数、数组操作相关函数、辅助功能与系统函数和宏、与 OpenGL 的互操作。

opencv_imgproc/opencv_imgcodecs：基本图像处理函数库，包括图像滤波、高斯模糊、形态学膨胀 / 腐蚀、线性缩放图像大小、图像几何变化、颜色结构变化、计算直方图等。

opencv_highgui：用户交互部分、GUI、像和视频窗口函数库、高层 GUI 图形用户界面（high GUI），主要包含媒体 I/O 输入输出、视频捕捉、图像和视频的编码解码、图形交互界面的接口等内容，以及关键点绘制函数和匹配功能绘制函数。

opencv_ml：统计机器学习模型函数库（SVM、决策树、级联等），包含统计模型（statistical models）、支持向量机（support vector machines）、决策树（decision trees）、提升（boosting）、随机树（random trees）、超随机树（extremely randomized trees）、梯度提高树（gradient boosted trees）、期望最大化（expectation maximization）、一般贝叶斯分类器（normal bayes classifier）、K- 近邻（K-nearest neighbors）、神经网络（neural networks）、MLData 等。

opencv_features2d：二维特征检测器和描述子函数库，包括特征检测器（feature detectors）通用接口、描述符提取器（descriptor extractors）通用接口、描述符匹配器（descriptor matchers）通用接口、通用描述符（generic descriptor）匹配器通用接口、关键点绘制函数和匹配功能绘制函数。

opencv_video：动态分析和物体追踪函数库（光流法、移动模板、背景消除）。

opencv_objdetect：图像目标检测函数库（haar 小波 &LBP 人脸检测和识别、HOG 人检测等）。

opencv_calib3d：摄像头标定、视觉匹配和三维数据处理函数库，这个模块主要涉及相机校准和三维重建相关内容，包括基本的多视角几何算法、单摄像头标定、物体姿态估计、立体相似性算法以及 3D 信息重建等。

opencv_flann：近似最近领域搜索库和 OpenCV 分装器、高维的近似近邻快速搜索算法库。

opencv_contrib：扩展模块库，主要包含那些在专利保护期的算法（如 SURF）以及一些还没有稳定的算法。对于稳定的算法，后续会被移到 OpenCV 主仓库代码中，由于不同版本的函数可能存在差异，因此需要谨慎地使用该扩展模块库。

opencv_gpu：用 CUDA 来加速一些 OpenCV 函数的类库。

opencv_dnn：深度神经网络通用库，OpenCV 从 3.3 版本之后开始提供加载不同学习框架模型的支持。支持图片和视频的深度学习推理，针对 Intel 处理器进行了高度优化，在目标检测和图像分割应用中，对于实时视频图像进行模型推理的过程中可以获得很好的处理帧速（FPS）。

5.5.3 HALCON

HALCON[66] 是德国 MVtec 公司开发的一套完善且标准的机器视觉算法包，拥有应用广泛的机器视觉集成开发环境，可节约产品成本，缩短软件开发周期，广泛应用于医学、遥感探测、监控以及工业生产等领域，在欧洲以及日本的工业界已经是公认具有最佳效能的机器视觉软件之一。

HALCON 软件支持 Windows、Linux 和 Mac OS X 操作环境。整个函数库可以用 C、C++、C#、Visual basic 和 Delphi 等多种编程语言调用。HALCON 软件为百余种工业相机和图像采集卡提供了接口。HALCON 图像处理库包括一千多个独立的函数，其函数库可以通过 C/C++ 和 Delphi 等多种编程语言调用，其中包含了各类滤波、几何转换、形态学计算分析、校正、分类辨识、形状搜寻等功能。

HALCON 软件提供了一个交互式开发工具 HDevelop，可以在其中使用 HALCON 代码进行编写、修改和执行程序，并查看计算过程中的所有变量。设计和调试完成后，可以直接生成 C、C++、VB、C# 等代码并嵌入用户程序中。HDevelop 还包含数百个示例程序，可以根据应用范围、应用领域、函数类型 3 个途径检索到合适的例程。此外，HDevelop 还配有以问题为导向的手册和在线帮助功能。

除此之外，还有其他视觉软件开发包，如 HexSight、VisionPro 等。其中，HexSight 是 Adept 公司开发的视觉软件开发包，可基于 Visual Basic/C++ 或 Dephi 平台进行二次开发，在恶劣的工作环境下仍能提供高速、可靠及准确的视觉定位和零件检测。VisionPro 是美国 Cognex 公司开发的机器视觉软件，可用于所有硬件平台，其中包括主流的 FireWire 和 CameraLink 等，利用 ActiveX 控制可快速完成视觉应用项目程序的原模型开发，可使用 Visual Basic 等多种开发环境搭建出更具个性化的应用程序。此外，还有加拿大 Matrox 公司的 MIL、Dalsa 公司的 Sherlock、比利时 Euresys 公司的 eVision 等，这些机器视觉软件都能提供较为完整的视觉处理功能[26]。

思考题与习题

（1）在串行通信中，常用波特率描述传输的速率，它被定义为每秒传输的数据比特数。串行通信中，数据传输的单位是帧，也称字符。假如一帧数据由1个起始比特位、8个信息比特位和1个结束比特位构成。根据以上概念，请问：

① 如果要利用一个波特率为56kbps的信道来传输一幅大小为1024×1024、256级灰度的数字图像需要多长时间？

② 如果是用波特率为750kbps的信道来传输上述图像，所需时间又是多少？

③ 如果要传输的图像是512×512的真彩色图像（颜色数目是32 bit），则在上面两种信道下传输，各需要多长时间？

（2）两个图像子集 S_1 和 S_2 如图5-16所示。对于 $V=\{1\}$，确定这两个子集是4邻接、8邻接，还是m邻接的？

（3）考虑如图5-17所示的图像分割。

图5-16 思考题（2）图片　　　　　图5-17 思考题（3）图片

① 令 $V=\{0,1\}$ 并计算 p 和 q 间的4、8、m邻接的最短长度。如果在这两点间不存在上述邻接，解释原因。

② 对 $V=\{1,2\}$ 重复上题。

第 6 章 深度学习基础

本章旨在帮助读者：了解深度学习基本概念、发展历程，以及理解深度学习与传统机器学习算法的区别和联系；掌握深度学习卷积神经网络、循环神经网络与网络训练；熟悉典型的深度网络结构；熟悉深度学习框架，如 TensorFlow、PyTorch 等，能够使用这些框架构建、训练和评估深度学习模型，为进一步的学习和实践打下基础。

6.1 深度学习概念

深度学习是机器学习研究中的一个新的领域，是机器学习现在比较热门的一个方向，其本身是神经网络算法的衍生。深度学习是将数据用学习表示的一种新方法，通过构建多层网络，对目标进行多层表示，以期通过多层的高层次特征形成更加抽象的高层表示属性类别或特征，进而发现数据的分布式特征表示。最终目标是让机器能够像人一样具有分析学习能力，能够识别文字、图像和声音等数据。

深度学习强调模型结构的深度，通常有 5 ～ 10 层的多隐层节点，明确突出了特征学习的重要性，通过逐层特征变换，将样本在原空间的特征表示变换到一个新特征空间，从而使分类或预测更加容易。与人工规则构造特征的方法相比，利用大数据来学习特征，更能够刻画数据的丰富内在信息。深度学习是一个复杂的机器学习算法，在语音和图像识别方面取得的效果，远远超过先前相关技术。

6.2 深度学习发展历程

1943 年，心理学家 McCulloch 和数理逻辑学家 Pitts 提出了神经元的第 1 个数学模型——MP 模型（以他们俩的名字命名）[67]。它大致模拟了人类神经元的工作原理，但需要手动设置权重，十分不便。MP 模型具有开创意义，为后来的研究工作提供了依据。1958 年，Rosenblatt 教授[68]提出了感知机模型（perceptron），Rosenblatt 在 MP 模型的基础之上增加了学习功能，提出了单层感知机模型，第一次把神经网络的研究付诸实践。尽管相比 MP 模型，该模型能更自动合理地设置权重，但同样存在较大的局限，难以展开更多的研究。Minsky 教授[69]于 1969 年证明了感知机模型只能解决线性可分问题，不能够处理线性不可分问题，并且否定了多层神经网络训练的可能性，甚至提出了"基于感知机的研究终会失败"的观点,此后十多年的时间内,神经网络领域的研究基本处于停滞状态。

20世纪80年代,计算机飞速发展,计算能力相较以前也有了质的飞跃。1986年,Rumelhart等人[70]提出了一种按误差逆传播算法训练的多层前馈网络——反向传播网络(back propagation network,BP网络),解决了原来一些单层感知机所不能解决的问题。BP算法的提出不仅有力地回击了Minsky教授等人的观点,更引领了神经网络研究的第二次高潮,各种浅层机器学习模型相继被提出。1989年,LeCun等人设计了用于手写邮政编码的卷积神经网络,并使用反向传播算法训练卷积神经网络,将其应用于美国邮政服务,在此基础上,LeCun等人于1998年提出了基于梯度学习的CNN模型——LeNet-5[71],并将其成功应用于手写数字字符的识别中。但由于当时缺乏大规模的训练数据,计算机的计算能力也有限,而且当增加神经网络的层数时传统的BP网络会遇到局部最优、过拟合及梯度扩散等问题,这些使得深度模型的研究被搁置。

后来,随着大数据和硬件加速设备的发展,特别是GPU计算性能的不断提升,使学者们对神经网络算法的研究又焕生机。2006年,机器学习领域泰斗Hinton[72]及其团队在Science上发表了关于神经网络理念突破性的文章,指出多隐层的人工神经网络具有优异的特征学习能力,可通过"逐层预训练"(layer-wise pre-training)来有效克服深层神经网络在训练上的困难。该理论的提出再次激起了神经网络领域研究的浪潮,也正因为如此,2006年被称为深度学习发展的元年。

2012年,Hinton教授带领团队在参加ImageNet图像识别比赛[73]中使用的深度学习算法一举夺魁,其性能达到了碾压第二名SVM算法的效果,自此深度学习的算法思想受到了业界研究者的广泛关注。深度学习的算法也渐渐在许多领域代替了传统的统计学机器学习方法,成为人工智能中热门的研究领域之一。2014年,两个很有影响力的卷积神经网络模型——依旧致力于加深模型层数的VGGNet和在模型结构上进行优化的Inception Net深度学习模型在ImageNet 2014计算机识别竞赛上拔得头筹。同年,生成对抗网络的提出是深度学习的又一突破性进展,将生成模型和判别模型紧密联系起来。这一切都显著地表明了一个事实:深度学习正在有条不紊地发展着,其影响力不断扩大。

6.3 深度学习典型网络结构

深度学习是人工智能领域中一种重要的机器学习技术。在深度学习中,网络结构的选择和使用是非常关键的。常见的深度学习网络结构包括全连接网络(FC)、卷积神经网络(CNN)和循环神经网络(RNN)等。

(1) **全连接网络(FC)**

全连接网络是一种传统的神经网络,它的每个节点都与前一层和后一层的所有节点相连。在深度学习中,全连接网络通常包含多个隐藏层和一个输出层。每个隐藏层都包含多个神经元,这些神经元之间相互连接。当输入数据通过每个隐藏层时,数据会经过非线性变换,以便在更高层中捕获更复杂的特征。

(2) **卷积神经网络(CNN)**

卷积神经网络是一种专门用于处理图像数据的神经网络,如图6-1所示。在CNN中,每个隐藏层都包含多个卷积层和池化层。卷积层负责在输入图像上滑动小型滤波器，以便检测图像中的局部特征。池化层则负责对输入特征进行降采样，以降低计算复杂度和过拟合的风险。通过将卷积层和池化层堆叠在一起，CNN 能够在输入图像中检测到各种级别的特征，从而完成图像分类、目标检测等任务。

(3) 循环神经网络（RNN）

循环神经网络是一种用于处理序列数据的神经网络。RNN 会将隐藏状态传递给每个时间步长，以便捕获序列数据中的时间依赖性。在 RNN 中，每个时间步长都涉及一个前向传播过程和一个反向传播过程。前向传播过程中，输入数据通过隐藏层进入输出层，生成输出结果。反向传播过程中，根据损失函数的梯度更新网络的权重。通过这种方式，RNN 可以在序列数据中捕捉到长期依赖性和时间变化等特征，适用于自然语言处理、语音识别等任务。

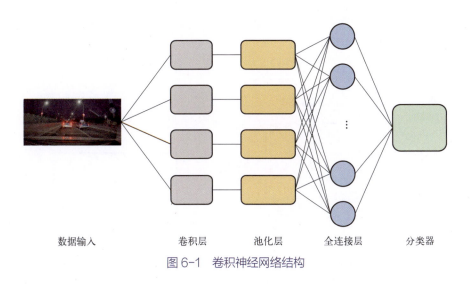

图 6-1　卷积神经网络结构

6.3.1　卷积神经网络

卷积神经网络（convolutional neural networks，CNN）已经得到了广泛应用并取得了令人瞩目的成功，尤其在图像处理领域，CNN 已经成为了一项基本工具。CNN 通过模仿人类认知的过程，该网络包含多个层，每层都会对输入进行复杂的参数拟合，来对复杂的特征进行建模。因此相较于人工设计的特征，CNN 所提取特征的拟合性和鲁棒性更加优秀。CNN 的主要结构主要包括卷积层、池化层、激活函数以及全连接层等。

① 卷积层（convolutional layer）。卷积层是神经网络中最简单也是重要的特征提取方式。卷积层会在输入图像进行滑动卷积的操作，在该过程中卷积核会和输入图像对应位置的像素进行相乘并求和，以此来使得卷积层可以感知输入图像的每一个元素。在滑动过程中可以通过设置滑动步幅的大小来控制输出特征图的大小，通常情况下卷积核尺寸都要远小于输入图像。在图 6-2 中说明了卷积运算过程，首先将卷积核与输入图像左上端对齐，将一一对齐的元素进行乘积并求和运算，然后依据设置的步长大小来向右滑动求取下一次结果，以此类推最终得到图 6-2（c）中的输出特征。

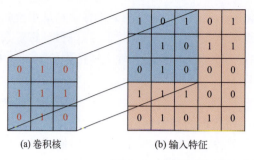

(a) 卷积核　　　　　　(b) 输入特征　　　　　　(c) 输出特征

图 6-2　卷积运算过程示意图

当卷积层的输入特征为多通道时，即 $X \in \mathbb{R}^{M \times N \times D}$，$D$ 为输入特征通道数，每一个输出特征映射都需要做 D 次卷积操作，卷积核 $W \in \mathbb{R}^{U \times V \times D \times P}$ 为四维张量，则输出特征 $Z = W \otimes X + b = \sum_{d=1}^{D} W^{d,p} \otimes X^d + b$，其中 $Z \in \mathbb{R}^{M' \times N' \times P}$ 为三维张量，b 为偏置。图 6-3 为卷积层的三维结构表示。

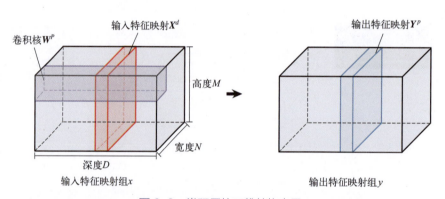

图 6-3　卷积层的三维结构表示

② 池化层（pooling layer）。池化是卷积神经网络中另一种重要工具，卷积层的主要作用是通过卷积和去感知每个像素点从而整合特征，但是整合后的特征可能包含大量的冗余信息，影响到后续神经网络的计算量和参数量。池化层就是为了降低特征图维度而提出，池化操作也在一定程度上缓解了网络的过拟合。在网络模型设计时，通常情况下会在卷积层之间周期性地插入池化层。同时卷积层一般被视为一种特征发现器，比如卷积层对像素变化较大的边缘非常敏感，而通过池化层可以降低这种敏感性，某种意义上池化层给输出的特征提供了一种形式上的平移不变性。池化层中主要包含两种类型：最大池化（max pooling）和平均池化（average pooling）。图 6-4 中，图 (a) 说明了最大池化的过程，图 (b) 说明了平均池化的过程。一般情况下，我们认为最大池化的效果优于平均池化。

③ 全连接层（fully connected layer）。全连接层在神经网络的结构主要起分类器的作用，一般出现在网络模型的最后一层，如图 6-5 所示。当输入图片进入神经网络后会被若干卷积层和池化层将特征映射到高维的隐层特征空间，而全连接则将隐层特征空间的特征映射到样本的标记空间，从而输出分类结果。由于全连接层的每一个神经元都与前一层相连，因此它

会输出一个一维的特征向量来作为输出结果。全连接层与卷积层对比如图 6-6 所示。

④ 激活函数（activation function）。通常情况下网络模型利用若干个线性函数无法映射到非线性模型，这会影响模型的拟合能力，限制其特征表达能力。因此需要将每层输出的特征乘以一个函数来转化为非线性输出，起转化作用的函数即为激活函数，不同的训练任务可以选取不同的激活函数来达到更好的效果。图 6-7 是 3 种常见的激活函数：Relu 函数、Sigmod 函数和 Tanh 函数。

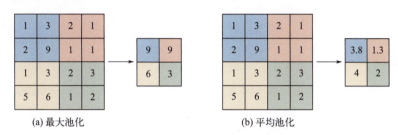

图 6-4　两种池化操作示意图

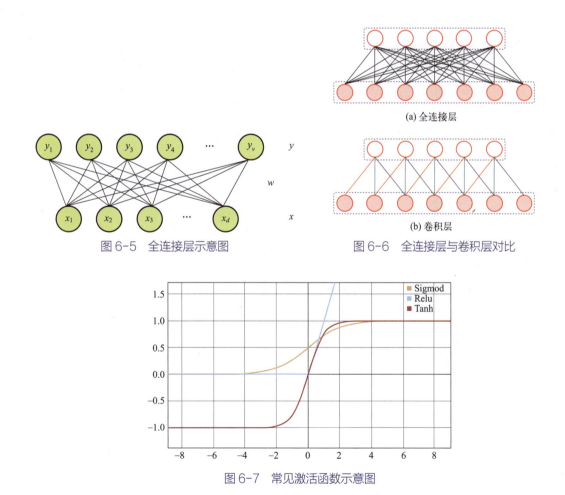

图 6-5　全连接层示意图

图 6-6　全连接层与卷积层对比

图 6-7　常见激活函数示意图

第 6 章　深度学习基础

随着卷积神经网络的发展，从最初只有数层卷积层相连解决文字识别问题到几十层的深度卷积神经网络解决各种复杂学习训练任务，在此过程中神经网络模型的网络层数和训练参数量的增加，导致了模型的训练难度也逐渐增大。相关研究人员也陆续开发出了多种帮助模型训练的策略，例如：权值共享策略，部分层共享每层的训练权值使得网络不需要从零开始训练，减小模型训练的总参数量和计算量；混合精度训练策略，通常的参数设置主要使用的 float32 进行计算和保存，因此可以间隔使用 float16 来进行运算，这样可以在不损失太多精度的情况下较大地提高训练速度；权重裁剪（weight pruning）策略，提前设置一个初始阈值，将一些不重要的权重剔除掉，从而降低模型的复杂度来提高模型性能；等等。

6.3.2 循环神经网络

在传统的神经网络模型中，是从输入层到隐含层再到输出层，层与层之间是全连接的，每层之间的节点是无连接的。但是这种普通的神经网络对于很多问题却无能为力。循环神经网络（recurrent neural network，RNN）用于解决训练样本输入是连续的序列，且序列的长短不一的问题，比如基于时间序列的问题。基础的神经网络只在层与层之间建立了权连接，RNN 最大的不同之处就是在层之间的神经元之间也建立了权连接。这样网络会对前面的信息进行记忆并应用于当前输出的计算中，即隐藏层之间的节点不再无连接而是有连接的，并且隐藏层的输入不仅包括输入层的输出，还包括上一时刻隐藏层的输出。理论上，RNN 能够对任何长度的序列数据进行处理。但是在实践中，为了降低复杂性往往假设当前的状态只与前面的几个状态相关，RNN 神经网络的结构如图 6-8 所示。

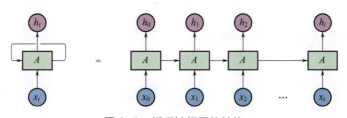

图 6-8　循环神经网络结构

RNN 的隐藏层 A 中的值不仅仅取决于这次的输入 x_t，还取决于上一次隐藏层（即 x_{t-1} 对应的隐藏层 A）中的值。

6.4　网络训练与参数学习

深度网络训练是指利用训练数据集对深度学习模型参数进行训练和优化的过程，其目的是通过不断地调整和优化模型的权重参数，使模型的输出结果更加接近真实的输出结果。在深度学习中，通常采用梯度下降算法对模型参数进行更新和调整，以最小化损失函数。此外，正则化技术也是一种常用的参数优化方法，它可以有效地防止过拟合现象的产生，提高模型的泛化能力。

梯度下降（gradient descent，GD）算法是神经网络模型训练中最为常见的优化器，梯度下降的目的就是使参数值向极值点逼近，梯度下降的数学公式：

$$\theta_{n+1} = \theta_n - \eta \nabla J(\theta) \tag{6-1}$$

式中，θ_{n+1} 为神经网络中参数更新后的值；θ_n 为当前网络参数值；η 为学习率或步长，控制每一步走的距离；$J(\theta)$ 为等待优化的目标函数；$\nabla J(\theta)$ 表示目标函数当前位置梯度（正梯度向量指向上坡，负梯度向量指向下坡）。

在深度学习中，目标函数通常是训练数据集中每个样本的损失函数的平均值。如果使用梯度下降法，则每个自变量迭代的计算代价为 $O(n)$，它随 n（样本数目）线性增长。因此，当训练数据集较大时，每次迭代的梯度下降计算代价将较高。因此，深度学习一般采用随机梯度下降和小批量随机梯度下降算法来优化网络。

随机梯度下降（SGD）可降低每次迭代时的计算代价。在随机梯度下降的每次迭代中，我们对数据样本随机均匀采样一个索引 i，其中 $1 \leqslant i \leqslant n$，并计算梯度以更新权重参数：

$$\theta_{n+1} = \theta_n - \eta \nabla J_i(\theta) \tag{6-2}$$

每次迭代的计算代价从梯度下降的 $O(n)$ 降至常数 $O(1)$。另外，值得强调的是，随机梯度 $\nabla J_i(\theta)$ 是对完整梯度 $\nabla J(\theta)$ 的无偏估计。

梯度下降（GD）和随机梯度下降（SGD）方法都过于极端，要么使用完整数据集来计算梯度并更新参数，要么一次只处理一个训练样本来更新参数。在实际项目中，会对两者取折中，即小批量随机梯度下降（minibatch stochastic gradient descent），小批量的所有样本数据元素都是从训练集中随机抽取的，假设样本数目个数为 m，即迭代训练的每一步我们都考虑的是一个大小为 m 的小批量样本：

$$\theta_{n+1} = \theta_n - \eta \frac{1}{m} \nabla \sum_{i=1}^{m} J_i(\theta) \tag{6-3}$$

小批量随机梯度下降有以下优点：①小批量损失的梯度是对训练集梯度的估计，其质量随着批量大小的增加而提高；②由于现代计算平台提供的并行性，批量计算比单个示例的计算效率更高。

需要指出的是，考虑到深度网络具有强大的表达能力，在不充足的数据上进行训练将会导致过拟合；梯度下降法可能会导致局部极值问题。

6.5 典型的其他深度网络结构

6.5.1 LeNet-5 结构

LeNet-5 虽然提出的时间比较早，但它是一个非常成功的神经网络模型[71]。基于 LeNet-5 的手写数字识别系统在 20 世纪 90 年代被美国很多银行使用，用来识别支票上面的手写数字。LeNet-5 的网络结构如图 6-9 所示。

LeNet-5 共有 7 层，接收输入图像大小为 32×32=1024，输出对应 10 个类别的得分。LeNet-5 中的每一层结构如下，所述。

① C1 层是卷积层，使用 6 个 5×5 的卷积核，得到 6 组大小为 28×28 = 784 的特征映

射。因此，C1 层的神经元数量为 6×784=4704，可训练参数数量为 6×25+6=156，连接数为 156×784=122304（包括偏置在内，下同）。

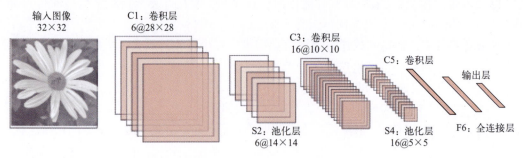

图 6-9 LeNet-5 网络结构

② S2 层为池化层，采样窗口为 2×2，使用平均池化。神经元个数 6×14×14=1176，可训练参数数量为 6×(1+1)=12，连接数为 6×196×(4+1)=5880。

③ C3 层为卷积层。LeNet-5 中用一个连接表来定义输入和输出特征映射之间的依赖关系。如图 6-9 所示，共使用 60 个 5×5 的卷积核，得到 16 组大小为 10×10 的特征映射。神经元数量为 16×100=1600，可训练参数数量为 (60×25)+16=1516，连接数 100×1516=151600。

④ S4 层是一个池化层，采样窗口为 2×2，得到 16 个 5×5 大小的特征映射，可训练参数数量为 16×2=32，连接数为 16×25×(4+1)= 2000。

⑤ C5 层是一个卷积层，使用 120×16 = 1920 个 5×5 的卷积核，得到 120 组大小为 1×1 的特征映射。C5 层的神经元数量为 120，可训练参数数量为 1920×25+120 = 48120，连接数为 120×(16×25+1)=48120。

⑥ F6 层是一个全连接层，有 84 个神经元，可训练参数数量为 84×(120+1)=10164。连接数和可训练参数个数相同，为 10164。

⑦ 输出层：输出层由 10 个径向基函数（radial basis function，RBF）组成。这里不再详述。

卷积层的每一个输出特征映射都依赖于所有输入特征映射，相当于卷积层的输入和输出特征映射之间是全连接的关系。实际上，这种全连接关系不是必需的。我们可以让每一个输出特征映射都依赖于少数几个输入特征映射。定义一个连接表（link table）T 来描述输入和输出特征映射之间的连接关系。在 LeNet-5 中，连接表的基本设定如图 6-10 所示。C3 层的第 0～5 个特征映射依赖于 S2 层的特征映射组的每 3 个连续子集，第 6～11 个特征映射依赖于 S2 层的特征映射组的每 4 个连续子集，第 12～14 个特征映射依赖于 S2 层的特征映射的每 4 个不连续子集，第 15 个特征映射依赖于 S2 层的所有特征映射。

	0	1	2	3	4	5	6	7	8	9	10	11	12	13	14	15
0	X				X	X	X			X	X	X	X		X	X
1	X	X				X	X	X			X	X	X	X		X
2	X	X	X				X	X	X			X		X	X	X
3		X	X	X			X	X	X	X			X		X	X
4			X	X	X			X	X	X	X		X	X		X
5				X	X	X			X	X	X	X		X	X	X

图 6-10 LeNet-5 中 C3 层的连接表

如果第 p 个输出特征映射依赖于第 d 个输入特征映射，则 $T_{p,d}=1$，否则为 0。Y^p 为：

$$Y^p = f\left(\sum_{\substack{d,d\\p,d}} W^{p,d} \otimes X^d + b^p\right) \tag{6-4}$$

其中，T 为 $p \times d$ 大小的连接表。假设连接表 T 的非零个数为 K，每个卷积核的大小为 $U \times V$，那么共需 $K \times U \times V + p$ 个参数。

6.5.2 AlexNet 结构

AlexNet[73] 是由 Alex Krizhevsky、Ilya Sutskever 和 Geoffrey Hinton 在 2012 年 ImageNet 图像分类竞赛中提出的一种经典的卷积神经网络，也是第一个现代深度卷积网络模型，其首次使用了很多现代深度卷积网络的技术方法，比如使用 GPU 进行并行训练、采用 ReLU 作为非线性激活函数、使用 Dropout 防止过拟合、使用数据增强来提高模型准确率等。AlexNet 赢得 2012 年 ImageNet 图像分类竞赛的冠军。AlexNet 的网络结构如图 6-11 所示，包括 5 个卷积层、3 个池化层和 3 个全连接层（其中最后一层是使用 Softmax 函数的输出层）。因为网络规模超出了当时的单个 GPU 的内存限制，AlexNet 将网络拆为两半，分别放在两个 GPU 上，GPU 间只在某些层（比如第 3 层）进行通信。

AlexNet 的输入为 224×224×3 的图像，输出为 1000 个类别的条件概率，具体结构如下所述。

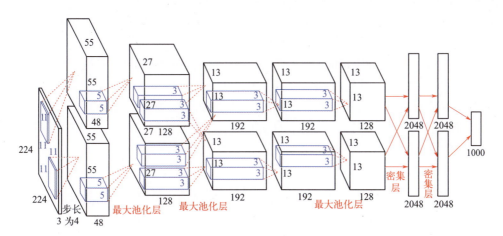

图 6-11 AlexNet 的网络结构

① 第一个卷积层，使用两个大小为 11×11×3×48 的卷积核，步长 $S=4$，零填充 $P=3$，得到两个大小为 55×55×48 的特征映射组。

② 第一个池化层，使用大小为 3×3 的最大池化操作，步长 $S=2$，得到两个 27×27×48 的特征映射组。

③ 第二个卷积层，使用两个大小为 5×5×48×128 的卷积核，步长 $S=1$，零填充 $P=2$，得到两个大小为 27×27×128 的特征映射组。

④ 第二个池化层，使用大小为 3×3 的最大池化操作，步长 $S=2$，得到两个大小为 12×12×128 的特征映射组。

⑤ 第三个卷积层为两个路径的融合，使用一个大小为 3×3×256×384 的卷积核，步长 $S=1$，零填充 $P=1$，得到两个大小为 12×12×192 的特征映射组。

⑥ 第四个卷积层，使用两个大小为 3×3×192×192 的卷积核，步长 $S=1$，零填充 $P=1$，得到两个大小为 12×12×192 的特征映射组。

⑦ 第五个卷积层，使用两个大小为 3×3×192×128 的卷积核，步长 $S=1$，零填充 $P=1$，得到两个大小为 12×12×128 的特征映射组。

⑧ 第三个池化层，使用大小为 3×3 的最大池化操作，步长 $S=2$，得到两个大小为 6×6×128 的特征映射组。

⑨ 三个全连接层，神经元数量分别为 4096、4096 和 1000。

此外，AlexNet 还在前两个池化层之后进行了局部响应归一化（local response normalization，LRN）以增强模型的泛化能力。

6.5.3 Inception 网络

卷积网络中，如何设置卷积层的卷积核大小是一个十分关键的问题。Inception 是经典模型 GoogLeNet 中最核心的子网络结构，GoogLeNet[74] 是 Google 团队提出的一种神经网络模型，并在 2014 年 ImageNet 挑战赛（ILSVRC14）上获得了冠军。在 Inception 网络中，一个卷积层包含多个不同大小的卷积操作，称为 Inception 模块。Inception 网络是由多个 Inception 模块和少量的汇聚层堆叠而成。

Inception 模块同时使用 1×1、3×3、5×5 等不同大小的卷积核，并将得到的特征映射在深度上拼接（堆叠）起来作为输出特征映射。

图 6-12 给出了 v1 版本的 Inception 模块结构，Inception 模块中的卷积和最大汇聚都是等宽的。采用了 4 组平行的特征抽取方式，分别为 1×1、3×3、5×5 的卷积和 3×3 的最大池化。同时，为了提高计算效率，减少参数数量，Inception 模块在进行 3×3、5×5 的卷积之前和 3×3 的最大汇聚之后，进行一次 1×1 的卷积来减少特征映射的深度。如果输入特征映射之间存在冗余信息，1×1 的卷积相当于先进行一次特征抽取。

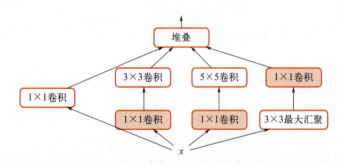

图 6-12 Inception v1 的模块结构

Inception 网络有多个版本，其中最早的 Inception v1 版本就是非常著名的 GoogLeNet。GoogLeNet 由 9 个 Inception v1 模块和 5 个池化层以及其他一些卷积层和全连接层构成，总共为 22 层网络，如图 6-13 所示。

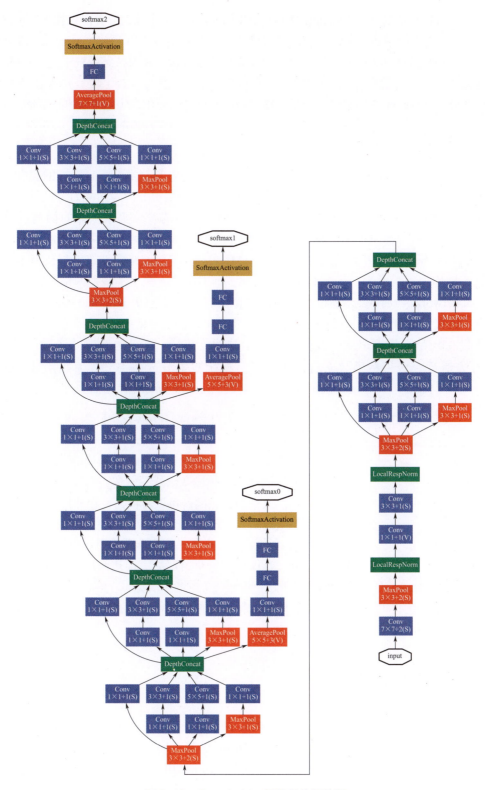

图 6-13 GoogLeNet 网络结构竖放图

第 6 章 深度学习基础

为了解决梯度消失问题，GoogLeNet 在网络中间层引入两个辅助分类器来加强监督信息。Inception 网络有多个改进版本，其中比较有代表性的为 Inception v3 网络。Inception v3 网络用多层的小卷积核来替换大的卷积核，以减少计算量和参数量，并保持感受野不变。具体包括：①使用两层 3×3 的卷积来替换 v1 中的 5×5 的卷积；②使用连续的 $K×1$ 和 $1×K$ 来替换 $K×K$ 的卷积。此外，Inception v3 网络也引入了标签平滑以及批量归一化等优化方法进行训练。

6.5.4 Res-Net 残差网络

深度网络以端到端的多层方式集成了低/中/高层特征和分类器，且特征的层次可通过加深网络层次的方式来丰富，网络的加深，理论上可以提供更好的表达能力，使每一层学习到更细化的特征。然而，随着网络深度加大，神经网络的参数更新依靠的梯度反向传播（back propagation）会出现梯度消失或梯度爆炸问题。同时，随着网络层数加深，准确率（accuracy）逐渐饱和，然后出现急剧下降，具体表现为深层网络的训练效果反而不如浅层网络好，被称为网络退化（degradation）。为此，何凯明等人提出了残差网络[75]。残差网络（residual-network，Res-Net）通过给非线性的卷积层增加直连边（shortcut connection）[也称为残差连接（residual connection）]的方式来提高信息的传播效率。

假设在一个深度网络中，我们期望一个非线性单元（可以为一层或多层的卷积层）$f(x,\theta)$ 去逼近一个目标函数 $h(x)$。如果将目标函数拆分成两部分：恒等函数（identity function）x 和残差函数（residue function）$h(x)-x$。

$$h(x) = \underbrace{x}_{恒等函数} + \underbrace{[h(x)-x]}_{残差函数} \tag{6-5}$$

根据通用近似定理，一个由神经网络构成的非线性单元有足够的能力来逼近原始目标函数或残差函数，但实际中后者更容易学习。因此，原来的优化问题可以转换为：让非线性单元 $f(x,\theta)$ 去近似残差函数 $h(x)-x$，并用 $f(x,\theta)+x$ 去逼近 $h(x)$。

图 6-14 给出了一个典型的残差单元示例。残差单元由多个级联的（等宽）卷积层和一个跨层的直连边组成，再经过 ReLU 激活后得到输出。

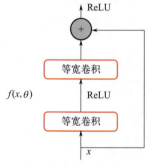

图 6-14 一个典型的残差单元结构

残差网络就是将很多个残差单元串联起来构成的一个非常深的网络。和残差网络类似的还有 highway network。

6.6 深度学习框架

现如今开源生态非常完善，深度学习相关的开源框架众多，全世界最为流行的深度学习框架有 PaddlePaddle、TensorFlow、Caffe、Theano、MXNet、Torch 和 PyTorch 等。下面主要介绍 3 种常见的深度学习框架，并对比它们的特点和适用场景。

(1) TensorFlow

TensorFlow 是由 Google 开发的深度学习框架，由于其灵活性和高效性，成为了较受欢迎的深度学习框架之一。TensorFlow 是一个基于数据流图（data flow graph）的机器学习框架。数据流图是由节点（nodes）和边（edges）组成的网络，其中节点代表数学运算，边代表张量（tensors）传递的数据。在 TensorFlow 中，通过构建和操作这个图来实现各种机器学习任务。

TensorFlow 支持分布式训练，能够在不同硬件上高效运行，并且有一个庞大的社区提供丰富的模型库和工具，具有丰富的生态系统，支持广泛的应用领域，从移动设备到云端。然而，TensorFlow 的缺点是代码编写复杂，对新手不够友好。

(2) PyTorch

PyTorch 是 Torch 的 Python 版本，是由 Facebook 开源的神经网络框架，专门针对 GPU 加速的深度神经网络（DNN）编程。Torch 是一个经典的对多维矩阵数据进行操作的张量库，在机器学习和其他数学密集型应用中有广泛应用。与 TensorFlow 的静态计算图不同，Pytorch 的计算图是动态的，PyTorch 支持动态计算图，可以根据计算需要实时改变计算图，使得调试和开发更加方便。此外，PyTorch 还有强大的 GPU 加速功能和丰富的模型库。但是，PyTorch 的代码运行效率不如 TensorFlow，且对分布式训练支持较弱。PyTorch 简单易用，适合研究人员和初学者，也广泛应用于学术界。

(3) PaddlePaddle

飞桨（PaddlePaddle）以百度多年的深度学习技术研究和业务应用为基础，集核心框架、基础模型库、端到端开发套件、丰富的工具组件、星河社区于一体，是中国首个自主研发、功能丰富、开源开放的产业级深度学习平台。飞桨在业内率先实现了动静统一的框架设计，兼顾科研和产业需求，在开发便捷的深度学习框架、大规模分布式训练、高性能推理引擎、产业级模型库等技术上处于国际领先水平。

PaddlePaddle 注重产业实践，提供全面的深度学习平台，包括框架、工具和服务，具有开放、易扩展的特性，适用于产业界的多样需求。

 思考题与习题

(1) 什么是深度学习？它与传统机器学习有什么不同？
(2) 深度学习网络里面激活函数有哪几种？
(3) CNN 里面一般有哪几种池化方法？
(4) 权重初始化如何影响深度学习模型的性能？
(5) 你如何评估一个深度学习模型的性能？
(6) 什么是 CNN 卷积神经网络的池化层？
(7) Sigmoid、Tanh、ReLu 这三个激活函数有什么优点和不足？还有其他激活函数吗？
(8) 为什么引入非线性激励函数？
(9) CNN 是什么？有哪些关键的层？
(10) 应该从哪些方面上避免深度学习中的过拟合问题？

第 7 章 图像增强

在图像的捕获、传输或处理阶段，由于可能存在的曝光不足和噪声污染等问题，图像的对比度和质量往往会受到显著影响，导致图像清晰度降低，重要特征变得难以辨认，这无疑给后续的图像分析工作带来了诸多挑战。为了克服这些难题，引入图像增强技术来优化图像质量成为了一种必要的手段[2,76]。本章内容可帮助读者：理解图像增强的基本概念，掌握图像增强的定义、目的和应用场景，理解图像增强与图像复原的区别；掌握图像增强的常用方法灰度变换、直方图均衡化、空间域增强与频率域增强方法；能够熟练地利用这些方法解决实际问题。

7.1 图像增强基本概念

图像增强是通过某种手段对原图像进行一定程度的变换，有选择地突出图像中感兴趣的特征，同时抑制或去除图像中某些不感兴趣的特征，以改善图像的视觉效果的过程[77]。与图像复原技术相似，图像增强的主要目标也是为了提高图像质量[77,78]。但与图像复原不同，图像增强并不深入探究图像质量降低的具体原因，而是直接对图像进行处理，使其更符合特定的应用需求。经过图像增强处理后的图像，虽然在视觉效果上得到了改善，但并不一定完全逼近原始图像。这是因为图像增强的重点在于突出图像的某些特定信息，而可能忽略或牺牲一些其他的细节。图像复原则是一个更为具体和针对性的过程，它依赖于对图像退化现象的深入理解和先验知识。图像复原首先利用关于退化现象的先验知识，建立退化现象的数学模型。这个模型描述了图像从原始状态到退化状态的变化过程。一旦建立了这样的数学模型，就可以根据模型进行反向的推演运算，目的是恢复出原始的、未经退化的图像。因此，图像复原可以被理解为图像降质过程的逆过程。为了进行有效的图像复原，需要充分了解图像退化的机制和过程，包括噪声类型、模糊程度、运动模糊等先验知识，这些知识对于选择合适的复原算法和参数至关重要。图像增强技术根据增强处理过程所在的空间不同，可以分为基于空间域的图像增强方法和基于频域的图像增强方法。

7.2 图像空间域增强

图像空间域增强是指直接在图像的像素空间域中对图像进行各种线性或非线性运算，

实现对像素灰度值的增强处理。空间域增强方法又可细分为灰度运算和滤波运算处理两大类：灰度运算是直接对单个像素的灰度进行处理，包括图像灰度变换、直方图修正、伪彩色增强技术；滤波运算处理是作用于像素邻域的处理方法，包括图像平滑、图像锐化等技术。

不失一般性，图像增强操作可以表示如下：

$$S(x,y) = T[I(x,y), x, y] \tag{7-1}$$

式中，I 是图像变换前的灰度；S 是变换后的像素灰度值；T 是一种定义在像素 (x,y) 邻域上的灰度变换函数。

7.2.1 灰度变换

灰度变换是仅对某一像素点的灰度值进行处理，即图像增强只与变换前该点的像素灰度值有关，不考虑相邻像素（即图像灰度变换邻域取 1×1），也被称为图像的点运算，是所有图像处理技术中最简单的技术，其灰度变换形式可表示如下：

$$S(x,y) = T[I(x,y)] \tag{7-2}$$

灰度变换旨在通过应用特定的数学变换公式，将图像中每个像素的原始灰度值转换为新的灰度值，从而实现图像效果的调整或增强。根据变换函数 T 的类型不同，图像灰度变换包括线性变换（正比或反比）、对数变换（对数和反对数的）、幂次变换（n 次幂和 n 次方根变换）等。图像增强基本灰度变换函数如图 7-1 所示。

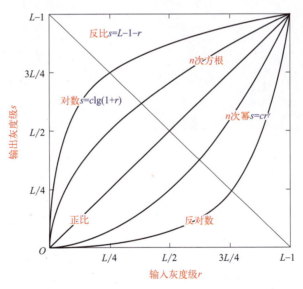

图 7-1 图像增强基本灰度变换函数

灰度变换是一种图像处理技术，它基于特定的数学变换公式，将图像中每个像素的原始灰度值转换为新的灰度值。这种转换常用于图像增强处理，如对比度增强。对比度增强可以通过不同的拉伸方法来实现,包括线性拉伸和非线性拉伸。

线性拉伸是一种简单直接的对比度增强方法,它能够将原始输入图像中的灰度值均匀地扩展到更宽的范围内。然而,当需要对局部范围内的灰度值进行特定扩展,或者对不同范围的灰度值应用不同的拉伸处理时,分段线性拉伸会更为适用。非线性拉伸则提供了更灵活的对比度增强方式。其中,对数扩展常用于拉伸低亮度区域的灰度值,同时压缩高亮度区域的灰度值,使得图像在低亮度区域的细节更加突出。相反,指数扩展则拉伸了高亮区域的灰度值,压缩了低亮度区域的灰度值,适用于需要强调高亮区域细节的场景。这些不同的灰度变换方法可以根据具体的图像特点和增强需求来选择,以实现最佳的图像增强效果。

(1) 线性变换

令 $I(x,y)$ 为变换前的灰度,$S(x,y)$ 为变换后的灰度,则线性灰度变换可表示为:

$$S(x,y) = T[I(x,y)] = kI(x,y) + b \tag{7-3}$$

式中,k 为直线斜率;b 为在灰度轴的截距。选择不同的 k、b 值会有不同的效果:当 $k>1$ 时,图像的亮度与对比度增加;当 $k<1$ 时,图像的亮度与对比度减小;当 $k=1$ 且 $b \neq 0$ 时,图像整体的灰度值上移或者下移,也就是图像整体变亮或者变暗,不会改变图像的对比度;当 $k<0$ 且 $b=0$ 时,图像亮区域变暗,暗区域变亮;当 $k=1$ 且 $b=0$ 时,恒定变换,灰度值不变;当 $k=-1$ 且 $b=255$ 时,图像反转,即 $S(x,y)=255-I(x,y)$,图像反转得到的是图像的负片,能够有效地增强在图像暗区域的白色或者灰色细节,其效果如图 7-2 所示。

图 7-2 图像反转效果

(2) 分段线性变换

为了强调图像中特定感兴趣的目标或灰度区间,同时相对减弱不感兴趣的灰度区域的影响,可以采用分段线性变换的方法,如图 7-3 所示。这种方法能够有针对性地调整不同灰度范围内的像素值,以实现特定的图像增强效果。分段线性变换称为图像直方图的拉伸,它与完全线性变换类似,不同之处在于其变换函数是分段的,扩展图像处理灰度级的动态范围。

(3) 位图切割

将数字图像分解为多个位平面,每个位平面都可以被视作一幅独立的二值图像进行处理,如图 7-4 所示。高阶位(如最初的几位)通常承载着图像中视觉上更为显著的主要信息,这些主要信息对应图像的低频分量。而较低的位则更多地体现了图像中的细微细节。以 8

位灰度图像为例,如果某个像素的灰度值为 146(二进制表示为 10010010),在分解处理时,前几位(如前 4 位 1001)代表了该像素的主要亮度信息,而后几位(0010)则包含了更为细微的亮度变化。

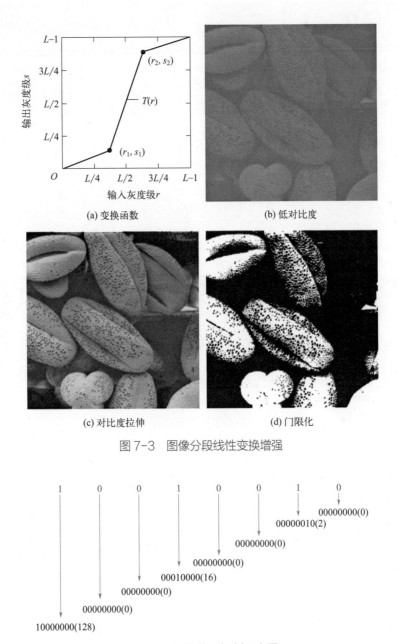

图 7-3 图像分段线性变换增强

图 7-4 图像位图切割示意图

然后,利用切割后的部分位图来重建图像,其中第 n 个位平面的每个像素乘以 2^{n-1},最后将需要的位平面相加即可得到增强后的图像。如图 7-5 和图 7-6 所示,图 7-5 给出只用一个位平面重建图像的结果,而图 7-6 给出了用多个位平面重建图像的结果,由于只采用高位

第 7 章 图像增强　113

平面重建图像，同时对噪声等不敏感、图像被压缩，重建一幅图像所用的平面要比全部平面少，因此重建之后的图像肯定有一些细节是丢失的。

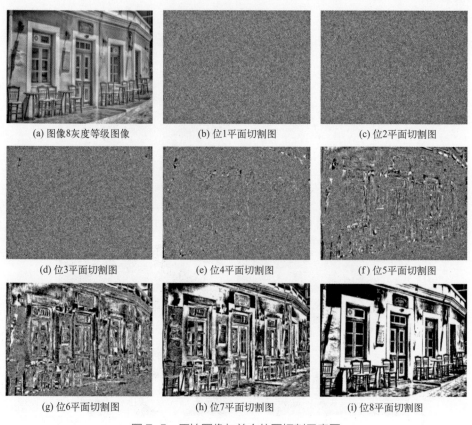

图 7-5　原始图像与单个位图切割示意图

图 7-6　图像多个位图切割示意图

(4) 对数变换

图像对数变换是一种有用的非线性映射变换函数，直接对图像的灰度值进行变换处理，可以用于扩展图像中范围较窄的低灰度值像素，压缩输入图像中范围较宽的高灰度值像素，使得原本低灰度值的像素部分能更清晰地呈现出来，如图 7-7 所示。

$$S(x,y) = c\lg[I(x,y)+1] \tag{7-4}$$

(5) 幂次变换

$$S = cI^\gamma, \quad c、\gamma > 0 \tag{7-5}$$

幂次变换又称伽马（gamma）变换，为了改善图像的视觉效果，这一技术主要用于调整灰度值过高（即过亮）或过低（即过暗）的图像，以增强图像的对比度。γ 的不同取值会有选择性地增强低灰度区域的对比度或高灰度区域的对比度。当 $\gamma \geqslant 1$ 时，它会使原本低灰度值的狭窄范围扩展至更广泛的灰度区间，同时，原本高灰度值的宽泛范围则会被压缩至较窄的灰度区间。γ 值的增大将显著增强对图像中高灰度值部分的扩展效果。当 $\gamma < 1$ 时则相反，如当 $\gamma = 0.4$ 时，该变换将动态范围从 $[0, L/5]$ 扩展到 $[0, L/2]$。同时，当 $\gamma < 1$ 时，γ 值越小，对图像低灰度值的扩展作用越明显。

图像伽马变换曲线如图 7-8 所示。用幂次变换进行对比度增强如图 7-9 所示。

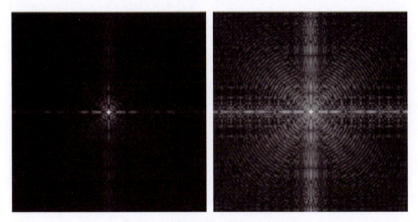

图 7-7　图像对数变换结果（c=1）

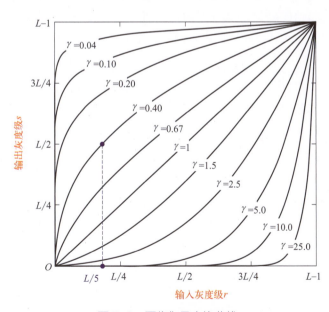

图 7-8　图像伽马变换曲线

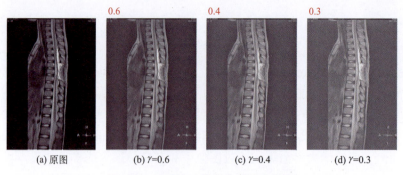

图 7-9 用幂次变换进行对比度增强

显示设备、摄像胶片及数码相机的光电转换特性普遍呈现非线性特点，非线性部件的输入输出关系可用幂函数描述，以 CCD 为例，若入射光强度为 r，输出电压为 v，则存在幂函数关系。未经校正，图像效果将受影响。γ 校正即在显示之前通过幂次变换将图像进行修正，其关键在于确定 γ 值，通常 CCD 的 γ 值在 0.4～0.8 之间，γ 值越小，画面的效果越差。

图像灰度变换具有以下作用：
① 对比度拉伸增强图像对比度，提高质量，展现更多细节。
② 突出重要特征，抑制不必要元素。
③ 调整直方图分布，使像素分布更均匀。

7.2.2 图像直方图变换

(1) 图像直方图

直方图广泛运用于数字图像处理、计算机视觉中，图像直方图（histogram）是用以表示数字图像中灰度分布情况，描绘图像中每个灰度级（值）的像素个数或频数。

一幅灰度级范围为 $[0, L-1]$ 的数字图像，其直方图定义如下：表示图像中灰度级为 k 的像素数量，$k=0, 1, 2, \cdots, L-1$。显然，直方图是一个离散函数。为了降低图像总像素的影响，对直方图进行归一化处理，得到归一化直方图：$p_n(r_k) = \dfrac{n_k}{N}$，$N$ 是图像的像素总数，$\sum\limits_{r_k=0}^{L-1} p_n(r_k) = 1$，$p_n(r_k)$ 是图像灰度分布的概率密度函数。如果将 r_k 归一化到 $[0, 1]$ 之间，则 r_k 可以看作区间 $[0,1]$ 的随机变量。图像直方图具有以下性质：

① 直方图统计图像中各像素灰度值的出现频次，仅显示不同灰度值的次数，不反映灰度值的位置。
② 每幅图像都有唯一对应的直方图，但不同的图像可能会有相同的直方图。
③ 由于直方图统计具有相同灰度值的像素数量，一幅图像各子区的直方图之和等于该图像全图的直方图。

图 7-10 给出了 4 幅图像与其对应的直方图，可以发现：直方图分布能反映图像的清晰程度。当直方图集中时，图像模糊，当直方图均匀分布时，图像清晰。因此，可以通过直方图灰度分布均衡化来改善图像的清晰度。

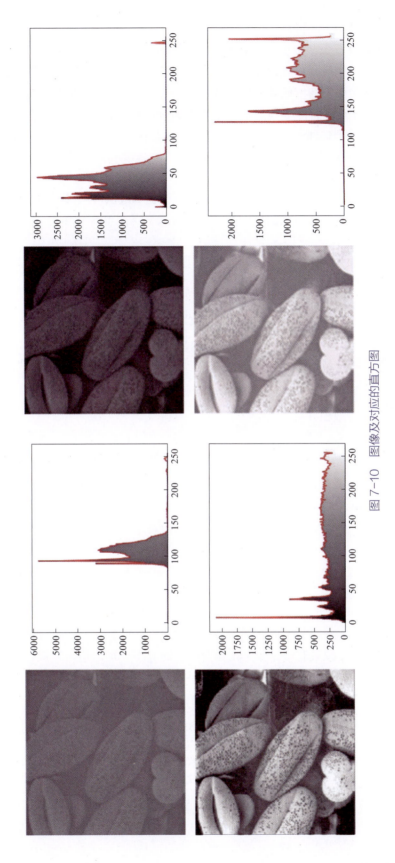

图 7-10 图像及对应的直方图

第 7 章 图像增强

(2) 直方图均衡化

直方图均衡化通过图像灰度变换来拉开灰度间距或使灰度分布均匀,从而增加对比度,清晰图像细节,实现图像增强。假设原图的灰度值变量为 r,变换后图像的灰度值变量为 s,两者对应的图像灰度级概率密度函数分别为 $p_r(r)$ 和 $p_s(s)$。直方图均衡化希望寻找一个灰度变换函数 T 使 $s = T(r)$,进而使变换后的灰度概率密度函数 $p_s(s)$ 为均匀分布。灰度变换函数 $T(r)$ 应该满足下列两个条件:

① $T(r)$ 在区间 $0 \leq r \leq 1$ 中为单值且单调递增;

② 当 $0 \leq r \leq 1$ 时,$0 \leq T(r) \leq 1$。

条件①保证了原图各灰度级在变换后仍保持从黑到白(或从白到黑)的排列次序。条件②保证了变换前后灰度值动态范围的一致性。逆变换从 s 到 r($0 \leq s \leq 1$)也满足条件①和条件②。

根据概率论,如果原图像灰度级的概率密度函数和变换函数 r 已知,且为单调递增函数,则变换后的图像灰度级的概率密度函数为:

$$p_s(s) = p_r(r) \frac{\mathrm{d}r}{\mathrm{d}s}\Big|_{r=T^{-1}(s)} \tag{7-6}$$

对于连续图像,当直方图均衡化后,灰度将均匀分布,即有 $p_s(s) = 1$,则有:

$$\mathrm{d}s = p_r(r)\mathrm{d}r = \mathrm{d}T(r) \tag{7-7}$$

式(7-7)两边同时取积分得:

$$s = T(r_k) = \int_0^{r_k} p_r(r)\mathrm{d}r \tag{7-8}$$

显然,上述公式就是所求的灰度变换函数。该变换函数即为原图像直方图的累积分布函数,是一个非负递增函数。

就数字图像而言,用归一化直方图求和来代替处理概率密度函数积分,则有:

$$s_k = T(r_k) = \sum_{j=0}^{k} p_r(r_j) = \sum_{j=0}^{k} \frac{n_j}{n}, \quad k = 0,1,2,\cdots,L-1 \tag{7-9}$$

通过式(7-9),对图像每个像素进行灰度变换,即可得到直方图均衡化后的图像,而且可以直接通过原图像各像素的灰度值计算出直方图均衡化后各灰度级所占的百分比。需要注意的是,由于数字图像中像素有限,数字图像变换后的 s_k 不一定是均匀分布的。

基于上述理论,直方图均衡化处理步骤可以总结如下:

① 计算原始图像直方图 $p_r(r_k) = n_k/n$,r_k 是输入图像的灰度级;

② 在直方图中计算累积分布曲线或累积直方图 $s_k = T(r_k) = \sum_{j=0}^{k} p_r(r_j) = \sum_{j=0}^{k} \frac{n_j}{n}$;

③ 利用累积分布函数作变换函数计算图像变换后的灰度级,$s(k) = \mathrm{int}\{[\max(r_k) - \min(r_k)] \times s_k + 0.5\}$,其中 $\mathrm{int}\{\}$ 表示拓展取整。

④ 在输入图像与输出图像灰度级之间建立对应关系,变换后灰度级范围应该与原始灰度范围一致。

例如：给定 64×64 的图像，灰度级 $L=8$，图像中各灰度级的像素数统计如表 7-1 所示，图像直方图均衡化步骤与结果如表 7-2 所示，图像直方图均衡化后的灰度分布如图 7-11 所示。

表 7-1　图像灰度分布

k（灰度级）	n_k	k（灰度级）	n_k
0	790	4	329
1	1023	5	245
2	850	6	122
3	656	7	81

表 7-2　图像直方图均衡化步骤与结果

序号	计算	步骤结果							
1	原始灰度级	0	1	2	3	4	5	6	7
2	$p_r(r_k)$	0.19	0.25	0.21	0.16	0.08	0.06	0.03	0.02
3	累积直方图 s_k	0.19	0.44	0.65	0.81	0.89	0.95	0.98	1.00
4	取整扩展	1	3	5	6	6	7	7	7
5	确定映射关系	0→1	1→3	2→5	3、4→6		5、6、7→7		
6	均衡化后直方图		0.19		0.25		0.21	0.24	0.11

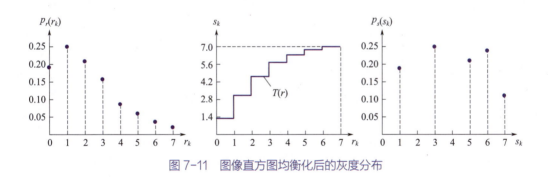

图 7-11　图像直方图均衡化后的灰度分布

灰度直方图均衡化处理简单地说，就是把直方图的每个灰度级分布进行归一化处理，通过求取每个灰度级的累积分布得到一个映射的灰度映射表，然后根据相应的灰度映射表来修正原图中的每个像素，从而可以扩大图像的动态范围，增强细节。直方图均衡化能根据图像灰度分布状态自动得到全局均衡化的直方图，实现图像对比度自动增强，同时具有计算速度快等优点，从而得到了广泛的应用。但是经典的直方图均衡化算法也存在以下不足：

① 图像灰度分布比较小的区域灰度有可能被过多地合并，造成一些灰度级的损失，从

而丢失图像信息，因此输出图像的实际灰度变化范围很难达到图像格式所允许的最大灰度变化范围。

② 尽管均衡化后图像的动态范围扩大了，但其本质是通过合并灰度级来扩大量化间隔，从而减少了灰度量化级别。原本灰度不同的像素在处理后可能变得相同，形成大片相同灰度的区域。同时，直方图均衡化试图将灰度分布均匀化，会导致对低动态范围图像过度增强，各区域之间有明显的边界，从而出现了伪轮廓，如图 7-12 所示。图 7-12（b）中图像被过度增强。

③ 输出图像的灰度分布直方图虽然接近均匀分布，但其值与理想值的 $\frac{1}{n}$ 仍有可能存在较大的差异，并非最佳值。

(a) 输入图像　　　　　　(b) 直方图均衡化结果　　　　　(c) 多直方图均衡化结果

图 7-12　图像直方图规定化后的灰度分布

(3) 直方图规定化

直方图的均衡化可以对图像的对比度自动增强，总是得到全局均衡化的直方图，但具体增强效果不易控制。此外，均衡化处理后的图像虽然增强图像的对比度，但它并不一定适合人类的视觉。实际中有时要求突出图像中人们感兴趣的灰度范围，此时，需要将直方图调整为特定形状，以便有针对性地增强特定灰度值范围内的对比度，这种方法称为直方图规定化或直方图匹配。

假设：r_k 表示原始图像灰度级，z_k 表示符合指定直方图结果图像的灰度级，直方图规定化的目标在于找到一个灰度级变换函数 T，使：

$$z_k = T(r_k) \tag{7-10}$$

直方图规定化的基本思路是：对原图像直方图和目标直方图都做均衡化，变成相同的归一化的均匀直方图。然后以此均匀直方图为中介，再对原图像做均衡化的逆运算。

① 已知 $p_r(r)$ 为原图的灰度密度函数，$p_z(z)$ 为希望得到的灰度密度函数，分别对 $p_r(r)$、$p_z(z)$ 做直方图均衡化处理，则有：

$$s = T(r) = \int_0^r p_r(r)\mathrm{d}r, \quad 0 \leqslant r \leqslant 1 \tag{7-11}$$

$$v = G(z) = \int_0^z p_z(z)\mathrm{d}r, \quad 0 \leqslant z \leqslant 1 \tag{7-12}$$

灰度 s 及 v 经变换后，其密度函数是相同的均匀密度，同时利用直方图均衡化结果作中介（$s = v$）实现从 $r \to z$ 的转换。

② 求 G 变换的逆变换：$z = G^{-1}(v)$。

③ 根据直方图均衡化的概念，s、v 都是常量（分布相同的特点），用 s 替代 v 有：$z = G^{-1}(s)$。

④ 建立 $r \to z$ 联系，有 $z = G^{-1}(v) = G^{-1}(s) = G^{-1}[T(r)]$。

因此，对图像的直方图规定化的实现步骤如下：

① 求取已知图像的直方图。

② 利用 $s_k = \sum_{j=0}^{k} \dfrac{n_j}{n}$，在每一灰度级 r_k 上预计算映射灰度级 s_k。

③ 利用 $v_k = G(z_k) = \sum_{i=0}^{k} p_z(z_i)$，从给定的 $p_z(z)$ 得到变换函数 G。

④ 对一个 s_k 值计算满足 $G(z_k) - s_k = 0$ 的最接近整数 z_k。

⑤ 在原始图像的每个像素中，若像素值为 r_k，将该值映射到其对应的灰度级 s_k，然后将灰度级 s_k 映射到最终灰度级 z_k。

以表 7-1 给出的图像灰度分布为例，首先将输入图像进行均衡化处理，即实现 $r_j \to s_j$，结果如表 7-2 所示。同时对期望的灰度分布同样做直方图均衡化 $z_k \leftrightarrow v_k$，结果如表 7-3 所示。

表 7-3 期望灰度分布的直方图均衡化步骤与结果（$z_k \leftrightarrow v_k$）

序号	计算	步骤结果							
1	期望灰度级	0	1	2	3	4	5	6	7
2	期望 $p_z(z_k)$	0.0	0.0	0.0	0.15	0.20	0.30	0.20	0.15
3	累计直方图 v_k	0.0	0.0	0.0	0.15	0.35	0.65	0.85	1
4	取整扩展	0	0	0	1	2	5	6	7
5	确定映射关系 $z_k \leftrightarrow v_k$	0→0	1→0	2→0	3→1	4→2	5→5	6→6	7→7
6	确定映射关系 $v_k \leftrightarrow z_k$	0→0	1→3		2→4		5→5	6→6	7→7

建立灰度映射关系有：$r_j \xrightarrow{均衡} s_j \approx v_k \xrightarrow{G^{-1}} z_k$，结果如图 7-13 所示。

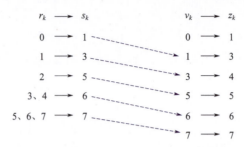

图 7-13　图像直方图规定化后的灰度映射关系

规定化后图像灰度级间的变换关系如下：$r_0 \to z_3$，$r_1 \to z_4$，$r_2 \to z_5$，r_5、r_6、$r_7 \to z_7$，r_3、$r_4 \to z_6$。规定化后的直方图数据如表 7-4 所示。图像直方图规定化后的灰度分布如图 7-14 所示。

表 7-4　规定化后的直方图数据

灰度级	0	1	2	3	4	5	6	7
像素	0	0	0	790	1023	850	985	448
概率	0.00	0.00	0.00	0.19	0.25	0.21	0.24	0.11

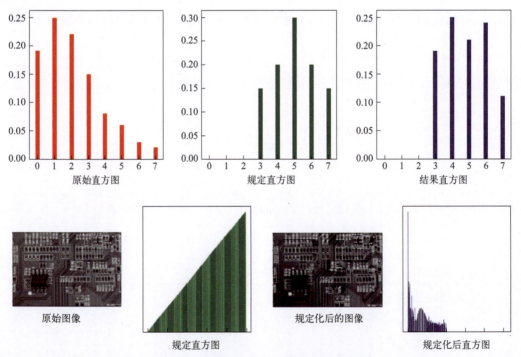

图 7-14　图像直方图规定化后的灰度分布

7.2.3 图像空间域滤波

空间域滤波是直接在图像所在的二维空间上，应用特定模板对每个像素及其周围像素进行数学运算，生成的新灰度值不仅依赖于该像素的原始灰度值，而且还与其邻域内像素值的原灰度值有关。因此，增强后某个像素的灰度值可以看作它本身的灰度值和其相邻像素灰度值的函数。模板可以看作 $n\times n$ 的小图像，最基本的尺寸是 3×3，更大的尺寸如 5×5 与 7×7 等。

(1) 图像卷积运算概念

图像卷积（convolution）操作，或称为核（kernel）操作，是进行图像处理的一种常用手段，卷积操作的目的是利用像素点和其邻域像素之间的空间关系，通过加权求和的操作，实现模糊（blurring）、锐化（sharpening）、边缘检测（edge detection）等功能。图像卷积的计算过程就是卷积核按步长对图像局部像素块进行加权求和的过程。

卷积核实质上是一个固定大小的权重数组，该数组中的锚点通常位于中心。给定一维信号 $x[k]$ 和 $y[k]$，信号相关与卷积定义如下：

信号相关：$r_{xy}[n]=x[n]\circ y[n]=\sum\limits_{k=-\infty}^{\infty}x[k]y[k-n]\sum\limits_{k=-\infty}^{\infty}x[k]y[k+n]$。

信号卷积：$x[n]*y[n]=\sum\limits_{k=-\infty}^{\infty}x[k]y[k-n]$。

显然，信号相关与卷积之间满足 $r_{xy}[n]=x[n]*y[-n]$，任意一个函数和冲激函数的相关操作相当于"复制"冲激位置上此函数的反转"版本"，为执行卷积，需先把参加运算的一个函数旋转 180°，然后再执行相关中的相同操作（移位、相乘、相加）。

同样，对应二维信号，相关和卷积操作如下：

$$(x,y)\circ f(x,y)=\sum_{s=-a}^{a}\sum_{t=-b}^{b}w(s,t)f(x+s,y+t) \quad (7-13)$$

$$(x,y)*f(x,y)=\sum_{s=-a}^{a}\sum_{t=-b}^{b}w(s,t)f(x-s,y-t) \quad (7-14)$$

相关和卷积操作示例如图 7-15 所示。

信号滤波处理应该采用卷积操作，在图像滤波中，很多情况下卷积核是对称的，卷积与相关是相同的。此外，图像卷积核是人为设置的，可认为其已经被提前旋转了 180°，因此，很多情况下图像卷积操作直接用图像相关操作来实现。给定一幅 $M\times N$ 大小的图像 $f(x,y)$，用 $m\times n$ 大小的滤波器掩模进行线性滤波，可以描述如下：

$$g(x,y)=\sum_{s=-a}^{a}\sum_{t=-b}^{b}w(s,t)f(x+s,y+t) \quad (7-15)$$

式中，$a=(m-1)/2$ 且 $b=(n-1)/2$，掩模长与宽均是奇数。要获取一幅完整的经过滤波处理后的图像，必须对 $y=0,1,2,\cdots,M-1$ 和 $x=0,1,2,\cdots,N-1$ 依次应用公式，每个像素的结果可以简化表达形式：

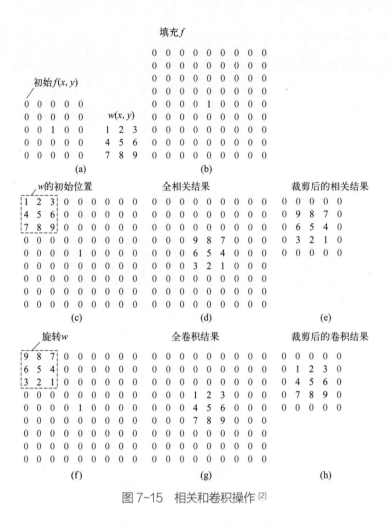

图 7-15 相关和卷积操作[2]

$$R(y,x) = w_1z_1 + w_2z_2 + \cdots + w_{mn}z_{mn} = \sum_{k=1}^{mn} w_k z_k = \boldsymbol{w}^{\mathrm{T}}\boldsymbol{z} \tag{7-16}$$

(2) 平滑滤波

高频分量通常对应图像中灰度值变化较大的区域。平滑滤波通过抑制或滤除高频分量来减少局部灰度的起伏,而不会影响低频分量,从而使图像变得平滑。因此,平滑滤波常用于图像模糊处理和降噪。平滑滤波可以分为线性平滑滤波和非线性平滑滤波。

① 线性平滑滤波。线性平滑滤波所用的卷积模板均为正值,又可分为邻域平均和加权平均两种。

邻域平均:将原图中每个像素的灰度值与其周围邻近像素的灰度值相加,然后将计算出的平均值作为新图像中该像素的灰度值。设 $f(x,y)$ 为给定的含有噪声的图像,经过邻域平均处理后的图像为 $g(x,y)$,则 $g(x,y) = [\Sigma f(x,y)]/N$。$M$ 表示所取的邻域,(x,y) 表示邻域 M 中各像素的坐标,N 表示邻域中邻近像素的个数。邻域平均法模板如图 7-16 所示。如果中心像素是噪声点且其邻近像素的灰度值差异较大,使用邻域平均法可以用周围像素的平均值来替代该像素,从而显著减弱噪声点,使邻域内的灰度值更加均匀,达到平滑效果。因此，邻域平均法在噪声平滑方面表现良好，是最简单的一种平滑方法。邻域平均法通过牺牲图像的清晰度来降低噪声，且模板尺寸越大，减噪效果越明显。

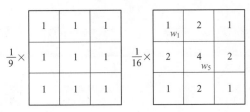

图 7-16 邻域平均法模板

加权平均：在相同尺寸的模板中，对不同位置的系数赋予不同的数值。通常认为距离模板中心像素较近的像素对滤波贡献较大，因此赋予较大的系数，而模板边界附近的像素系数较小。一幅 $M \times N$ 的图像经过 $(2a+1) \times (2b+1)$ 的加权均值滤波器的滤波过程，如下式给出：

$$g(x,y) = \frac{\sum_{s=-a}^{a}\sum_{t=-b}^{b}w(s,t)f(x+s,y+t)}{\sum_{s=-a}^{a}\sum_{t=-b}^{b}w(s,t)} \tag{7-17}$$

需要注意的是，为了保持图像的低频分量，平滑滤波器中权值一般大于零，并接近 1。线性滤波采用固定的权值对图像处理，高效快速，但在消除图像噪声的同时也会模糊图像的细节。

② 非线性平滑滤波。非线性平滑滤波通过对图像滤波器（掩模）覆盖的图像区域像素进行排序，然后用统计排序后的结果值来替代中心像素的值。利用非线性平滑滤波可在消除图像中噪声的同时较好地保持图像的细节，最常用的非线性滤波是中值滤波。

中值滤波首先对掩模内的目标像素及其邻域的像素值进行排序（升序或降序），然后确定中值，并将这个中值赋予目标像素点，使其灰度值更接近于邻近像素的值，可以有效地去除"椒盐"噪声。

滤波效果如图 7-17 和图 7-18 所示。

图 7-17　7×7 的中值滤波图像

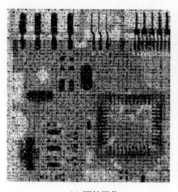 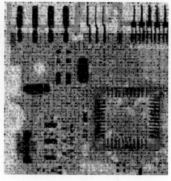 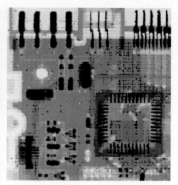

(a) 原始图像　　　　　　　　(b) 3×3均值去噪　　　　　　　(c) 3×3中值去噪

图 7-18　3×3 的中值滤波窗口

需要指出的是，中值滤波器的窗口形状和尺度对滤波效果有显著影响。不同的图像内容和应用要求通常需要采用不同的窗口形状和尺寸。常见的二维中值滤波器窗口包括线状、方形、圆形、十字形和圆环形等。开始时，窗口尺寸应该选择较小的值，然后逐渐增大，直到达到满意的滤波效果为止。一般而言，根据图像的特点选择窗口形状和尺寸：

a. 对于具有缓变的较长轮廓线的图像，建议使用方形或圆形窗口。

b. 对于具有尖顶物体的图像，适合使用十字形窗口，但窗口大小不应超过图像中最小有效物体的尺寸。

c. 如果图像中存在大量点、线条或尖角细节，不建议使用中值滤波，因为这可能导致细节的模糊或丢失。

(3) 锐化滤波

低频分量对应图像中灰度值缓慢变化区域，与图像的整体特性如整体对比度和平均灰度值有关，而高频分量则对应图像的边缘与细节。因此，可以加强高频或减弱低频成分来实现图像锐化的目的，使图像对比度增加，边缘明显。图像锐化滤波旨在增强图像中的轮廓边缘、细节或灰度突变，形成完整的物体边界。

微分是对函数的局部变化率的一种线性描述，近似地描述自变量的微小变化时，函数值的改变趋势，可以表征图像的高频成分。因此，空间微分可用于检测图像的高频分量。微分算子响应的强度与图像在该点的突变程度成正比。通过增强微分响应，可以突显图像边缘和其他突变（如噪声），同时减弱灰度变化缓慢的区域。

用差分定义一元函数 $f(x)$ 一阶微分如下：

$$\frac{\partial f}{\partial x} = f(x+1) - f(x) \tag{7-18}$$

进一步，一元函数的二阶微分可表示为：

$$\frac{\partial^2 f}{\partial x^2} = f(x+1) + f(x-1) - 2f(x) \tag{7-19}$$

对于二维图像，一阶微分需要考虑两个方向的梯度分量。

梯度向量：
$$\nabla \boldsymbol{f} = \begin{bmatrix} g_x \\ g_y \end{bmatrix} = \begin{bmatrix} \dfrac{\partial f}{\partial x} \\ \dfrac{\partial f}{\partial y} \end{bmatrix} \quad (7\text{-}20)$$

梯度幅度：
$$G(x,y) = mag(\nabla \boldsymbol{f}) = \sqrt{g_x^2 + g_y^2} \quad (7\text{-}21)$$

一阶微分和二阶微分在图像处理中有明显的区别：一阶微分通常对灰度阶梯响应强烈，因此产生较宽的边缘；而二阶微分则对灰度级阶梯变化产生双响应，对细节（如细线和孤立点）响应强烈。当图像中灰度值变化相似时，二阶微分对线的响应优于对阶梯的响应，且对点的响应优于对线的响应。因此，对于图像增强，二阶微分比一阶微分更有效，因为它能更好地突出细节，而一阶微分主要用于边缘提取。

① 线性锐化滤波。线性锐化滤波所用模板与线性平滑滤波不同，线性锐化滤波的模板仅中心系数为正，而周围系数均为负值，系数之和为零或很小，从而突出图像高频细节而抑制低频分量。当用这样的模板与图像卷积时，在图像灰度值为常数或变化很小的区域，其输出为0或很小，在图像变化较大的区域，其输出则会比较大，即原图像中的灰度变化突出，达到锐化效果，或者锐化模糊的边缘并让模糊的景物清晰起来。常用的锐化算子有Roberts交叉梯度算子、Sobel梯度算子等，如图7-19所示。

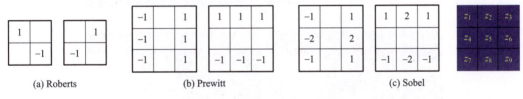

图7-19 几种常见的梯度算子

a. Roberts 交叉梯度算子：
$$M(x,y) \approx |g_x| + |g_y| = |z_9 - z_5| + |z_8 - z_6| \quad (7\text{-}22)$$

Roberts梯度采用对角方向相邻两像素之差，故也称为四点差分法。梯度计算可以通过两个模板来实现，这两个模板组成了Roberts交叉梯度算子。第一个模板用于计算梯度的第一项，第二个模板用于计算梯度的第二项，然后将它们的结果求和得到图像的梯度。Roberts算子采用四点差分方法来计算梯度，具有计算简单的优点。它常用于处理具有陡峭变化的低噪声图像，尤其是当图像边缘接近于+45°或-45°时，其处理效果更为理想。然而，Roberts算子的缺点是在边缘定位上精度较低，提取的边缘线条较粗，并且对噪声比较敏感。

b. Prewitt梯度算子：Prewitt梯度算子，又称为平均差分算法，先求平均再求差分。因此，Prewitt算子类似于高通滤波，有增强高频分量并抑制低频分量的作用，对噪声敏感，常采用求平均方法来抑制噪声。

c. Sobel 算子：

$$M(x,y) \approx |(z_7 + 2z_8 + z_9) - (z_1 + 2z_2 + z_3)| \\ + |(z_3 + 2z_6 + z_9) - (z_1 + 2z_4 + z_7)| \tag{7-23}$$

Sobel 算子在 Prewitt 算子的基础上引入了权重的概念，认为相邻像素点的距离对当前像素的影响不同。这种差异化权重的方法使得距离较近的像素点对当前像素的影响更大，从而在图像处理中实现了更加精细的边缘检测和图像锐化效果。因此，Sobel 算子也被称为加权平均差分算子。但 Sobel 算子并不是基于图像灰度进行处理的，因为 Sobel 算子并没有严格地模拟人的视觉生理特性，因此图像轮廓的提取有时并不能让人满意。Sobel 算子是一种较为常用的边缘检测方法。

原图像及其三种梯度算子检测结果如图 7-20 所示。

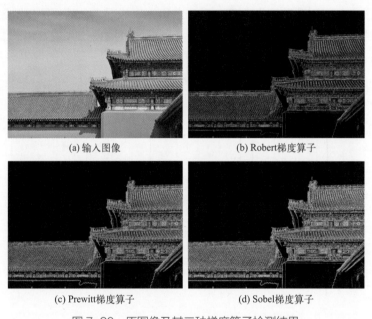

图 7-20 原图像及其三种梯度算子检测结果

② 拉普拉斯算子。二维图像函数 $f(x,y)$ 的拉普拉斯变换（Laplace transform）定义为：

$$\nabla^2 f = \frac{\partial^2 f}{\partial x^2} + \frac{\partial^2 f}{\partial y^2} \tag{7-24}$$

任意阶微分都是线性操作，因此拉普拉斯变换也是一个线性操作。为了更适合于图像处理，在 x 方向上对二阶偏微分采用下列定义：

$$\frac{\partial^2 f}{\partial x^2} = f(x+1, y) + f(x-1, y) - 2f(x, y) \tag{7-25}$$

类似的，在 y 方向上为：

$$\frac{\partial^2 f}{\partial y^2} = f(x,y+1) + f(x,y-1) - 2f(x,y) \tag{7-26}$$

因此,二维拉普拉斯算子可以由以上两个分量相加来实现:

$$\nabla^2 f = [f(x+1,y) + f(x-1,y) + f(x,y+1) + f(x,y-1)] - 4f(x,y) \tag{7-27}$$

按上式,拉普拉斯算子可以写为模板,如图 7-21 所示。

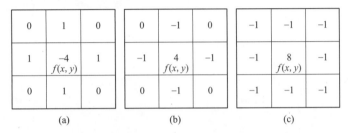

图 7-21 新定义的掩模示意图

拉普拉斯算子处理图像前后对比如图 7-22 所示。

图 7-22 拉普拉斯算子处理图像前后对比

由于拉普拉斯算子是一种二阶微分算子,它强调图像中灰度的突变,并降低灰度慢变化的区域。这种处理会导致将图像中浅灰色边缘和突变点叠加到暗背景中。因此,将原始图像与拉普拉斯变换后的图像叠加可以简单地保留拉普拉斯增强的效果,同时恢复背景信息。使用拉普拉斯算子对图像进行增强的基本表示方法如下所示:

$$g(x,y) = \begin{cases} f(x,y) - \nabla^2 f(x,y), & \text{拉普拉斯掩模中心系数为负} \\ f(x,y) + \nabla^2 f(x,y), & \text{拉普拉斯掩模中心系数为正} \end{cases} \tag{7-28}$$

实际运用时,叠加过程可以简化为:

$$\begin{aligned} g(x,y) &= f(x,y) - [f(x+1,y) + f(x-1,y) + f(x,y+1) + f(x,y-1)] + 4f(x,y) \\ &= 5f(x,y) - [f(x+1,y) + f(x-1,y) + f(x,y-1) + f(x,y-1)] \end{aligned} \tag{7-29}$$

可以用图 7-23 的掩模一次扫描来实现。

(a) 合成拉普拉斯掩模　　(b) 第二种合成掩模

(c) 输入图像

(d) 用(a)掩模滤波的结果

(e) 用(b)掩模滤波的结果

图 7-23　掩模及其滤波的结果

进一步，图像锐化可以推广到：

$$g(x,y) = f(x,y) + k\nabla f(x,y) = f(x,y) + k[f(x,y) - \overline{f}(x,y)] \tag{7-30}$$

或

$$g(x,y) = Af(x,y) - \overline{f}(x,y) = (A-1)f(x,y) + [f(x,y) - \overline{f}(x,y)] \tag{7-31}$$

上式可以进一步改写为：

$$g(x,y) = \begin{cases} Af(x,y) - \nabla^2 f(x,y), & \text{拉普拉斯掩模中心系数为负} \\ Af(x,y) + \nabla^2 f(x,y), & \text{拉普拉斯掩模中心系数为正} \end{cases} \tag{7-32}$$

式中，$f(x,y)$ 是原始图像；$\overline{f}(x,y)$ 是用人为方法平滑的图像；A 是常数。A 的取值对图像的影响如图 7-24 所示。

由于拉普拉斯算子是二阶导数算子，对噪声比较敏感。为在一定程度上克服噪声的影响，该算法首先对图像做高斯滤波，然后再求其拉普拉斯二阶导数，其等价于图像与高斯函数的拉普拉斯算子（Laplacian of the Gaussian function）进行滤波运算。因而，也被业界简称为拉普拉斯高斯（Laplacian-of-Gaussian，LoG）算子（或称为马尔算子），图像 $f(x,y)$ 的 LoG 算子 $H(x,y)$ 表示为：

$$H(x,y) = -\nabla^2 h(x,y) = \frac{\sigma^2 - r^2}{\sigma^4} \exp\left(-\frac{r^2}{2\sigma^2}\right) \tag{7-33}$$

式中，$r^2 = x^2 + y^2$；σ 为标准差。LoG 算子 $H(x,y)$ 为轴对称函数，也称为墨西哥草帽算子。LoG 算子滤波函数和常用的 5×5 大小 LoG 算子模板如图 7-25 所示。

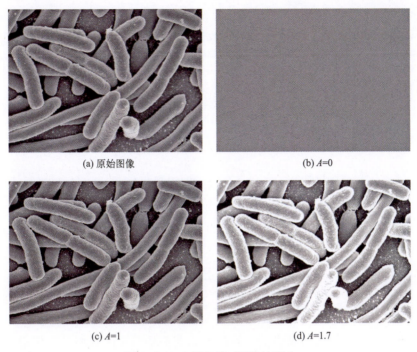

图 7-24　A 的取值对图像的影响

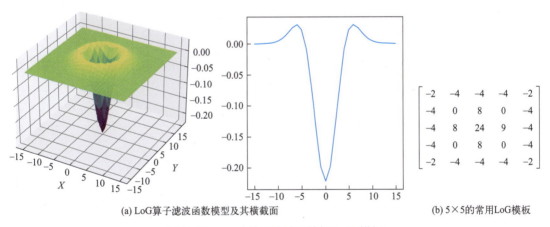

图 7-25　LoG 算子滤波函数与 LoG 模板

7.3　图像频域增强

图像频域增强将图像看成一种二维信号，首先对其进行二维傅里叶变换，然后在某个变换频域内，对图像变换系数值进行运算与某种修正，最后再通过二维傅里叶逆变换，获得增强后的图像。图像频域增强比较容易实现对图像低频、高频以及带通信号的处理。

7.3.1 一维傅里叶变换

1822 年，法国数学家傅里叶在出版的《热分析理论》一书中指出：满足狄利克雷（Dirichlet）条件的任何周期函数可以由一系列不同频率的正弦（余弦）函数叠加而成，这种相加形式又称为级数，所以也称为傅里叶级数（DFS）。在 2π 周期内，一个周期信号 $f(x)$ 可以表示为 [79]：

$$f(x) = a_0 + \sum_{k=1}^{\infty} [a_k \cos(kx) + b_k \sin(kx)] \tag{7-34}$$

式中，$a_0 = \frac{1}{2\pi}\int_{-\pi}^{\pi} f(x)\mathrm{d}x$、$a_k = \frac{1}{\pi}\int_{-\pi}^{\pi} f(x)\cos(kx)\mathrm{d}x$ 与 $b_k = \frac{1}{\pi}\int_{-\pi}^{\pi} f(x)\sin(kx)\mathrm{d}x$ 均为系数。

鉴于上述包括有正弦和余弦函数，频谱图绘制不是很方便，根据欧拉公式，式（7-34）可以写为复数形式：

$$f(x) = \sum_{k=-\infty}^{\infty} \left(c_k \mathrm{e}^{\mathrm{i}\frac{2\pi kx}{T}} \right) \tag{7-35}$$

式中，$c_k = \frac{1}{T}\int_{x_0}^{x_0+T} f(x)\mathrm{e}^{\mathrm{i}\frac{2\pi kx}{T}}\mathrm{d}x$。

傅里叶级数是对周期信号来说的，对于非周期信号并不能直接采用傅里叶级数表示。但非周期信号可以看作不同频率的余弦分量叠加，其中频率分量可以是从 0 到无穷大任意频率，而不是像傅里叶级数一样由离散的谐波分量组成，即一个非周期函数可以看作周期无限大的周期函数，将式（7-35）的周期推向无穷，则有：

$$f(x) = \sum_{k=-\infty}^{\infty} \left(c_k \mathrm{e}^{\mathrm{i}\frac{2\pi kx}{T}} \right), \quad T = \infty = \int_{-\infty}^{+\infty} F(\omega)\mathrm{e}^{\mathrm{i}\omega x}\mathrm{d}\omega \tag{7-36}$$

式中，ω 表示频率；同时由于有 $c_k = \frac{1}{T}\int_{x_0}^{x_0+T} f(x)\mathrm{e}^{\mathrm{i}\frac{2\pi kx}{T}}\mathrm{d}x$，$T = \infty$，则有：

$$F(\omega) = \frac{1}{2\pi}\int_{-\infty}^{+\infty} f(x)\mathrm{e}^{-\mathrm{i}\omega x}\mathrm{d}x \tag{7-37}$$

式中，$F(\omega)$ 就是非周期信号的傅里叶变换。

傅里叶变换能够将一个时域信号转换为在不同频率下对应的振幅和相位，从而展示出时域信号在频域下的频谱特征。可以将傅里叶变换视作数学上的一种棱镜，它能够将函数基于频率分解成不同的成分。傅里叶逆变换则可以将这些频谱成分重新合成为原始的时域信号。

傅里叶变换基于一定条件可以将函数表示为三角函数或它们的线性组合，其可以分析信号的成分或成分合成的信号，通过傅里叶分解后，可以很容易地观察到频率的有无和幅度的大小，如图 7-26（a）所示，从正面来看，是信号时域（time domain）的图像，而从侧面来看，则是信号频域（frequency domain）的图像。频域中的矩形波如图 7-26（b）所示。

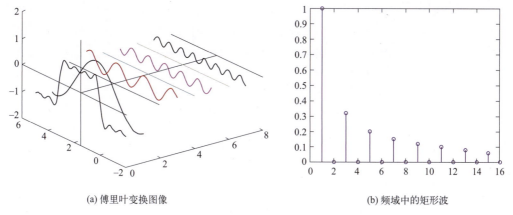

(a) 傅里叶变换图像　　　　　　　　　(b) 频域中的矩形波

图 7-26　傅里叶变换

在不同的研究领域中，傅里叶变换有多种形式，包括连续傅里叶变换和离散傅里叶变换。对于离散周期信号，其傅里叶级数可以表示为：

$$\tilde{X}_m = \sum_{n=0}^{N-1} \tilde{x}(n) e^{-j2\pi nm/N} \tag{7-38}$$

$$\tilde{x}(n) = \frac{1}{N} \sum_{m=0}^{N-1} \tilde{X}_m e^{j2\pi mn/N} \tag{7-39}$$

对离散非周期信号来说，其对应的傅里叶变换为离散傅里叶变换（discrete fourier transform，DFT），表示如下：

$$X(\omega) = \sum_{n=-\infty}^{\infty} x(n) e^{-j\omega n} \tag{7-40}$$

$$x(n) = \frac{1}{2\pi} \int_{-\pi}^{\pi} X(\omega) e^{j\omega n} d\omega \tag{7-41}$$

$$F(u) = |F(u)| e^{-j\varphi(u)} \tag{7-42}$$

式中，$|F(u)| = [R^2(u) + I^2(u)]^{1/2}$ 为傅里叶变换的幅度谱；$\varphi(u) = \arctan\dfrac{I(u)}{R(u)}$ 为傅里叶变换的相位角；$P(u) = |F(u)|^2 = R^2(u) + I^2(u)$ 称为功率谱（傅里叶频谱的平方）。如图 7-27 所示，傅里叶变换具有 2 个重要的性质：

① 当在 x 域信号曲线下面积增加 1 倍，功率谱高度增加 1 倍；
② 当信号长度增加 1 倍，在相同间隔内功率谱的零点数增加 1 倍。

20 世纪 50 年代后期，随着快速傅里叶变换算法出现，傅里叶变换得到了广泛的应用。

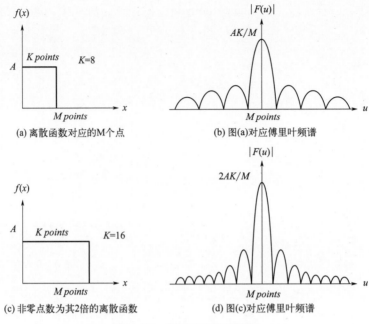

图 7-27　傅里叶变换的性质

7.3.2　二维傅里叶变换及逆变换

当输入信号 $f(x,y)$ 是二维连续函数时，其傅里叶变换 $F(u,v)$ 定义为：

$$F(u,v) = \frac{1}{2\pi} \int_{-\infty}^{+\infty} \int_{-\infty}^{+\infty} f(x,y) e^{-j2\pi(ux+vy)} dxdy \tag{7-43}$$

相应的傅里叶逆变换公式为：

$$f(x,y) = \int_{-\infty}^{+\infty} \int_{-\infty}^{+\infty} F(u,v) e^{j2\pi(ux+vy)} dudv \tag{7-44}$$

一般来说，计算机处理的是数字信号，只能进行有限次计算，因此大小为 $M\times N$ 的二维函数 $f(x,y)$ 的离散傅里叶变换表示如下：

$$F(u,v) = \sum_{x=0}^{M-1} \sum_{y=0}^{N-1} f(x,y) e^{-j2\pi(ux/M+vy/N)} \tag{7-45}$$

式中，$u=0,1,2,\cdots,M-1$；$v=0,1,2,\cdots,N-1$。
相应的傅里叶逆变换的公式如下：

$$f(x,y) = \frac{1}{MN} \sum_{u=0}^{M-1} \sum_{v=0}^{N-1} F(u,v) e^{j2\pi(ux/M+vy/N)} \tag{7-46}$$

式中，$x=0,1,2,\cdots,M-1$；$y=0,1,2,\cdots,N-1$。
当 $(u,v)=(0,0)$ 时，即频域 $(0,0)$ 位置的傅里叶变换值为：

$$F(0,0) = \sum_{x=0}^{M-1}\sum_{y=0}^{N-1} f(x,y) \qquad (7\text{-}47)$$

$F(0,0)$ 称为频率谱的直流分量（系数），其他 $F(u,v)$ 值称为交流分量（交流系数）。式 (7-47) 表明：假设 $f(x,y)$ 是一幅图像，在频域原点的傅里叶变换 $F(0,0)$ 等于图像 $f(x,y)$ 各像素灰度级的和，那么图像的平均灰度值等于图像中所有像素点的灰度值求和然后除以总的个数即为平均灰度值，即 $F(0,0)/(MN)$。

二维图像的傅里叶变换结果如图 7-28 所示。

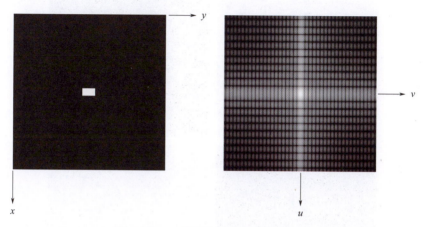

图 7-28　二维图像的傅里叶变换结果

7.3.3　二维傅里叶变换的性质

① 周期性。傅里叶变换有周期性，傅里叶逆变换也具有周期性。一般来说，正常得到的离散傅里叶变换只是其中的一个周期。

$$F(u,v) = F(u+M,v) = F(u,v+N) = F(u+M,v+N) \qquad (7\text{-}48)$$

$$f(x,y) = f(x+M,y) = f(x,y+N) = f(x+M,x+N) \qquad (7\text{-}49)$$

② 平移性。以 $\Leftrightarrow$ 表示输入图像与其傅里叶变换之间的对应性，有：

$$f(x,y)e^{j2\pi(u_0 x/M + v_0 y/N)} \Leftrightarrow F(u-u_0, v-v_0) \qquad (7\text{-}50)$$

$$f(x-x_0, y-y_0) \Leftrightarrow F(u,v)e^{-j2\pi(ux_0/M + v_0 y/N)} \qquad (7\text{-}51)$$

式 (7-50) 表明将 $f(x,y)$ 与一个指数项相乘相当于将其傅里叶变换后的频域中心 $F(u,v)$ 移动到新的位置 $F(u-u_0, v-v_0)$。式 (7-51) 表明将 $F(u,v)$ 与一个指数项相乘则将其变换后的空间域中心 $f(x,y)$ 移动到新的位置 $f(x-x_0, y-y_0)$，也表明对 $f(x,y)$ 的平移不影响其傅里叶变换的幅值。

当 $u_0 = M/2$，$v_0 = N/2$ 时有：

$$f(x,y)\mathrm{e}^{\mathrm{j}2\pi(u_0 x/M+v_0 y/N)}=f(x,y)\mathrm{e}^{\mathrm{j}\pi(x+y)}=f(x,y)(-1)^{x+y} \tag{7-52}$$

通常在变换前用 $(-1)^{x+y}$ 乘以输入图像函数，实现频域中心化变换：

$$f(x,y)(-1)^{x+y} \Leftrightarrow F\left(u-\frac{M}{2},v-\frac{N}{2}\right) \tag{7-53}$$

傅里叶变换的平移性如图 7-29 所示。

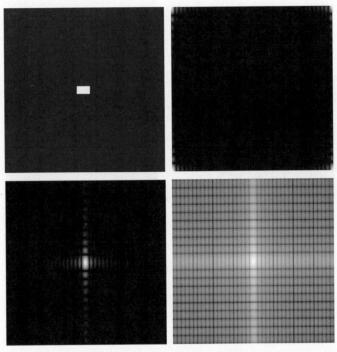

图 7-29　傅里叶变换的平移性

将频谱移至原点后，可以观察到图像频率分量以原点为中心对称分布。这种移频不仅有助于清晰地分析图像的频率分布，还能方便地分离出具有周期性规律的干扰信号，如正弦干扰。

③ 分配律。傅里叶变换对加法满足分配律，但对乘法则不满足：

$$\mathfrak{I}[f_1(x,y)\pm f_2(x,y)]=\mathfrak{I}[f_1(x,y)]\pm\mathfrak{I}[f_2(x,y)] \tag{7-54}$$

④ 微分性。$f(x,y)$ 的空间域导数的傅里叶变换具体如下：

$$\frac{\partial^n f(x,y)}{\partial x^n} \Leftrightarrow (\mathrm{j}u)^n F(u,v) \tag{7-55}$$

因此，$f(x,y)$ 的拉普拉斯变换有：

$$\nabla^2 f(x,y) \Leftrightarrow -(u^2+v^2)F(u,v) \tag{7-56}$$

$F(u,v)$ 频域导数：

$$(-\mathrm{j}x)^n f(x,y) \Leftrightarrow \frac{\partial^n F(u,v)}{\partial u^n} \tag{7-57}$$

⑤ 尺度变换（缩放）。给定 2 个标量 a 和 b，证明对傅里叶变换成立：

$$f(ax,by) \Leftrightarrow \frac{1}{ab} F\left(\frac{u}{a},\frac{v}{b}\right) \tag{7-58}$$

⑥ 旋转不变性。引入极坐标 $x = r\cos\theta$，$y = r\sin\theta$，$u = \varpi\cos\phi$，$v = \varpi\sin\phi$。将 $f(x,y)$ 和 $F(u,v)$ 转换为极坐标 $f(r,\theta)$ 和 $F(\omega,\phi)$，将 $f(x,y)$ 旋转角度 $\Delta\theta$，其对应的变换 $F(u,v)$ 也将转过相同的角度 $\Delta\theta$，即有：

$$f(r,\theta + \Delta\theta) \Leftrightarrow F(\omega,\phi + \Delta\theta) \tag{7-59}$$

⑦ 周期性与共轭对称性。尽管 $F(u,v)$ 对在无穷多个 u 和 v 的值上重复出现，但只需在任一个周期内的 N 个值就可以从 $F(u,v)$ 得到 $f(x,y)$，同样，这个结论也适用于 $f(x,y)$ 空间域，如果 $f(x,y)$ 是实函数，那么它的傅里叶变换具有共轭对称性。

$$F(u,v) \Leftrightarrow F^*(-u,-v) \tag{7-60}$$

$$|F(u,v)| \Leftrightarrow |F(-u,-v)| \tag{7-61}$$

式中，$F^*(u,v)$ 为 $F(u,v)$ 的共轭复数（当两个复数实部相等、虚部互为相反数时，这两个复数叫作互为共轭复数）。

⑧ 卷积定理。

$$f(x,y) * g(x,y) \Leftrightarrow F(u,v) \cdot G(u,v) \tag{7-62}$$

$$f(x,y) \cdot g(x,y) \Leftrightarrow F(u,v) * G(u,v) \tag{7-63}$$

⑨ 相关定理。

$$f(x,y) \circ g(x,y) \Leftrightarrow F(u,v) \cdot G^*(u,v) \tag{7-64}$$

$$f(x,y) \cdot g^*(x,y) \Leftrightarrow F(u,v) \circ G(u,v) \tag{7-65}$$

式中，∘ 表示相关运算。

傅里叶变换在实际中具有显著的物理意义。从数学角度来看，傅里叶变换是将一个函数转换为一系列周期函数来处理。从物理角度来看，傅里叶变换将图像从空间域转换到频率域，而其逆变换则将图像从频率域转换到空间域。换句话说，傅里叶变换将图像的灰度分布函数变为频率分布函数，而傅里叶逆变换则将频率分布函数变为灰度分布函数。

图像频率表征图像中灰度变化的剧烈程度，反映图像灰度在平面空间上的梯度变化。灰度变化快时高频分量较多，灰度变化慢时低频分量较多。例如，大面积湖面图像是一个灰度变化缓慢的区域，因此对应的低频分量较强；而湖泊边缘变化剧烈的边缘区域对应的图像高频分量较强。

7.3.4 频域增强

频率域图像增强利用频率成分与图像空间之间的对应关系,将一些在空间域难以处理的增强任务转化到频率域进行处理,在频率域处理后再逆变换回空间域,从而简化增强过程。相比空间域滤波,频率域滤波处理更为直观,可以解释空间域滤波的某些性质。同时,通过在频率域对设计的滤波器进行傅里叶逆变换,可以指导空间域滤波器的设计和使用。

(a) 输入图像 　　　　　　　　　　(b) 频谱图像

图 7-30　原始图像及其傅里叶频域变换

如图 7-30 所示,对二维图像进行傅里叶变换和频谱中心化处理后,中间最亮的点,即频域原点 (0,0) 处,是最低频率,$F(0,0)$ 称为频率谱的直流成分。在 u、v 轴上越往边外走,频率越高。所以,频谱图中 4 个角和 u、v 轴的尽头都是高频。换句话说,频率谱上越亮,能量越高,频率越低,图像差异越小/平缓。因此,不失一般性,将频域图像中靠近频率平面原点的区域划为低频区,信号变化平缓,以放射方向远离频率平面原点的区域为中高频区域,对应图像中的边、噪声或变化陡峻的部分。在频域平面上通过设置以原点为中心、不同半径的区域就可实现低通、高通以及带通等滤波功能。

图像频域滤波过程一般可以总结如下:

① 利用傅里叶变换的性质,将输入图像乘以 $(-1)^{x+y}$,并进行离散傅里叶变换得到频域图像 $F(u,v)$,此时,$F(u,v)$ 已实现了频域的中心化,即将 $F(u,v)$ 的低频部分移到了中间,高频部分移到四周,以便后面滤波处理。

② 设计滤波器 $H(u,v)$:所有的滤波函数 $H(u,v)$ 可理解为大小为 $M \times N$ 的离散函数,即离散频率变量的范围是 $u=0,1,\cdots,M-1$ 和 $v=0,1,\cdots,N-1$。

③ 计算 $F(u,v)$ 和 $H(u,v)$ 的乘积,并求解乘积的傅里叶逆变换(IDEF)得到 $g'(x,y)$。

④ 将 $g'(x,y)$ 乘以 $(-1)^{x+y}$ 去中心化,得到最终的输出图像 $g(x,y)$。

7.3.4.1 低通滤波(平滑滤波)

低通滤波器通过过滤掉频域的高频成分达到平滑图像目的,主要包括理想低通滤波器、巴特沃斯低通滤波器和高斯低通滤波器。

(1) 理想低通滤波器

$$H(u,v) = \begin{cases} 1, & D(u,v) \leqslant D_0 \\ 0, & D(u,v) > D_0 \end{cases} \tag{7-66}$$

式中，D_0 是一个正常数；$D(u,v)$ 是频率域坐标 (u,v) 与频率原点（即矩形中心）的距离，即 $D(u,v) = [(u-M/2)^2 + (v-N/2)^2]^{1/2}$。以原点为圆心、半径为 D_0 的圆内通过所有频率，圆外阻断所有频率的二维低通滤波器称为理想低通滤波器（ILPF），如图 7-31 所示。改变行距 D_0 将改变滤波器滤波效果，如图 7-32 所示。

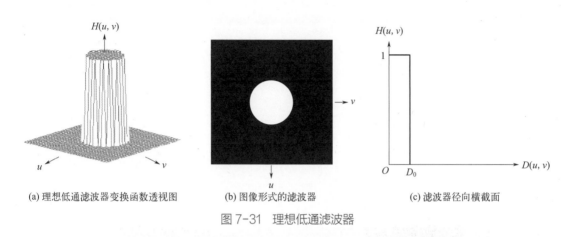

(a) 理想低通滤波器变换函数透视图　　(b) 图像形式的滤波器　　(c) 滤波器径向横截面

图 7-31　理想低通滤波器

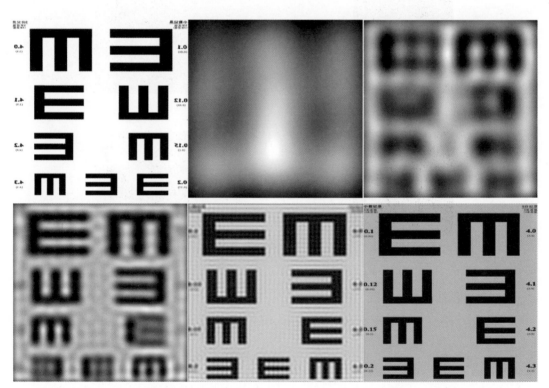

图 7-32　原始图像及其半径分别为 5、15、30、80 和 230 的理想低通滤波器效果

然而，当 D_0 比较小时，滤波后的图像具有明显的波浪，因为理想低通滤波器具有明显的振铃现象。所谓振铃是指输出图像的灰度剧烈变化处产生的振荡，就好像钟被敲击后产生的空气振荡。振铃现象产生的本质原因是：理想低通滤波器等窗函数的傅里叶逆变换是辛格

函数（sinc 函数），而该函数进行图像滤波时两边的余波将对图像产生振铃现象。图 7-33 和图 7-34 给出了理想低通滤波器的空间表示，具有明显的振铃现象，因此实际工程中一般不采用理想低通滤波器进行平滑滤波。

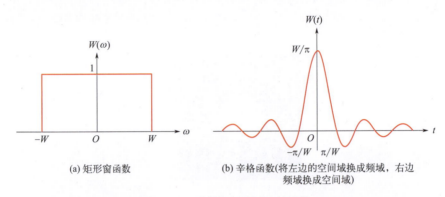

图 7-33　理想低通滤波器的函数

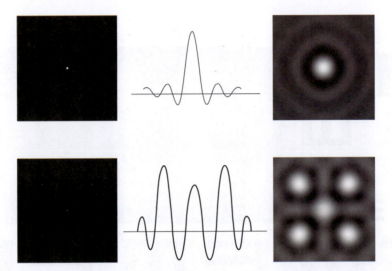

图 7-34　半径不同的理想低通滤波器的空间表示和通过滤波器中心的相应灰度分布图

(2) 巴特沃斯低通滤波器

距原点 D_0 处的 n 阶巴特沃斯（Butterworth）低通滤波器（BLPF）的传递函数定义如下：

$$H(u,v) = \frac{1}{1+[D(u,v)/D_0]^{2n}} \tag{7-67}$$

式中，$D(u,v)$ 是距频率矩形中心的距离。与 ILPF 不同，巴特沃斯低通滤波器传递函数并没有在通过频率和滤除频率之间给出明显截止的急剧不连续性。巴特沃斯低通滤波器图如图 7-35 所示。

不难看出，阶数越小，巴特沃斯低通滤波器变化越平滑；阶数越大，其变化越剧烈；若阶数足够高，巴特沃斯低通滤波器应该近似理想低通滤波器，并产生显著的振铃效应，如图 7-36 所示。当固定阶数为 1，巴特沃斯低通滤波器在不同频率下的幅频响应如图 7-37 所示。从图中可以看出，随着截止频率的增加，滤波器的通带宽度也会增加，通过的高频成份越多，滤波后图像越清晰，而且滤波后图像没有振铃现象存在。相对应的，当截止频率固定，阶次增加，滤波器的截止斜率更加陡峭，振铃效应也越明显，如图 7-38 所示。

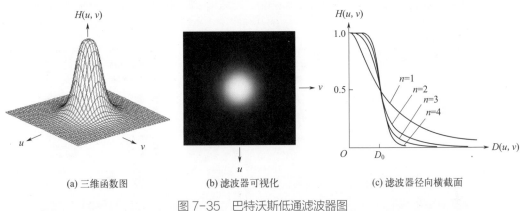

(a) 三维函数图　　　(b) 滤波器可视化　　　(c) 滤波器径向横截面

图 7-35　巴特沃斯低通滤波器图

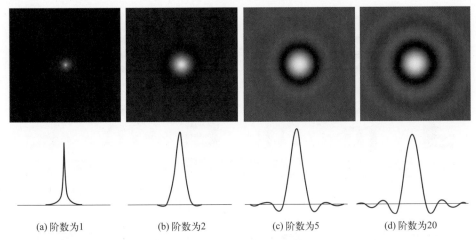

(a) 阶数为1　　(b) 阶数为2　　(c) 阶数为5　　(d) 阶数为20

图 7-36　不同阶数的 BLPF 的空间表示及其通过滤波器中心的灰度分布图
（所有滤波器的截止频率均为 5）

(3) 高斯低通滤波器

二维高斯低通滤波器（GLPF）形式如下：

$$H(u,v) = e^{-D^2(u,v)/2D_0^2} \tag{7-68}$$

式中，$D(u,v)$ 是距频率矩形中心的距离；D_0 是关于中心的扩展度的度量。GLPF 示意图如图 7-39 所示。

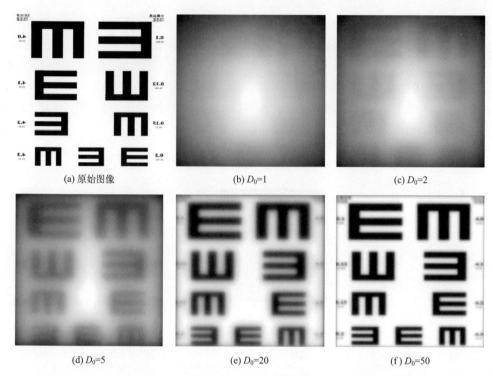

图 7-37　原始图像及其阶数为 1 与不同 D_0 的巴特沃斯低通滤波器效果

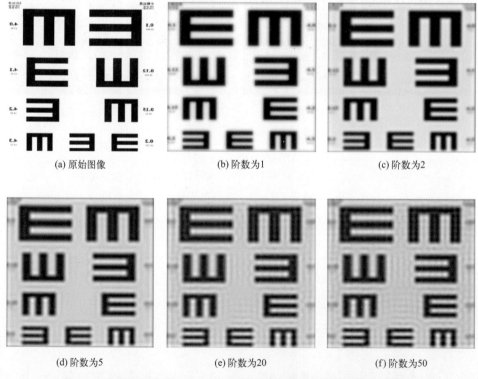

图 7-38　原始图像及其 D_0=50 与不同阶数的巴特沃斯低通滤波器效果

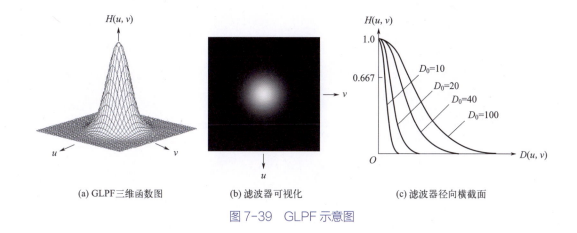

(a) GLPF三维函数图　　(b) 滤波器可视化　　(c) 滤波器径向横截面

图 7-39　GLPF 示意图

高斯低通滤波器通过对图像的像素进行加权平均，减少了图像中的高频细节和噪声，这导致图像变得更加平滑。图 7-40 给出了经过高斯低通滤波器滤波后的图像。当截止频率较低时，高频分量被更强烈地抑制，图像会更加模糊，细节被滤掉。随着截止频率增大，滤波器保留了图像中更多的频率分量，得到的图像和原图更相像。需要注意的是：经过高斯低通滤波器处理后的图像不会产生振铃效应，这是由于高斯函数在时域和频域内的图像相同，没有类似 sinc 函数的波形，因而也不会产生振铃效应，这是高斯滤波器的巨大优势。

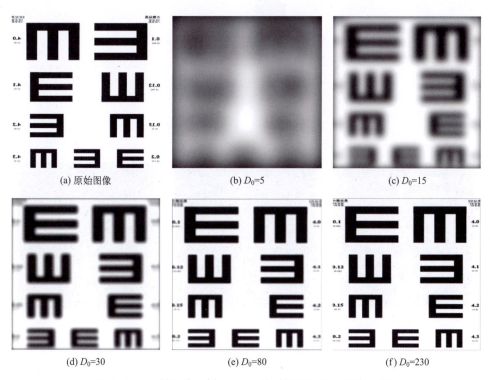

(a) 原始图像　　(b) $D_0=5$　　(c) $D_0=15$

(d) $D_0=30$　　(e) $D_0=80$　　(f) $D_0=230$

图 7-40　原始图像及其不同 D_0 值时的高斯低通滤波器效果

7.3.4.2 高通滤波器（锐化图像）

高通滤波器可保留图像中的高频分量而除去低频分量。图像中的轮廓和内容都对应图像傅里叶频谱中的低频部分，所以高通滤波器可以去除图像的轮廓而保留图像的边缘等突变信息。因此，高通滤波后图像往往变黑，只留下边缘信息。

(1) 理想高通滤波器

二维理想高通滤波器（IHPE）定义为：

$$H(u,v) = \begin{cases} 0, D(u,v) \leqslant D_0 \\ 1, D(u,v) > D_0 \end{cases} \tag{7-69}$$

式中，D_0 是截止频率；$D(u,v)$ 是距频率矩形中心的距离。IHPE 示意图如图 7-41 所示。

图像经理想高通滤波器处理后，所得结果如图 7-42 所示，随着截止频率 D_0 增大，低频成分被滤掉越多，图像表征轮廓、内容的低频信息逐渐消失，图像越暗，图像的边缘信息逐渐凸显。同时，与理想低通滤波器一样，理想高通滤波器由于其本身函数的特性，导致在进行逆傅里叶变换时也会出现形如 sinc 函数的图像，进而导致图像产生振铃现象。

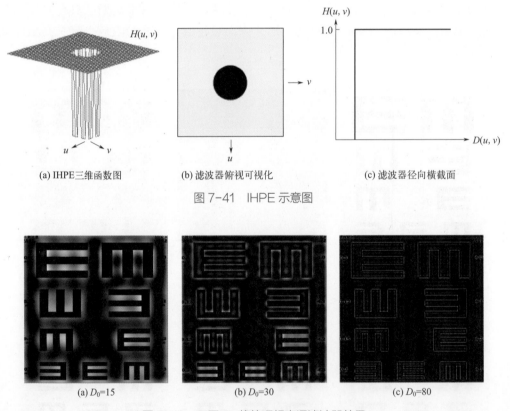

(a) IHPE三维函数图　　(b) 滤波器俯视可视化　　(c) 滤波器径向横截面

图 7-41　IHPE 示意图

(a) $D_0=15$　　(b) $D_0=30$　　(c) $D_0=80$

图 7-42　不同 D_0 值的理想高通滤波器效果

(2) 巴特沃斯高通滤波器

截止频率为 D_0 处的 n 阶巴特沃斯高通滤波器（BHPF）定义为：

$$H(u,v) = \frac{1}{1+[D_0/D(u,v)]^{2n}} \qquad (7\text{-}70)$$

式中，$D(u,v)$ 是距频率矩形中心的距离。BHPF 示意图如图 7-43 所示。

固定阶数为 2，巴特沃斯高通滤波器不同频率下的幅频响应如图 7-44 所示。可以看出，在巴特沃斯高通滤波器处理后，当截止频率较低时，低频内容会被更多保留，图像变得更加清晰，也更加贴合原图像；当截止频率较高时，滤波器会通过更少的高频信息，低频细节大量丢失，图像只保留下大致的轮廓部分。如巴特沃斯低通滤波器一样，由于巴特沃斯函数本身的特性，巴特沃斯高通滤波器同样无法完全避免振铃现象。

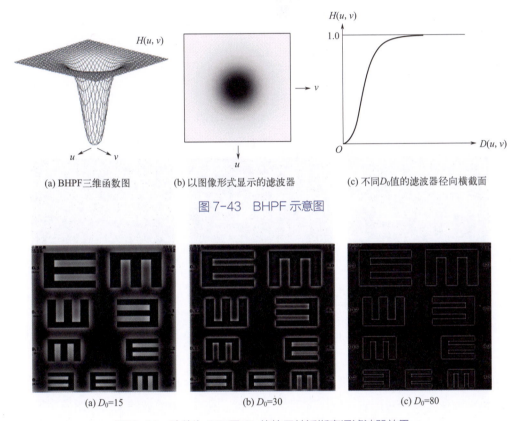

(a) BHPF三维函数图　　(b) 以图像形式显示的滤波器　　(c) 不同D_0值的滤波器径向横截面

图 7-43　BHPF 示意图

(a) $D_0=15$　　(b) $D_0=30$　　(c) $D_0=80$

图 7-44　阶数为 2 不同 D_0 值的巴特沃斯高通滤波器效果

(3) 高斯高通滤波器

高斯高通滤波器是高通滤波器的一种，它是高斯低通滤波器的补数。通过从减去高斯低通滤波器来得到，因此二维高斯高通滤波器（GHPF）定义为：

$$H(u,v) = 1 - e^{-D^2(u,v)/2D_0^2} \qquad (7\text{-}71)$$

式中，$D(u,v)$ 是距频率矩形中心的距离；D_0 为截止频率。GHPF 示意图如图 7-45 所示。

高斯高通滤波器通过突出图像中的高频成分来增强细节。高频成分对应着图像中的边缘、纹理和细微变化等细节信息。通过增强这些高频成分，图像的细节会更加明显。高斯高通滤波器在空间域中操作，即对图像的每个像素及其周围像素进行加权平均。滤波器的大小和标准差决定了增强的程度，较大的滤波器和较小的标准差会导致更强烈的增强效果。图像经高斯高通滤波器处理后，所得结果如图 7-46 所示。

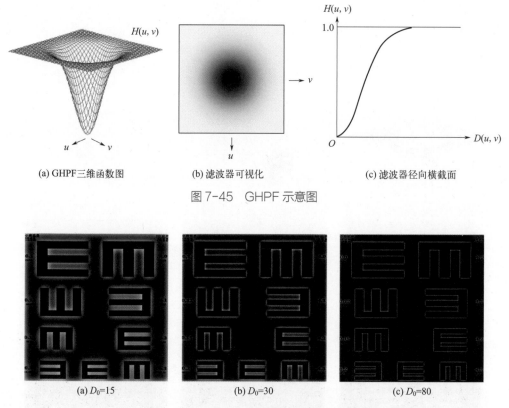

(a) GHPF三维函数图　　(b) 滤波器可视化　　(c) 滤波器径向横截面

图 7-45　GHPF 示意图

(a) $D_0=15$　　(b) $D_0=30$　　(c) $D_0=80$

图 7-46　不同 D_0 值的高斯高通滤波器效果

可以看出，当截止频率较低时，高频分量得到保留，可以强调图像中的细节和边缘，但使用较低的截止频率可能会导致图像的整体模糊，因为高通滤波器会削弱图像中的低频信息。当截止频率较高时，减弱了边缘部分高频分量，使得图像细节和纹理丧失，同时可能会导致图像中的噪声增加。同样，经过高斯高通滤波器处理后的图像不会产生振铃效应。

7.3.5　同态滤波

同态滤波（homomorphic filter）是 20 世纪 60 年代由麻省理工学院的 Thomas Stockham、Alan V. Oppenheim 和 Ronald W. Schafer 等几位学者提出把频率滤波和空间域灰度变换结合起来的一种图像处理方法。同态滤波采用了一种线性滤波在不同域中的非线性映射，将非线性问题转化为线性问题处理。即对非线性（乘性）混杂信号，通过某种数学运算（如对数变换），变成加性模型，而后采用线性滤波方法进行处理，利用压缩亮度范围和增强对比度来提高图像的质量。

根据光的照射与反射原理，一幅图像可看成由两部分组成，即：

$$f(x,y) = i(x,y)r(x,y) \tag{7-72}$$

式中，i 表示随空间位置不同的光强分量，信号缓慢变化并集中在图像的低频部分；r 表示景物反射到人眼的反射分量，其包含了景物各种信息，与高频分量相联系，高频成分丰富。

同态滤波过程分为以下 5 个基本步骤：

① 原图做对数变换，得到如下两个加性分量，即：

$$\lg[f(x,y)] = \lg[i(x,y)] + \lg[r(x,y)]$$

② 对对数图像 $\lg[f(x,y)]$ 做傅里叶变换，得到其对应的频域表示为：

$$Z(u,v) = I(u,v) + R(u,v)$$

③ 设计一个频域滤波器 $H(u,v)$，对频域信号 $Z(u,v)$ 进行频域滤波；
④ 傅里叶逆变换，返回空间域对数图像。
⑤ 取指数，得空间域滤波结果。

综上，同态滤波的基本步骤如图 7-47 所示。

图 7-47　同态滤波步骤图

可以看出，同态滤波的关键在于滤波器 $H(u,v)$ 的设计。对于光照不均匀的图像，同态滤波可以同时调整亮度和提升对比度，从而提高图像质量，如图 7-48 所示。如果需要压制低频的亮度分量并增强高频的反射分量，滤波器应为高通滤波器，但不能完全切除低频分量，只需适当压制。因此，同态滤波器一般采用如下形式：

$$H(u,v) = (r_H - r_L)H_{hp} + r_L \tag{7-73}$$

式中，$r_H > 1$，$r_L < 1$，控制滤波器幅度的范围；H_{hp} 通常为高通滤波器，如高斯高通滤波器、巴特沃斯高通滤波器、拉普拉斯滤波器等。如果 H_{hp} 采用高斯高通滤波器，则有：

图 7-48　原始图像及其经过同态滤波处理的图像（注意遮蔽物内的细节）[2]

$$H(u,v) = (r_H - r_L)\left[1 - e^{-c(D^2(u,v)/D_0^2)}\right] + r_L \tag{7-74}$$

式中，$D(u,v)$ 是距频率矩形中心的距离；D_0 为滤波器的截止频域；c 为常数，控制滤波器的形态，即从低频到高频过渡段的陡度（斜率）。其值越大，过渡段越陡峭，如图 7-49 所示。

前面从空间域和频域两个角度来介绍了图像增强的方法，但到底选择空间域增强方法还是频域增强方法，需要结合图像的特征来考虑。一般来说，频域滤波可直观分析信号的特性，精准控制特定频域分量，但频域滤波是在扩展图像以后引入的高频干扰，空间域滤波则直接简单。在计算复杂度方面，如给定 $N \times N$ 大小的图像，频域滤波的计算复杂度为 $(4+8\lg 2N)N^2$，空间域滤波的复杂度为 N^2M^2，其中 M 是窗宽，当 $M^2 < (4+8\lg 2N)$，频域滤波速度比空间域滤波要慢，选择空间域滤波则更高效。此外，空间域处理将占据图像处理的大部分，而频域更适合作分析。

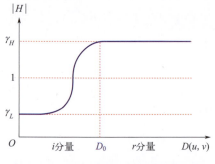

图 7-49　同态滤波器幅频横截曲线图

7.4　图像去噪

数字图像在采集或传输过程中受到不需要信号的污染或干扰而导致图像质量变差，我们一般把这些不需要的信号统称为噪声，图像去噪是指减少数字图像中噪声的过程。图像噪声的来源相对复杂。在图像获取过程中，由于图像传感器（如 CCD 和 CMOS）的材料属性、工作环境、电子元器件和电路结构等因素的影响，会产生噪声，如电阻引起的热噪声、场效应管的沟道热噪声、光子噪声、暗电流噪声、光响应非均匀性噪声。在图像信号传输过程中，由于传输介质和记录设备等的不完善，数字图像在其传输记录过程中往往会受到多种噪声的污染。另外，在图像处理的某些环节，当输入的对象并不如预想时，也会引入图像噪声。因此，图像去噪往往需要对噪声的类型或形式有相对清晰的了解。

7.4.1　图像噪声类型

一幅图像在实际应用中可能会出现各种噪声，这些噪声可能在传输过程中产生，也可能在量化等处理中产生。根据噪声和信号的关系，噪声可分为三种形式。

（1）加性噪声

此类噪声不同于输入图像信号，此种带有噪声的图像可视为理想无噪声图像 $g(x,y)$ 与噪声 $n(x,y)$ 之和，即含噪图像 $f(x,y)$ 可表示为：

$$f(x,y) = g(x,y) + n(x,y) \tag{7-75}$$

信道噪声与光导摄像管类型的摄像机扫描图像时产生的噪声就属这类噪声。

(2) 乘性噪声

此类噪声与图像信号相似,往往随图像信号的变化而变化,载送每一个像素信息的载体的变化而产生的噪声受信息本身调制。在某些情况下,如信号变化很小,噪声也不大。为了便于分析处理,通常将乘性噪声近似为加性噪声,并假设信号和噪声是独立统计的。含噪图像可表示为:

$$f(x,y) = g(x,y) + g(x,y)n(x,y) \tag{7-76}$$

如 SAR 成像噪声,电视图像中的相干噪声和胶片中的颗粒噪声都属于这种类型的噪声。

(3) 量化噪声

此类噪声与输入图像信号无关,是由量化过程中存在的量化误差引起的,并在接收端体现出来。

理论上,噪声被定义为不可预测的随机误差,只能通过概率统计方法来认识。因此,图像噪声被视为多维随机过程,借助概率分布函数和概率密度函数来描述。根据噪声信号的分布不同,图像噪声可以分为高斯噪声、泊松噪声、椒盐噪声等。

① 高斯噪声:这种噪声的概率密度函数符合高斯分布(即正态分布)。如果噪声的幅度分布符合高斯分布,且功率谱密度为均匀分布,则称为高斯白噪声。高斯白噪声的一阶矩为常数,即指先后信号在时间上的相关性,二阶矩不相关。高斯分布是最普通的噪声分布,高斯函数分布如下:

$$f(i) = \frac{1}{\sqrt{2\pi}} \exp\left(-\frac{(i-\mu)^2}{2\sigma^2}\right) \tag{7-77}$$

式中,i 为亮度灰度;μ、σ 为均值与标准差。当标准差越小,信号噪声就越集中在期望值附近,信号受噪声影响程度越小;而标准差越大,信号就越模糊。

② 泊松噪声:指符合泊松分布模型的噪声。泊松分布适用于描述单位时间内随机事件发生次数的概率分布。例如,汽车站台的候车人数、机器故障发生的次数、自然灾害的频率以及放射性原子核的衰变次数等都可以用泊松分布来描述。

$$P(i=k) = \frac{e^{-\lambda}\lambda^k}{k!} \tag{7-78}$$

式中,λ 表示期望值。

③ 椒盐噪声:也称为脉冲噪声,是一种随机改变某些像素值的噪声类型。在二值图像上,它表现为部分像素点变白(称为盐噪声),而部分像素点变黑(称为椒噪声)。这种噪声主要在图像传感器、传输通道、解码处理等中产生,形成黑白相间的亮暗点。椒盐噪声的概率密度函数为:

$$P(z) = \begin{cases} P_s, & z = 2^k - 1 \\ P_p, & z = 0 \\ 1 - (P_s + P_p), & z = v \end{cases} \tag{7-79}$$

当 P_s、P_p 都不为 0 时,噪声值是白色的 $2^k - 1$ 或黑色的 0,就像盐粒或胡椒粒随机地分布在整个图像上,因此称为椒盐噪声,也称为双极冲击噪声。当 P_s、P_p 都为 0 时,称为单极冲击噪声。

④ 均匀噪声:分布服从均匀分布的噪声,其概率密度函数可表示为:

$$P(z) = \begin{cases} \dfrac{1}{b-a}, & a \leqslant z \leqslant b \\ 0, & 其他 \end{cases} \tag{7-80}$$

均匀噪声的均值和标准差分别为 $z = \dfrac{a+b}{2}$ 和 $\sigma^2 = \dfrac{(b-a)^2}{12}$。

7.4.2 图像去噪

目前来说,图像去噪分为三大类:基于空间滤波器的方法、基于变换域滤波的方法和基于学习的方法(learning-based methods)。这里主要介绍基于空间滤波器的去噪方法。

经典的基于空间滤波器的去噪方法直接在原始图像上进行数据运算,对像素的灰度值进行处理。常见的基于空间滤波器的图像去噪算法包括邻域平均法、中值滤波和低通滤波等,这些方法可以有效去除图像噪声。假设有一个噪声图像集 $\{s_i(x,y)\}$,有 $s_i(x,y) = f(x,y) + \eta_i(x,y)$,$i=1,2,\cdots,K$,其中 $f(x,y)$ 为原始图像,$\eta_i(x,y)$ 为随机噪声,K 幅图像的均值滤波结果定义为:

$$\overline{s}(x,y) = \frac{1}{K}\sum_{i=1}^{K} s_i(x,y) = f(x,y) + \frac{1}{K}\sum_{i=1}^{K}\eta_i(x,y) \tag{7-81}$$

当噪声 $\eta_i(x,y)$ 为互不相关,且均值为 0 的白噪声时,上述图像均值将降低噪声的影响,即有 $E\{\overline{s}(x,y)\} = f(x,y)$ 和 $\sigma^2_{\overline{s}(x,y)} = \sigma^2_{\eta(x,y)}/K$。显然,$K$ 增加时,在各个像素点的噪声变化率将减少,噪声均值倾向于零,$\overline{s}(x,y)$ 越来越趋近于 $f(x,y)$,从而实现图像降噪的效果。因此,在图像处理中常用多幅图像平均来得到一幅降噪图像。图 7-50 所示分别为噪声图像以及用不同 K=5、10、20、50、100 的处理结果。

图 7-50　噪声图像及各种处理结果

中值滤波器是一种常用的非线性平滑滤波器，它通过选取数字图像或数字序列中像素点及其周围临近像素点的像素值并进行排序，然后将位于中间位置的像素值作为当前像素点的像素值。中值滤波的主要功能是通过选取特定区域内的中值来处理图像，使周围像素灰度值的差异较大的像素取值接近于周围像素的中值。这种方法可以有效消除孤立的噪声点，因此对于滤除图像中的椒盐噪声非常有效（图 7-51）。进一步，如果取排序后序列的最小值作为当前像素点的像素值，则为最小值滤波，反之为最大值滤波。最小值滤波可以有效地处理盐噪声（图 7-52），最大值滤波则可以处理椒噪声（图 7-53）。

图 7-51　椒盐噪声图像及中值滤波处理结果

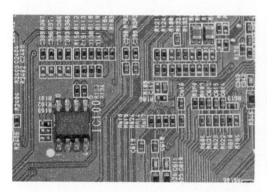
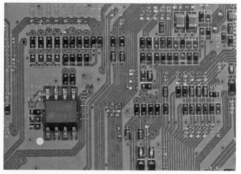

图 7-52　盐噪声图像及最小值滤波处理结果

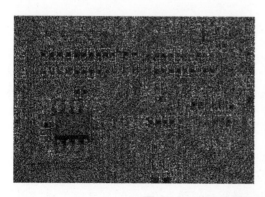
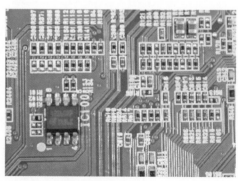

图 7-53　椒噪声图像及最大值滤波处理结果

思考题与习题

(1) 图像中虚假轮廓的出现就其本质而言是由于（   ）。
   A. 图像的灰度级数不够多造成的   B. 图像的空间分辨率不够高造成的
   C. 图像的灰度级数过多造成的   D. 图像的空间分辨率过高造成的

(2) 数字图像木刻面效果的出现是由于下列哪个原因所产生的？（   ）
   A. 图像幅度分辨率过小   B. 图像幅度分辨率过大
   C. 图像空间分辨率过小   D. 图像空间分辨率过大

(3) 傅里叶变换有下列哪些特点？（   ）
   A. 有频域的概念   B. 均方意义下最优
   C. 有关于复数的运算   D. 从变换结果可完全恢复原始函数

(4) 一幅二值图像的傅里叶变换频谱是（   ）。
   A. 一幅二值图像   B. 一幅灰度图像
   C. 一幅复数图像   D. 一幅彩色图像

(5) 运用中值滤波器时，要将（   ）。
   A. 模板的平均值赋予对应中心的像素
   B. 模板各值排序后的中间值赋予对应中心的像素
   C. 模板几何中心值赋予对应中心的像素
   D. 模板中按顺序排在 50% 处的自赋予对应中心的像素

(6) 中值滤波器可以（   ）。
   A. 消除孤立噪声   B. 检测出边缘
   C. 平滑孤立噪声   D. 模糊图像细节

(7) 给定图像 I，灰度变换函数为 G，求变换后的图像。

$$G(x) = \begin{cases} x, & 0 \leq x < 85 \text{ 或 } 130 \leq x \leq 255 \\ 165, & 85 \leq x < 130 \end{cases}$$

$$I = \begin{bmatrix} 120 & 145 & 175 & 210 \\ 180 & 175 & 180 & 56 \\ 35 & 87 & 90 & 98 \\ 112 & 26 & 100 & 96 \end{bmatrix}$$

(8) 分别采用 Power-Law 变换、Log 变换对图像 Moon Phobos.tif（图 7-54）进行图像增强处理，请编程实现（要求：不采用 MATLAB 自带函数，显示原始图像、变换函数以及变换后图像）。

(9) 设一幅图像有如图 7-55 所示直方图，对该图像进行直方图均衡化，写出均衡化过程，并画出均衡化后的直方图。若在原图像一行上连续 8 个像素的灰度值分别为 0、1、2、3、4、5、6、7，则均衡后，他们的灰度值为多少？（不采用 MATLAB）。

(10) 分别用直方图均衡化、局部直方图均衡化对图像 Pollen.tif（图 7-56）进行图像增强处理，要求：请自写图像均衡化代码实现图像增强。

图 7-54 Moon Phobos.tif

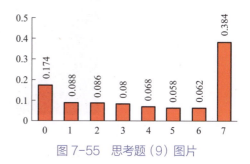

图 7-55 思考题（9）图片

(11) 已知 8 级图像 $g = \begin{bmatrix} 0 & 0 & 0 & 0 & 0 \\ 0 & 5 & 1 & 6 & 0 \\ 0 & 4 & 6 & 3 & 0 \\ 0 & 7 & 2 & 1 & 0 \\ 0 & 0 & 0 & 0 & 0 \end{bmatrix}$，分别用算术平均滤波器、中值滤波器对其进行滤波，模板大小为 3×3。

(12) 请编程实现对图 7-57 进行图像平滑滤波处理，模板大小为 3×3。

图 7-56 Pollen.tif

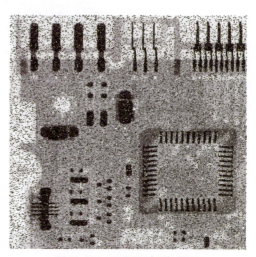

图 7-57 思考题（12）图片

第 7 章 图像增强

(13) 请编程实现对图 7-58 进行锐化增强处理,模板大小分别为 5×5、7×7、9×9。

图 7-58　思考题(13)图片

(14) 请采用你所学的方法对图 7-59 进行对比增强处理,并编程实现。

图 7-59　思考题(14)图片

第 8 章 基元检测

本章内容旨在帮助读者：理解基元检测的基本概念与类型，掌握基元检测的常用算法如 Canny 边缘算子，SUSAN、Harris、SuperPoint 等角点检测；掌握霍夫变换原理以及学习如何使用霍夫变换进行图像中的基元检测，并掌握其参数空间的点检测方法；能够在实际应用中有效地检测和识别图像中的基元，为进一步的图像分割、配准等打下坚实的基础。

8.1 基元概念

1965 年，麻省理工学院 Roberts 提出了积木世界理论，认为现实世界可分解为由积木所构造的世界，并通过计算机程序从数字图像中提取出立方体、楔形体、棱柱体等多面体的三维结构，对物体形状及物体的空间关系进行描述。此后，Huffman、Clowes 以及 Waltz 等人对积木世界进行了研究，并分别解决了由线段解释景物和处理阴影等问题。同时，研究范围也从边缘、角点等特征提取，发展到线条、平面、曲面等几何要素分析，以及图像明暗、纹理、运动和成像几何分析等，并建立了各种数据结构和推理规则。到 20 世纪 70 年代，已经出现了一些视觉应用系统，这些工作对视觉研究的发展起到了促进作用。

基元检测是图像分析的基础，图像基元泛指图像中有比较显著特点的基本单元，是一个比较概括和模糊的概念。基元一般来说主要包括边缘、角点、直线段、圆、孔、椭圆以及其他兴趣点等（也包括它们的一些结合体），其中，边缘是图像中比较低层的基元，是组成许多其他基元的基础，所以一直得到较多的关注；而角点可被看作由两个边缘以接近直角相结合而构成的基元；直线段可看作两个邻近又互相平行的边缘相结合而构成的基元；圆则可看作将直线段弯曲、头尾相接而得到；孔的形状与圆相同，但孔一般表示比较小的圆；椭圆可看作圆的扩展。本章主要针对边缘、角点、直线与圆等基元检测展开分析讨论。

8.2 边缘检测

图像形状和语义信息主要来自边缘（edge），边缘是多个像素组成的一种特性，与图像中像素及邻域内的梯度特性相关，边缘比像素更紧凑，可以提取更多的语义信息与识别目标、恢复几何和视点等。边缘主要来源于图像中像素灰度值发生剧烈变化，即不连续性，包括曲面法线不连续、深度不连续、表面颜色不连续、亮度不连续等。边缘检测是图像基元检测的基础，边缘检测如图 8-1 所示。

图 8-1　边缘检测

8.2.1　检测原理

图像边缘主要来源于图像像素灰度值不连续性，即曲面法线不连续、深度不连续等，因此图像边缘可利用求导数（包括一阶导数和二阶导数）的方法来检测（图 8-2）。下面主要介绍不同方法对边缘检测的原理。

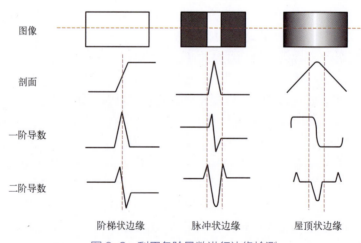

图 8-2　利用各阶导数进行边缘检测

一阶导数极值点对应的是边缘位置，极值的正或负表示边缘处是由暗变亮还是由亮变暗。二阶导数过零点来检测图像中边缘的存在。

8.2.2　Canny 边缘检测

John F. Canny 于 1986 年首次提出 Canny 边缘检测并创立了边缘检测计算理论[80]。Canny 的目标是找到一个最优的边缘检测算法，最优边缘检测的含义包括：

① 好的检测：算法能识别图像中的实际边缘，避免噪声和虚假边缘干扰。
② 好的定位：识别出的边缘与实际图像中的实际边缘尽可能接近。
③ 最小响应：对图像中的每个真实边缘点只有一个像素响应。

为了满足这些要求，Canny 检测器采用 4 个指数项的和来描述最优函数，其可以由高斯函数的一阶导数来近似。在目前常用的边缘检测方法中，Canny 边缘检测算法是具有严格定义的，是可以提供良好可靠检测的方法之一。由于它具有满足边缘检测的 3 个标准和实现过程简单的优势，成为边缘检测最流行的算法之一。Canny 边缘检测算法包括以下 5 个步骤：

① 使用高斯滤波器平滑图像，以减少梯度计算中图像噪声的干扰；
② 计算图像中每个像素点的梯度强度和方向；
③ 应用非极大值抑制以消除边缘检测带来的杂散响应；
④ 应用双阈值检测来确定真实的和潜在的边缘；
⑤ 通过抑制孤立的弱边缘最终完成边缘检测。

下面详细介绍每一步的实现思路。

(1) 高斯平滑滤波

为了尽可能减少噪声对边缘检测结果的影响，必须滤除噪声以防止由噪声引起的错误检测。为了平滑图像，使用高斯滤波器与图像进行卷积，该步骤将平滑图像，以减少边缘检测器上明显的噪声影响。大小为 $(2k+1) \times (2k+1)$ 的高斯滤波器核的生成方程式为：

$$H_{ij} = \frac{1}{2\pi\sigma^2} \exp\left\{-\frac{[i-(k+1)]^2 + [j-(k+1)]^2}{2\sigma^2}\right\}, \quad 1 \leqslant i; j \leqslant (2k+1) \tag{8-1}$$

下面是一个 $\sigma=1.4$，尺寸为 3×3 的高斯卷积核的例子：

$$\boldsymbol{H} = \begin{bmatrix} 0.0924 & 0.1192 & 0.0924 \\ 0.1192 & 0.1538 & 0.1192 \\ 0.0924 & 0.1192 & 0.0924 \end{bmatrix} \tag{8-2}$$

若图像中一个 3×3 的窗口为 A，要滤波的像素点为 e，则经过高斯滤波之后，像素点 e 的亮度值为：

$$e = \boldsymbol{H} * \boldsymbol{A} = \begin{bmatrix} h_{11} & h_{12} & h_{13} \\ h_{21} & h_{22} & h_{23} \\ h_{31} & h_{32} & h_{33} \end{bmatrix} * \begin{bmatrix} a & b & c \\ d & e & f \\ g & h & i \end{bmatrix} = \operatorname{sum} \begin{bmatrix} ah_{11} & bh_{12} & ch_{13} \\ dh_{w1} & eh_{22} & fh_{23} \\ gh_{31} & hh_{32} & ih_{33} \end{bmatrix} \tag{8-3}$$

式中，$*$ 为卷积符号；sum 表示矩阵中所有元素相加求和。需要注意的是：高斯卷积核大小的选择将影响 Canny 检测器的性能，尺寸越大，检测器对噪声的敏感度越低，但是边缘检测的定位误差也将略有增加。一般 5×5 是一个比较不错的折中选择。

(2) 计算梯度强度和方向

图像中的边缘可以指向各个方向，因此 Canny 算法使用 4 个算子来检测图像中的水平、垂直和对角边缘。采用梯度算子（常用 Sobel）计算水平和垂直方向的一阶导数值 G_x 和 G_y，由此可以确定像素点的梯度幅度 $\|G\|$ 和方向 θ 分别为：

图像梯度幅度
$$\|G\| = \sqrt{G_x^2 + G_y^2} \tag{8-4}$$

$$\theta = \arg\tan\frac{G_y}{G_x} \tag{8-5}$$

(3) 非极大值抑制

对图像进行梯度计算后，边缘区域仍然很模糊，难以满足最小响应的要求，即对边缘有且应当只有一个准确的响应。因此，需要进一步确定单像素宽的边缘。非极大值抑制则可以帮助将局部最大值之外的所有梯度值抑制为0，算法原理是：将当前像素的梯度强度与沿正负梯度方向上的两个像素进行比较，如果当前像素的梯度强度与另外两个像素相比最大，则该像素点保留为边缘点，否则该像素点将被抑制。通常为了更加精确地计算，在跨越梯度方向的两个相邻像素之间使用线性插值来得到要比较的像素梯度，现举例如图8-3所示。

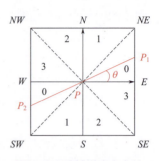

图 8-3 跨越梯度方向的两个相邻像素

如图8-3所示，将梯度分为8个方向，分别为 E、NE、N、NW、W、SW、S、SE，其中 0 代表 0°～45°，1 代表 45°～90°，2 代表 $-90°$～$45°$，3 代表 $-45°$～0°。像素点 P 的梯度方向为 θ，则像素点 P_1 和 P_2 的梯度线性插值为：

$$\tan\theta = G_y / G_x \tag{8-6}$$

$$G_{P_1} = (1-\tan\theta)G_E + G_{NE}\tan\theta \tag{8-7}$$

$$G_{P_2} = (1-\tan\theta)G_W + G_{SW}\tan\theta \tag{8-8}$$

因此，如果当前像素点 P 的梯度幅值 $|G_P| \geqslant |G_{P_1}|$ 与 $|G_P| \geqslant |G_{P_2}|$，那么像素点 P 可能为边缘点，否则不是边缘点，需要被抑制。需要注意的是，如何标志方向并不重要，重要的是梯度方向的计算要和梯度算子的选取保持一致。

(4) 双阈值检测

非极大值抑制之后剩余像素可以更准确地表示图像实际边缘。然而，仍然存在部分噪声和颜色变化产生的虚假边缘。为了解决这些虚假响应，需要用弱梯度值过滤边缘像素，并同时保留具有高梯度值的边缘像素，因此可以选择高低阈值来实现。如果边缘像素的梯度值高于高阈值，则将其标记为强边缘像素。如果边缘像素的梯度值小于高阈值并大于低阈值，则将其标记为弱边缘像素。如果边缘像素的梯度值小于低阈值，则认为是虚假边缘被抑制。阈值的选择取决于给定输入图像的内容。

(5) 抑制孤立低阈值点

至此，强边缘的像素点已经被确定为边缘。然而，对于弱边缘像素来说，其有可能是从真实边缘提取，也有可能是因噪声或颜色变化引起的虚假边缘，需要区别对待并抑制由后者引起的弱边缘。通常，由真实边缘引起的弱边缘像素将连接到强边缘像素，而噪声响应未连接。为了确定由真实边缘引起的弱边缘像素，利用与强边缘像素的边缘连接性特性，进行边缘跟踪，某个弱边缘像素及其8个邻域像素，只要存在一个为强边缘像素，则该弱边缘点就可以保留为真实的边缘。

通过以上 5 个步骤即可完成基于 Canny 算法的边缘提取，图 8-4 是该算法的检测效果图。

图 8-4　原图像及其 Canny 算法检测效果

8.3　角点检测

角点通常是图像中具有明显变化的地方，如边缘的交叉点或转角处，它们在图像处理和计算机视觉中有广泛的应用，如目标检测、运动跟踪、三维重建等，角点是图像很重要的特征，对图像图形的理解和分析有很重要的作用。角点检测是计算机视觉中常用的一种特征检测方法，用于在图像中找到具有角点特征的像素点。角点检测算法可归纳为 3 类：基于灰度图像的角点检测、基于轮廓曲线的角点检测方法和基于深度学习的角点检测方法。常见的角点检测算法有 Harris 角点检测算法、SUSAN 角点检测算法和 SuperPoint 等。

8.3.1　角点检测原理

一般来说，平坦区域的灰度在各个方向都未有明显变化 [图 8-5（a）]，边缘区域则灰度沿边缘方向没有变化或变化很小 [图 8-5（b）]，角点区域通常是目标轮廓上曲率的局部极大值，二维图像亮度变化剧烈的点，或两条线的交叉处 [图 8-5（c）]。

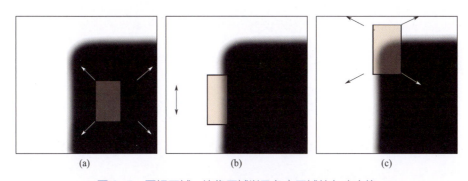

图 8-5　平坦区域、边缘区域以及角点区域的灰度变换

8.3.2 SUSAN 算子

SUSAN 算子是 Smith 和 Brady 提出的一种图像处理方法[81]，该算法是基于像素邻域包含若干元素的近似圆形模板，对每个像素基于该模板邻域的图像灰度计算角点响应函数的数值，如果大于某阈值且为局部极大值，则认为该点为角点。角点的精度与圆形模板大小无关，圆形模板越大，检测的角点数越多，则计算量也越大。近似圆形模板结构如图 8-6 所示。

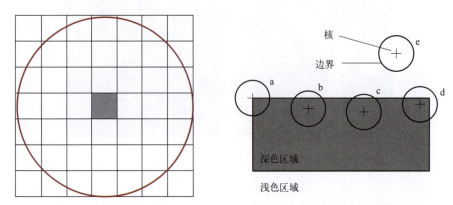

图 8-6　圆形模板以及 SUSAN 圆形模板与物体的 5 种几何位置关系

如图 8-6 所示 SUSAN 圆形模板与物体的 5 种几何位置关系，对于图像中非纹理区域的任一点，在以它为中心的模板窗中存在一块亮度与其相同的区域，这块区域即为 SUSAN 的 USAN 区域。USAN 区域包含了图像结构的重要信息，由图 8-6 可知，当模板中心像素点位于区域内部时，USAN 的面积最大；当该像素点位于区域边界时，USAN 的面积为最大值的一半；当该像素点为角点时，USAN 区域面积约为最大值的 1/4。SUSAN 算子根据不同位置时 USAN 区域的面积来考察当前像素点为区域内部点、边缘点或角点。

USAN 区域面积通过圆模板内各像素与中心点像素比较得到的相似点的个数总和来表示，该相似比较函数为：

$$C(x_0,y_0;x,y) = \begin{cases} 1, & |f(x_0,y_0)-f(x,y)| \leq T \\ 0, & |f(x_0,y_0)-f(x,y)| > T \end{cases} \tag{8-9}$$

式中，(x_0,y_0)、(x,y) 分别为模板中心像素点和待比较像素点的坐标；T 为相似度阈值，一般取整幅图像灰度最大值和最小值差值的 0.1 倍。

计算 USAN 区域像素个数 $S(x_0,y_0)$ 如下：

$$S(x_0,y_0) = \sum_{(x,y) \in M(x,y)} C(x_0,y_0;x,y) \tag{8-10}$$

显然，上式得到的也就是区域中与中心点像素 (x_0,y_0) 相似点的个数。$S(x_0,y_0)$ 值在角点处达到最小。

考虑一个固定的几何阈值 $G=3S_{max}/4$，可得 SUSAN 算子的边缘响应：

$$R(x_0, y_0) = \begin{cases} G - S(x_0, y_0), & S(x_0, y_0) < G \\ 0, & \text{其他} \end{cases} \tag{8-11}$$

$R(x_0, y_0)$ 表明 USAN 面积越小，边缘响应越大。一般来说，在图像 11×11 邻域范围内来搜索 R 为极大值的像素点，当该像素点响应 R 数值大于控制阈值 T_h，将该点标记为角点。检测结果如图 8-7 所示。

图 8-7　用 SUSAN 算子检测到的角点

SUSAN 算子检测算法具有算法简单、位置准确等特点。由于其指数基于对周边像素的灰度比较，完全不涉及梯度的运算，因此其抗噪声能力很强，运算量也比较小。

8.3.3　Harris 角点

角点一般认为是两条边缘的交点，表示两条边的方向发生改变，所以角点在任意一个方向上做微小移动，都会引起该区域的梯度图的方向和幅值发生很大变化。基于此原理，Chris Harris 和 Mike Stephens 于 1988 年提出了 Harris 角点检测算法[82]，它通过计算图像的灰度变化和像素位置的梯度来判断像素点是否为角点。Harris 角点检测思想是假设一个固定尺寸的窗口在图像上某个位置向任意方向做微小滑动，如果窗口内的灰度值都有较大的变化，那么这个窗口所在区域就存在角点，如图 8-8 所示：当窗口在平坦区域任意方向移动时，窗口中的灰度值基本没有变化，如图 8-8（a）；当窗口沿边缘方向移动时，窗口中的灰度值基本没有变化，如图 8-8（b）；当窗口沿任意方向移动时，窗口中的灰度值有明显的变化，则认为是角点区域，如图 8-8（c）。

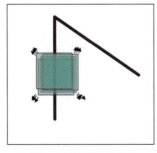
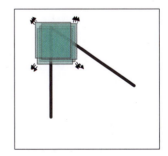

(a) 平坦：任意方向移动，无灰度变化　　(b) 边缘：沿着边缘方向移动，无灰度变化　　(c) 角点：沿着任意方向移动，明显灰度变化

图 8-8　使用一个滑动窗口在三个区域滑动

将上述思想转换为数学形式，即将局部窗口向任意方向移动(u,v)并计算所有灰度差异的总和，表达式如下：

$$E(u,v) = \sum_{x,y} w(x,y) \left[I(x+u, y+v) - I(x,y) \right]^2 \tag{8-12}$$

式中，$I(x,y)$是局部窗口的图像灰度；$I(x+u,y+v)$是平移后的图像灰度；$w(x,y)$是窗口函数，用于表征对整体的贡献不同，它可以是矩形窗口或高斯窗口等；$\sum_{x,y}$表示对窗口中的所有像素求灰度差异平方和。式（8-12）进一步可以写成：

$$\begin{aligned} E(u,v) &= \sum_{x,y} w(x,y) \left[I(x,y) + I_x u + I_y v - I(x,y) \right]^2 \\ &= \sum_{x,y} w(x,y) \left[I_x^2 u^2 + 2 I_x I_y uv + I_y^2 v^2 \right]^2 \\ &= \sum_{x,y} w(x,y) [u,v] \begin{bmatrix} I_x^2 & I_x I_y \\ I_x I_y & I_y^2 \end{bmatrix} \begin{bmatrix} u \\ v \end{bmatrix} \\ &= [u,v] \sum_{x,y} w(x,y) \begin{bmatrix} I_x^2 & I_x I_y \\ I_x I_y & I_y^2 \end{bmatrix} \begin{bmatrix} u \\ v \end{bmatrix} \\ &= [u,v] M \begin{bmatrix} u \\ v \end{bmatrix} \end{aligned} \tag{8-13}$$

式中，I_x和I_y分别表示图像在x方向与y方向的导数，矩阵M是I_x和I_y的二次项函数，决定了$E(u,v)$的取值，可以表示成椭圆的形状，椭圆的长短半轴由M的特征值λ_1和λ_2决定，方向由特征矢量决定。将M对角化：

$$M(x,y) = \begin{bmatrix} \lambda_1 & \\ & \lambda_2 \end{bmatrix} \tag{8-14}$$

则由式（8-13）有：

$$\frac{\lambda_1 u^2 + \lambda_2 v^2}{E(x,y,u,v)} = 1 \tag{8-15}$$

式中，λ_1和λ_2越大，$E(x,y,u,v)$越大，同时椭圆$\lambda_1 u^2 + \lambda_2 v^2 = 1$的轴$1/\sqrt{\lambda_1}$与$1/\sqrt{\lambda_2}$越小，$E(x,y,u,v)$越大。显然，轴长短与特征值成反比，如图8-9所示。

如果λ_1和λ_2都比较小，且近似相等，说明图像梯度在各个方向变化都很小，该区域为平坦区域。如果一个特征值大，另一个特征值小，即$\lambda_1 \gg \lambda_2$或$\lambda_2 \gg \lambda_1$，说明图像梯度在某一方向上大，在其他方向上小，则该区域为直线。如果两个特征值λ_1和λ_2都大，且近似相等，说明图像梯度在所有方向都增大，该区域为角点。椭圆函数特征值与图像中的角点、直线（边缘）和平坦之间的关系如图8-10所示。

考虑到求解λ_1和λ_2计算量大，Harris给出的角点计算方法并不需要计算具体的特征值，而是计算一个角点响应值R来判断角点。R的计算公式为：

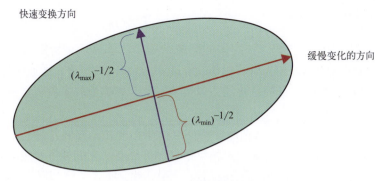

图 8-9　表示成椭圆形状的 M

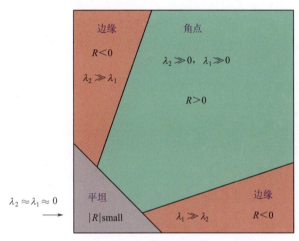

图 8-10　使用 M 的特征值对图像点进行分类以及分数
大于阈值 R 的像素对应角点

$$R = \det \boldsymbol{M} - \alpha(\text{trace}\boldsymbol{M})^2 \tag{8-16}$$

式中，det 为矩阵 M 的行列式；trace 为矩阵 M 的迹；α 为常数，取值范围为 0.04～0.06。事实上，特征值是隐含在 det M 和 trace M 中，因为有 det $M = \lambda_1\lambda_2$，trace$M = \lambda_1 + \lambda_2$，当 R 为大数值的正数时是角点，当 R 为大数值的负数时是边缘，当 R 为小数值时认为是平坦区域。

到此，通过求出 R 便可以实现角点检测，而且我们发现最后根本不需要代入 u、v 进行计算。根据上述的讨论，总结出 Harris 角点算法的基本步骤：

① 计算窗口中各像素点在 x 和 y 方向的梯度；

② 计算两个方向梯度的乘积，即 I_x^2、I_y^2、I_xI_y（可以用一阶梯度算子求得图像梯度）；

③ 使用滤波核对窗口中的每一像素进行加权，生成矩阵 M；

④ 计算每个像素的 Harris 响应值 R，并将小于某阈值 T 的 R 置 0；

⑤ 由于角点所在区域的一定邻域内都有可能被检测为角点，所以为了防止角点聚集，最后在 3×3 或 5×5 的邻域内进行非极大值抑制，局部最大值点即为图像中的角点。

8.3.4 SuperPoint 角点

在实际应用过程中一些传统方法提取的图像特征只能够应用于特定的视觉任务中,基于深度学习卷积网络(CNN)的方法(如 SuperPoint[83]、TILDE[84] 等)通过大量的数据训练,强化学习,提高了图像提取特征的泛化能力以及鲁棒性,能够适应多种视觉任务场景,取得了比传统方法更好的效果。

SuperPoint[83] 是一种基于自监督训练的特征点检测和描述符提取方法,它可以在不需要人工标注的情况下学习从图像中提取稳定和可重复的特征点。它的特征检测部分由两个网络组成:一个是关键点检测网络,用于检测角点;另一个是描述子检测网络,用于输出描述子。它的优点是可以适应不同的场景和任务,如特征匹配、三维重建等。其检测速度较快、检测精度较高,在公开数据集上取得了较为领先的效果,并且其特征检测性能超过大部分基于深度学习的特征检测方法。同时,SuperPoint 能够在不同尺度以及旋转下保持稳定的特征检测性能,在 Titan X GPU 上,输入图像尺寸为 480×640,其检测速度可以达到 70FPS,能够做到实时提取图像特征。

(1) SuperPoint 网络结构

SuperPoint 特征提取方法采用一种自监督的网络框架,由一个共享的编码网络 Encoder(编码器)和两个检测网络组成。Encoder 用于处理和降低输入图像的维数,两个检测网络分别用于做兴趣点检测和兴趣点描述。可以在一个全尺寸的图像上进行操作,并在一次正向推理中联合计算兴趣点和描述符。其网络结构如图 8-11 所示,利用该网络能够实现同时提取像素级的图像特征点和描述子。

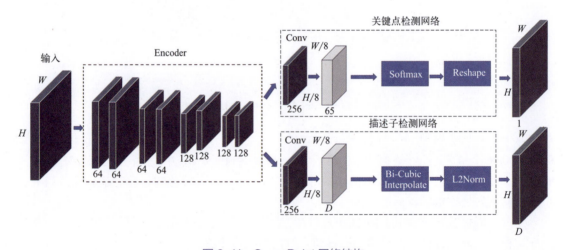

图 8-11 SuperPoint 网络结构

该网络从功能上可以分为编码网络和解码网络,解码网络又可细分为特征点检测网络和描述子检测网络。首先是编码网络,SuperPoint 的编码网络使用了一种类似于 VGG 的网络结构来降低图像尺寸,同时该网络包含卷积层、最大池化层、非线性激活层,图像通过 3 个最大池化层后其高度变为 $H_c = H/8$,宽度变为 $W_c = W/8$。通过该编码网络后,图像由下式:

$$I \in \mathbb{R}^{H \times W} \quad (8\text{-}17)$$

变成张量：

$$\boldsymbol{B} \in \mathbb{R}^{H_c \times W_c \times F} \quad (8\text{-}18)$$

在该网络中，由于特征点检测网络和描述子检测网络共用一个编码网络，所以在减少计算量的基础上同时增强了两者之间的关联。

解码网络中的两个子网络是同时计算的，在特征点检测网络中，每个像素经过关键点检测网络后，该网络会输出该像素点是特征点的概率。在特征点检测网络中为了减少使用反卷积进行上采样带来的计算量以及反卷积造成的棋盘效应使用一种新的解码方式，称其为子像素卷积。该解码器没有参数，同时还能够减少模型计算量，当通过编码网络输入张量的维度为 $\mathbb{R}^{H_c \times W_c \times 65}$，65 在这里表示一个原图 8×8 的区域以及一个 dustbin 表示非特征点，随后再做一次 softmax（归一化指数函数）删除 dustbin，输出复原图像 $\mathbb{R}^{H \times W}$。在特征点检测完成后，还使用了 NMS（非极大值抑制）方法，有效解决了特征点过于集中的问题，同时在极大值抑制半径内获得了得分最高的点，保证特征点的均匀分布以及稳定性。NMS 半径大小对特征提取影响的结果对比如图 8-12 所示。在描述子检测网络中，首先利用一个类似 UCN 的网络学习得到一个半稠密的描述子，减少计算量以及网络训练内存开销，随后使用双三次插值（bi-cubic interpolate）的方式得到完整的描述子，最后使用 L2 归一化得到统一长度的特征描述，将特征维度从 $\mathcal{D} \in \mathbb{R}^{H_c \times W_c \times D}$ 变为 $\mathbb{R}^{H \times W \times D}$。

(a) NMS=5　　　　　　　　　　　　(b) NMS=15

图 8-12　不同 NMS 半径图像特征提取对比

(2) SuperPoint 损失函数

从上述网络来看，解码端分成了两部分：一个是特征点检测网络，一个是描述子检测网络。所以其损失函数也由这两部分共同构建，SuperPoint 网络损失函数公式如下所示：

$$\mathcal{L}(\mathcal{X}, \mathcal{X}', \mathcal{D}, \mathcal{D}'; Y, Y', S) = \mathcal{L}_p(\mathcal{X}, Y) + \mathcal{L}_p(\mathcal{X}', Y') + \lambda \mathcal{L}_d(\mathcal{D}, \mathcal{D}', S) \quad (8\text{-}19)$$

特征点检测损失函数为 $\mathcal{L}_p(\mathcal{X}, Y) + \mathcal{L}_p(\mathcal{X}', Y')$，描述子损失函数为 $\mathcal{L}_d(\mathcal{D}, \mathcal{D}', S)$，$\lambda$ 参数主要用于平衡特征检测与描述子检测损失函数之间的权重，其中特征点检测损失函数为交叉熵损失函数，其损失函数展开如下所示：

$$\mathcal{L}_p(\mathcal{X}, Y) = \frac{1}{H_c W_c} \sum_{\substack{h=1\\w=1}}^{H_c, W_c} l_p(x_{hw}; y_{hw}) \tag{8-20}$$

式中，$l_p(x_{hw}; y_{hw})$ 表示如下所示：

$$l_p(x_{hw}; y) = -\ln\left(\frac{\exp(x_{hwy})}{\sum_{k=1}^{65} \exp(x_{hwk})}\right) \tag{8-21}$$

此时可以将其看成一个多分类的任务，作为一个二维的定位分类器，在每个 8×8 的图像局部范围内都只能存在一个特征点，所以输入图像最多只能提取 $H \times W / 64$ 个特征点，ln 运算内部描述的是每个 8×8 的区域内有像素为特征点的概率，即样本 x_{hw} 属于特征的概率。此时，将描述子检测损失函数展开如下所示：

$$\mathcal{L}_d(\mathcal{D}, \mathcal{D}', S) = \frac{1}{(H_c W_c)^2} \sum_{\substack{h=1\\w=1}}^{H_c, W_c} \sum_{\substack{h'=1\\w'=1}}^{H_c, W_c} l_d(d_{hw}, d'_{h'w'}; s_{hwh'w'}) \tag{8-22}$$

式中，l_d 为合页损失函数，能够保证最后解的稀疏性，其展开表达如下所示：

$$l_d(d, d'; s) = \lambda_d * s * \max(0, m_p - d^T d') + (1-s) * \max(0, d^T d' - m_n) \tag{8-23}$$

在式 (8-22) 中，指示函数 $s_{hwh'w'}$ 也即 S 表示所有正确匹配集合，其表达如下所示：

$$s_{hwh'w'} = \begin{cases} 1, & \|\mathcal{H}\hat{p}_{hw} - p_{h'w'}\| \leq 8 \\ 0, & \text{其他} \end{cases} \tag{8-24}$$

式中，p 是 8×8 网格的中心点坐标；$\mathcal{H}p$ 是 p 进行单应性变换所得，此时它们之间的距离小于 8 个像素时则可以认为其是正确的匹配。

8.4 霍夫变换

边缘点或特征点检测基于单个像素，而边缘跟踪又无法得到完整轮廓，存在弱边缘或边缘不连续。因此，如何将离散的边缘点表示为更复杂的特征（如直线、圆等）成为大家关注的问题。1962 年，Paul Hough 首次提出霍夫（Hough）变换[85]，最初的 Hough 变换要求知道物体边界线的解析方程，但不需要有关区域位置的先验知识。后于 1972 年由 Richard Duda & Peter Hart[86] 推广使用。霍夫变换的中心思想就是通过坐标变换来检测直线，后来经过改进，也可以检测椭圆等。

8.4.1 直线检测原理

一般来说，直线在笛卡儿坐标系（即 x-y 坐标系）下的方程可由斜率和截距表示：

$$y = kx + q \tag{8-25}$$

$$q = -kx + y \tag{8-26}$$

同一直线上的点具有相同的 (q, k)。变换后的空间成为霍夫空间 $(k-q)$，即笛卡儿坐标系中一条直线，对应霍夫空间的一个点，反过来同样成立（霍夫空间的一条直线，对应笛卡儿坐标系的一个点）。对于笛卡儿坐标系中的两条直线，对应霍夫空间的 A、B 两点如图 8-13 所示。

进一步，当 3 个点共线时对应的霍夫空间情形如图 8-14 所示。

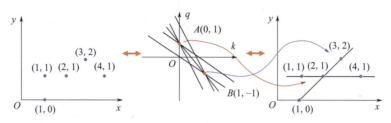

图 8-13　霍夫空间到笛卡儿坐标系变换的图形直观表示

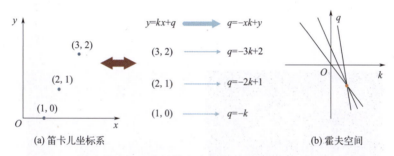

图 8-14　笛卡儿坐标系中共线三点变换到霍夫空间的图形直观表示

由图 8-15（a）可以看出，如果笛卡儿坐标系的点共线，即具有相同的 (q, k)，这些点在霍夫空间对应的直线交于一点——共线只有一种取值可能。在霍夫空间选择由 3 条交汇直线确定的点［图 8-15（b）］，对应的笛卡儿坐标系的直线如图 8-15（c）所示。

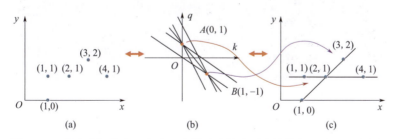

图 8-15　霍夫空间中由 3 条交汇直线确定的点对应的笛卡儿坐标系的直线

由于 $k = \infty$ 是不方便表示的，因此考虑将笛卡儿坐标系变换为极坐标表示（图 8-16）。在极坐标系下，具有相同的特性：极坐标的点→霍夫空间的直线。只不过霍夫空间不再是 $[k, q]$ 的参数，而是 $[\rho, \theta]$ 的参数。

通常用在边缘检测或特征点检测后。每个边缘点根据其可能的几何特征，投影到参数空间，通过投票方式确定参数值，即票数最多的参数获胜。因此，直线检测步骤一般可以总结如下：①将彩色图像转换到灰度图像；②对图像进行去噪，并采用梯度算子、拉普拉斯算子、Canny、Sobel等方法提取边缘（二值化）；③参数空间离散化 (ρ,θ)；④按点的坐标 (x,y) 和每个角度 θ，求 ρ，映射到霍夫参数空间；⑤统计 (ρ,θ) 出现的次数，取局部极大值，设定阈值，过滤干扰直线；⑥绘制直线、标定角点。

在边缘检测或特征点检测后再进行霍夫变换的结果如图8-17所示。

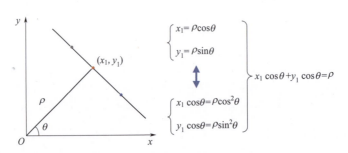

图8-16 极坐标表示的笛卡儿坐标系

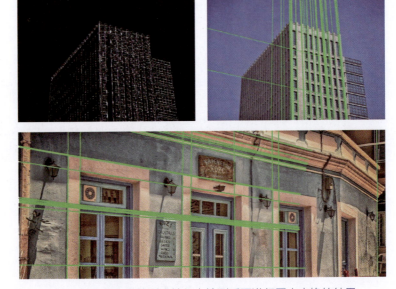

图8-17 在边缘检测或特征点检测后再进行霍夫变换的结果

8.4.2 圆检测

一般来说，圆的参数方程可表示为：

$$(x-a)^2+(y-b)^2=r^2 \tag{8-27}$$

方程中包含了3个参数：a、b、r。图像空间中每个边缘点对应于参数空间中的圆形区域。已知某个边缘点 (x,y)，以其为圆心，在 (a,b) 空间绘制半径为 r 的圆，该圆上的点即为圆心的投票，投票次数最多的地方即为圆心位置，如图 8-18 所示。

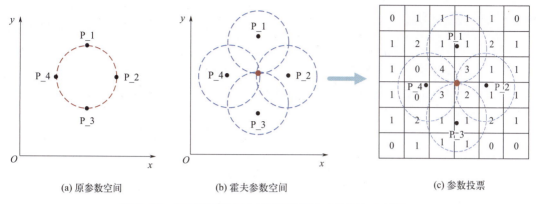

(a) 原参数空间　　　　　　　　(b) 霍夫参数空间　　　　　　　　(c) 参数投票

图 8-18　在圆检测特征点检测后的霍夫变换以及参数投票

实际求解时，r 是未知的，因此需遍历所有可能的 r 值。已知某个边缘点 (x,y)，以其为圆心，在 (a,b) 空间绘制半径为 r 的圆，该圆上的点即为圆心的投票。如图 8-19 给出了不同半径 r 的投票示意图，可以看出，圆周上的边缘点会在参数空间圆心位置 (a,b) 投票产生较高的响应值。图 8-20 给出了最终的圆检测结果。

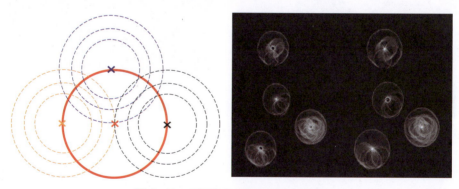

图 8-19　原图像及其极坐标空间效果

图 8-20　原图像及其圆检测结果图

第 8 章　基元检测　　169

霍夫变换具有以下优点：对边缘不连续具有较好的容忍性；对噪声干扰具有较好的鲁棒性；对目标遮挡具有较好的抗干扰性。

思考题与习题

（1）下列图像边缘检测算子中抗噪性能最好的是（　　）。
　　A. 梯度算子　　　B. Prewitt 算子　　　C. Roberts 算子　　　D. 拉普拉斯算子
（2）采用模板 [-1, 1] 主要检测 ____ 方向的边缘。
　　A. 水平　　　　　B. 45°　　　　　　　C. 垂直　　　　　　D. 135°
（3）检测边缘的 Sobel 算子对应的模板形式为 _____。
（4）梯度法与拉普拉斯算子检测边缘的异同点有哪些？
（5）请采用 Harris 角点检测方法来提出图 8-21 图像中的角点。

图 8-21　思考题（5）图片

图 8-22　思考题（6）图片

（6）请用霍夫变换方法来检测图 8-22 中的圆，并编程实现。（不使用 MATLAB 或 OpenCV 中的霍夫变换库函数）

第 9 章 图像分割

本章内容可帮助读者:掌握图像分割的基本概念和常规的图像分割方法,如灰度阈值分割、区域分割;进一步学习与掌握深度学习在图像语义分割中的应用,理解这些模型的架构、原理和在图像分割中的优势;学习形态学处理的基本原理,掌握膨胀、腐蚀、开闭操作、击中击不中变化等形态学基本操作,能够运用形态学操作对图像进行初步处理。

9.1 图像分割基本概念

图像分割是将一幅图像分割成若干个互不相交的并具有一定意义的区域的过程,其目的是将图像中不同的物体或区域分开,为后续的图像处理、分析和识别提供便利。令集合 R 代表整个图像区域,对 R 的分割可看成将 R 分成若干个满足以下条件的非空的子集(子区域)R_1,R_2,$\cdots$,R_n:① $\bigcup_{1}^{N} R_i = R$;② 对所有的 i 和 j,若 $i \neq j$,有 $R_i \cap R_j = \varnothing$;③ 对 $i = 1, 2, \cdots, N$,R_i 是连通的区域。

图像分割的基本原理是根据图像中像素点的特征对其进行分类,使得同一类像素点具有相似的特征,而不同类像素点具有明显的差异,即区域内部的像素一般具有灰度相似性,而在区域之间的边界上一般具有灰度不连续性。因此,根据像素灰度值的不连续性和相似性,图像分割可以分为基于区域的分割算法和基于边界的分割算法两类。基于区域的分割算法通过寻找灰度值相似的区域来实现图像分割,包括有阈值分割方法、基于区域的分割方法等;基于边界的分割算法则是通过找不连续性特征来实现图像分割,如基于边缘检测的方法。近年来,随着深度学习的快速发展,深度学习在图像分割中得到了广泛应用,并发展出图像语义分割、实例分割等。本章主要介绍基于灰度值阈值分割方法、基于区域的分割方法、边缘检测分割、图像语义分割以及形态学处理等基本知识。

9.2 基于灰度值阈值分割方法

阈值分割是最简单的图像分割方法之一,其原理是将图像中像素点的灰度值与预先设定的阈值进行比较,将灰度值大于或小于阈值的像素点分为不同的区域。阈值分割的一般公式:

$$S = \begin{cases} 255, & f(x,y) \geqslant T \\ 0, & f(x,y) < T \end{cases} \tag{9-1}$$

式中，$f(x,y)$ 是点 (x,y) 处的像素灰度值；$p(x,y)$ 是该像素邻域的某种局部性质；T 是分割阈值，当阈值 T 仅与图像像素的灰度相关时，称为全局阈值，当阈值不仅与局部特性相关，同时与像素位置也有关时，此时 $T = T[x,y,f(x,y),p(x,y)]$，则称其为动态阈值或自适应阈值。

9.2.1 全局阈值分割

全局阈值分割是一种基于图像灰度值的简单分割方法，如果在整个图像中只使用一个阈值可以将图像中的像素根据灰度值分为目标对象和背景对象两个类别，这种方法叫作全局阈值法。全局阈值分割一般假设图像物体和背景对比较明显，从而前景和背景的像素灰度值分布具有双峰性，即灰度值集中在两个峰值附近。因此，若选择两峰之间的波谷对应的像素值作为全局阈值，便可轻松将图像分割为目标对象和背景，如图 9-1 所示。

 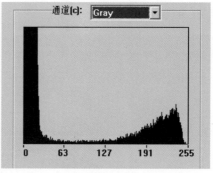

(a) 玉米籽粒图像　　　　　　(b) 灰度直方图

图 9-1　全局阈值分割结果

通常通过直方图来获取全局阈值，使得前景和背景两部分的像素灰度值差异最大化，从而实现分割。全局阈值分割的过程如下：

① 统计图像灰度值的直方图，即将图像中各个灰度值的像素数量统计出来。

② 根据直方图找到两个峰值，即前景和背景的灰度值范围。常用的方法包括寻找直方图中的局部最大值或利用 K-means 聚类算法来确定灰度值范围。

③ 选择一个阈值，将图像中的像素根据灰度值分为两个类别：前景和背景。一般选择的阈值为前景和背景灰度值范围的中间值，或者根据前景和背景的灰度值均值来确定。

④ 根据阈值将图像中的像素分类，得到前景和背景两个二值图像。

阈值为 124 的全局阈值分割结果如图 9-2 所示。

(1) 极小点阈值法

极小点阈值法是一种图像分割方法，其核心思想在于将图像的直方图包络线视为一条曲线。通过寻找这条曲线的极小值点来确定图像的谷点，作为分割的阈值。设 $p(z)$ 代表直方图，那么极小点应满足：

$$p'(z) = 0, \quad p''(z) > 0 \tag{9-2}$$

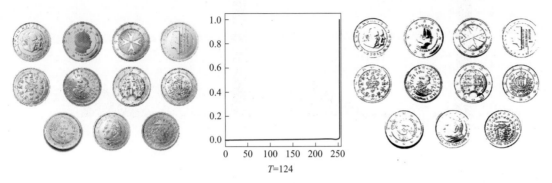

图 9-2　阈值为 124 的全局阈值分割结果

为了优化这一过程，通常在寻找极小值点之前会对直方图进行平滑处理。例如，可以采用 3 点平滑方法，即对直方图进行平均处理，以减少噪声的影响，从而获得更加准确的极小值点作为分割阈值。

(2) 迭代阈值分割法

迭代阈值分割法是阈值法图像分割中比较有效的方法，基本原理是将图像的灰度值分为两个区域，然后计算两个区域的平均灰度值，将平均灰度值作为新的阈值，再将图像分为两个区域，如此循环迭代，直到满足一定的条件为止。迭代阈值法步骤总结如下：

① 设定一个起始的分割界限值，称之为 T_1。

② 基于设定的阈值 T_1，将原始图像中的像素分为两个集合：G_1 和 G_2，分别求出 G_1 和 G_2 的平均灰度值 μ_1 和 μ_2。

③ 基于平均灰度值 μ_1 和 μ_2，计算新的阈值 $T_2 = (\mu_1 + \mu_2)/2$。

④ 检查新阈值 T_2 与旧阈值 T_1 之间的差值是否小于或等于一个预先设定的很小的正数 t，若 $|T_2 - T_1| \leq t$，终止迭代，T_2 就是所求阈值，否则 $T_1 = T_2$，重复步骤②和步骤③。

迭代阈值分割法具有一定的自适应性，其特性在于通过迭代过程动态调整阈值以实现图像分割。需要指出的是，初始阈值的设定对算法的性能影响显著，不同的初始阈值 T_1 可能得到不同的最佳分割阈值，如何设置初始阈值尤为重要。在相等面积的情况下，一种常见的做法是将初始阈值 T_1 设置为整幅图像的平均灰度，这样做有助于确保算法从一个相对均衡的起点开始迭代，从而更有可能找到适合图像特性的最优分割阈值。而在面对不等面积的情况下，更好的选择是将 T_1 设置为图像灰度级别的中间值，即最大灰度值和最小灰度值的平均值。迭代阈值估计示意图如图 9-3 所示。

(3) Otsu 分割方法

在图像分割过程中，当目标与背景的灰度值有部分重合时，使用全局阈值方法往往无法准确区分目标和背景。这种情况下，全局阈值分割会导致显著的分割误差，因为它不能有效地处理目标和背景灰度值的重叠区域。阈值分割的核心思想是选择一个合适的阈值，使得总的分类误差概率最小。

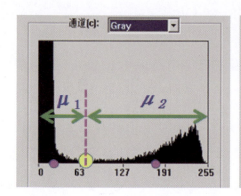
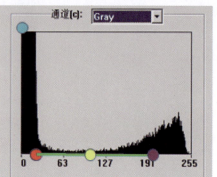

图 9-3 迭代阈值估计示意图

$$p(z) = P_1 p_1(z) + P_2 p_2(z) \qquad (9-3)$$

式中，$p_1(z)$ 与 $p_2(z)$ 分别是目标、背景的灰度分布概率函数；P_1、P_2 分别是图像中目标与背景像素的百分比，$P_1 + P_2 = 1$，如图 9-4 所示。

现用阈值 t，将区域分割成两部分（如背景和目标），如 $z > t$ 为背景，反之为目标。此时，背景误认为目标的概率为 $Q_2(t) = \int_{-\infty}^{t} p_2(z) \mathrm{d}z$，目标误认为背景的概率为 $Q_1(t) = \int_{t}^{+\infty} p_1(z) \mathrm{d}z$，则总体错误分割概率为：

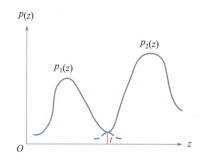

图 9-4 目标与背景的灰度分布概率函数示意图

$$Q = P_1 Q_1(t) + P_2 Q_2(t) \qquad (9-4)$$

令 $\dfrac{\mathrm{d}Q}{\mathrm{d}t} = \dfrac{\mathrm{d}[P_1 Q_1(t) + P_2 Q_2(t)]}{\mathrm{d}t} = 0$，即 $P_1 p_1(t) + (1 - P_1) p_2(t) = 0$。显然，当 P_1、P_2、$p_1(t)$、$p_2(t)$ 已知时，即可选择一个阈值 t，使得总的分类误差概率最小。但事实上，图像中 P_1、P_2、$p_1(t)$、$p_2(t)$ 很难准确知道，因此很难获得最佳阈值。

日本学者 OTSU 于 1979 年提出了一种对图像进行全局二值化的高效算法——Otsu 法（又称大津算法）[87]。Otsu 法是一种确定图像最佳分割阈值的方法，其核心准则是选择一个阈值，使得分割后的像素类别间的类间方差最大。衡量这一方法效果的标准是类间方差的最大化，类间方差越大，意味着图像的前景和背景之间的灰度差别越明显。相反，如果前景像素被误分类为背景或背景像素被误分类为前景，这种差别会变小，类间方差也会减小。因此，通过选择使类间方差最大的阈值，Otsu 法能够将错分概率降至最低，确保前景和背景得到最佳分割。

设 t 为前景与背景的分割阈值，前景点数权值图像比例为 ω_0，平均灰度值为 μ_0，背景点数占比例为 ω_1，平均灰度值为 μ_1。前景和背景的类间方差计算公式为：

$$\sigma_B^2 = \omega_0 \omega_1 (\mu_0 - \mu_1)^2 \qquad (9-5)$$

有最优的阈值 t^*，使得类间方差最大化：

$$\sigma_B^2(t^*) = \max_{0 \leqslant t \leqslant L} \sigma_B^2(t) \tag{9-6}$$

设灰度级为 L（即最大灰度值为 $L-1$）的图像总像素数为 N，灰度值为 i 的像素数为 N_i，则小于等于 t 的像素出现的概率和平均灰度分别为：

$$w_0(t) = \sum_{i=0}^{t} \frac{N_i}{N}, \quad u_0(t) = \sum_{i=0}^{t} i \frac{N_i}{N} \bigg/ \omega_0(t) \tag{9-7}$$

大于 t 的像素出现的概率和平均灰度分别为：

$$w_1(t) = 1 - \sum_{i=0}^{t} \frac{N_i}{N} = 1 - \omega_0, \quad u_1(t) = \sum_{i=t+1}^{L-1} i \frac{N_i}{N} \bigg/ \omega_1(t) \tag{9-8}$$

图像的平均灰度为：

$$\mu_T = w_0 \mu_0(t) + w_1 \mu_1(t) \tag{9-9}$$

类内方差为：

$$\sigma_W^2 = w_0 \sigma_0^2 + w_1 \sigma_1^2 \tag{9-10}$$

类间方差为：

$$\begin{aligned}
\sigma_B^2 &= w_0(\mu_0 - \mu_T)^2 + w_1(\mu_1 - \mu_T)^2 \\
&= w_0 \mu_0^2 + w_0 \mu_T^2 - 2w_0 \mu_0 \mu_T + w_1 \mu_1^2 + w_1 \mu_T^2 - 2w_1 \mu_1 \mu_T \\
&= w_0 \mu_0^2 + w_1 \mu_1^2 + (w_0 + w_1)\mu_T^2 - 2(w_0 \mu_0 + w_1 \mu)_1 \mu_T \\
&= w_0 \mu_0^2 + w_1 \mu_1^2 - \mu_T^2 \\
&= w_0 \mu_0^2 + w_1 \mu_1^2 - (w_0 \mu_0 + w_1 \mu_1)^2 \\
&= (1 - w_0) w_0 \mu_0^2 + (1 - w_1) w_1 \mu_1^2 - 2w_0 w_1 \mu_0 \mu_1 \\
&= w_0 \mu_0^2 + w_1 \mu_1^2 - w_0^2 \mu_0^2 - w_1^2 \mu_1^2 - 2w_0 w_1 \mu_0 \mu_1 \\
&= w_1 w_0 \mu_0^2 + w_0 w_1 \mu_1^2 - 2w_0 w_1 \mu_0 \mu_1 \\
&= w_1 w_0 (\mu_0 - \mu_1)^2
\end{aligned} \tag{9-11}$$

总方差为：

$$\sigma^2 = \sum_{i=0}^{L-1} (i - \mu_T)^2 p_i, \quad p_i = \frac{N_i}{N} \tag{9-12}$$

当 t 将像素分为两组时，分组的均值为：

$$\mu_0 = \frac{\mu_T}{w(t)}, \quad \mu_1 = \frac{\mu - \mu_T}{1 - w(t)} \tag{9-13}$$

类间方差为:

$$\sigma_B^2 = w_0 w_1 (\mu_0 - \mu_1)^2 = \frac{[\mu w(t) - \mu_T]^2}{w(t)[1 - w(t)]} \tag{9-14}$$

求解使类间方差最大值的 t, 即为最佳阈值。

全局阈值分割方法简单快速,但其适用范围有限,适用于灰度图像和二值图像的分割,但是对于复杂图像,如对于灰度值分布单峰或者峰值不明显的图像,该方法效果不佳。此外,对于复杂图像,分割结果会受到噪声和光照变化的影响,分割效果也会受到限制。因此,在实际应用中,需要根据具体的图像特点和任务需求选择合适的分割方法。

9.2.2 局部阈值分割

局部阈值分割是一种基于图像局部灰度值的分割方法,根据图像中各像素邻域的局部性质来确定分割阈值。局部阈值分割方法会考虑每个像素周围的灰度梯度值和拉普拉斯值等局部特性,来动态计算适合该区域的阈值。与全局阈值分割不同,局部阈值分割将图像分成若干个小区域,每个小区域内的阈值都是不同的,通过不同的阈值将每个小区域分为前景和背景,从而能够适应不同区域的灰度值变化,提高分割效果。这种与像素坐标相关的阈值也被称为动态阈值或自适应阈值。局部阈值分割方法的过程可以总结如下。

将图像划分为若干个小区域,每个小区域内的像素个数相同,为简单化,一般情况下选择方形区域:

① 对每个小区域内的像素统计灰度值的直方图,并选择一个阈值将像素分为前景和背景,常用的阈值选择方法包括 Otsu 阈值法、基于局部均值的方法等。

② 根据每个小区域内的阈值,将图像中的像素分类,得到前景和背景两个二值图像。

③ 进行后处理,去除孤立的前景像素或者填充背景中的小孔等。

④ 局部阈值分割方法能够适应不同区域的灰度值变化,提高了分割效果,但是由于需要对每个小区域内的像素进行处理,因此计算量较大,需要进行优化处理。

⑤ 在处理过程中需要选择合适的小区域大小和阈值选择方法,以达到最佳的分割效果。

全局阈值分割与局部阈值分割对比结果如图 9-5 所示。

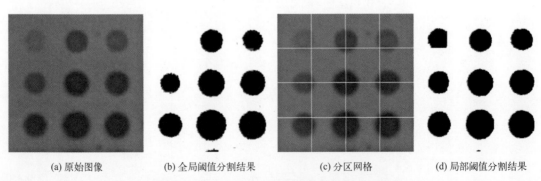

(a) 原始图像　　(b) 全局阈值分割结果　　(c) 分区网格　　(d) 局部阈值分割结果

图 9-5　全局阈值分割与局部阈值分割对比结果

9.3 基于区域的分割方法

假设在图像中同一区域的像素具有相似的颜色、纹理或其他特征。根据相似性特性，基于区域的分割方法将图像中的像素划分为若干个区域，使得每个区域内的像素具有相似的特征，并且不同区域之间的特征差异明显。基于区域分割方法有区域生长与区域分裂合并两种方法。

9.3.1 区域生长分割方法

区域生长分割方法是一种基于像素相似性的图像分割方法，其原理是从图像中选取种子像素作为生长的起点，然后逐步合并与种子像素相邻且相似的像素到同一个区域，直到所有像素点都被分配到一个区域为止。

区域生长分割法的特点在于使用种子像素来启动生长过程，并根据预定义的相似性准则逐步合并与种子像素相似的像素到同一个区域。种子像素可以是单个像素或者包含若干像素的小区域。在生长过程中，相似性准则通常基于像素之间的灰度级、彩色、纹理或梯度等特性来确定是否将邻近像素合并到当前生长的区域中。例如，一个常见的示例相似性准则是，邻近像素与种子像素的灰度值差小于3。生长停止条件可以是达到预设的区域大小或者当没有更多像素能够满足相似性准则时停止生长。通过区域生长分割法，可以实现对具有相似特征的像素区域进行精确而有效的分割，适用于各种需要基于局部相似性进行分割的图像处理任务，如图9-6所示。

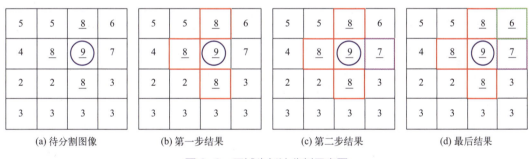

图 9-6　区域生长法分割示意图

区域生长分割法适用于灰度图像和彩色图像的分割，但对于图像中存在弱纹理和复杂边界的情况，容易出现分割错误。

9.3.2 区域分裂与合并

首先将图像划分为多个子区域。对于每个子区域：如果它不满足特定的一致性准则，那么继续将该子区域分裂成更小的子区域；反之，如果子区域满足一致性准则，则停止分裂该子区域。一致性准则一般用灰度均值和方差来度量，如果方差比较大，意味着区域中特征变化比较大，还可以细分；通过相邻的两个子区域是否满足特定的相似性准则来决定是否将它们合并。这个过程一直进行，直到没有可以继续分裂或合并的子区域为止。如图9-7所示，四叉树分解法是一种典型的区域分裂合并法，基本算法如下。

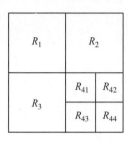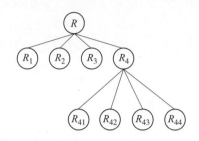

图9-7 区域分裂与合并的四叉树表示

① 对于任一区域，如果$P(R_i)$=FALSE，将其分裂成不重叠的四等分。

② 对相邻的两个区域R_i和R_j，它们可以大小不同（即不在同一层），如果满足条件$P(R_i \cup R_j)$=TRUE，就将它们合并起来。

③ 如果进一步的分裂或合并都不可能，则结束。

其中，R代表整个正方形图像区域，P代表逻辑词。

例如，给定图像如图9-8所示，一致性准则设置如下：分裂时的一致性准则指定了如何根据子区域的灰度均方差来决定是否进行进一步的分裂。具体而言，如果某个子区域的灰度均方差大于1.5，则将该区域分裂为4个子区域，反之，则不进行分裂操作。而合并时的相似性准则则规定了何时将相邻的两个子区域合并为一个更大的区域。根据这一准则，如果相邻两个子区域的灰度均值之差不大于2.5，则认为它们相似，并将它们合并为一个单独的区域。分割过程和结果如图9-9所示。

初始图像方差：$\sigma_R = 2.65$

$\mu_{R_1} = 5.5, \sigma_{R_1} = 1.73; \quad \mu_{R_2} = 7.5, \sigma_{R_2} = 1.29$

$\mu_{R_3} = 2.5, \sigma_{R_3} = 0.25; \quad \mu_{R_4} = 3.75, \sigma_{R_4} = 2.87$

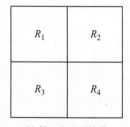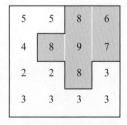

(a) 第一次分裂结果　　(b) 第二次分裂结果　　(c) 第一次合并结果　　(d) 最后的分割结果

图9-9 区域分裂合并法分割示意图

区域分裂合并算法在复杂图像分割任务中表现出良好的效果，能够有效处理具有复杂结构和灰度变化的图像。然而，这种算法本身较为复杂，计算量较大，且在处理过程中可能会对区域边界造成一定程度的破坏，导致分割结果不够精确或连续。在实际应用中，通常采用将区域生长算法和区域分裂合并算法结合使用的策略，特别适用于对复杂物体定义不清晰或缺乏先验知识的自然景物进行分割，能够兼顾处理复杂图像结构和保持分割结果的连续性，提高了图像分割的整体效果和应用范围。

9.3.3 分水岭算法

分水岭（watershed）分割算法[88]是 L.Vincent 于 1991 年提出的一种基于拓扑理论的数学形态学的图像分割方法，目前较著名且使用较多的有两种算法：①自下而上的模拟泛洪的算法；②自上而下的模拟降水的算法。下面介绍泛洪算法的过程。

分水岭的基本思想是把图像看作测地学上的拓扑地貌，图像中每一像素的灰度值表示该点的海拔高度，每一个局部极小值及其影响区域称为集水盆地，而灰度值较大的像素连成线可以看作山脊（集水盆地的边界），也就是分水岭。假设在每个区域最小值的位置上打一个洞并且让水以均匀的上升速率从洞中涌出，从低到高淹没整个地形。当处在不同的汇聚盆地中的水将要聚合在一起时，修建的大坝将阻止两个山谷的水汇集，这样图像就被分成两个像素集，一个是被水淹没的山谷像素集，一个是分水岭线像素集。最终这些大坝形成的线就对整个图像进行了分区，实现对图像的分割，这里空间上相邻并且灰度值相近的像素被划分为一个区域，分割过程如图 9-10 所示。

图 9-10　分水岭算法示意图

分水岭算法的整个过程如下：

① 把梯度图像中的所有像素按照灰度值进行分类，并设定一个测地距离阈值。

② 找到灰度值最小的像素点（默认标记为灰度值最低点），让阈值从最小值开始增长，这些点为起始点。

③ 水平面在增长的过程中，会碰到周围的邻域像素，测量这些像素到起始点（灰度值最低点）的测地距离，如果小于设定阈值，则将这些像素淹没，否则在这些像素上设置大坝，这样就对这些邻域像素进行了分类。

④ 随着水平面越来越高，会设置更多、更高的大坝，直到灰度值的最大值，所有区域都在分水岭线上相遇，这些大坝就对整个图像像素进行了分区。

需要注意的是：用上面的算法对图像进行分水岭运算，由于噪声点或其他因素的干扰，可能会得到密密麻麻的小区域，即图像被分得太细（即过度分割），这是因为图像中有非常多的局部极小值点，每个点都会自成一个小区域。其中的解决方法有：①对图像进行高斯平滑操作，抹除很多小的最小值，实现小分区的合并；②不从最小值开始增长，而是将相对较高的灰度值像素作为起始点（如用户手动标记），从标记处开始进行淹没，则很多小区域都会被合并为一个区域，这种方法称为基于图像标记（mark）的分水岭算法。图 9-11 的 3 幅图分别是原图、分水岭过度分割的图以及基于图像标记的分水岭算法得到的图。

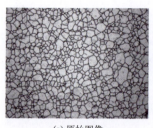  

(a) 原始图像　　　　　　　(b) 分水岭过度分割结果　　　　(c) 基于图像标记的分水岭分割结果

图 9-11　分水岭分割结果

基于图像标记的分水岭分割方法中，每个标记点就相当于分水岭中的注水点，从这些点开始注水使得水平面上升，但是如图 9-12（c）所示，图像中需要分割的区域仍然太多，从而手动标记工作量大。因此，经常采用其他方法（如距离转换）来进行自动标记。

使用 Otsu 算法对图像 [图 9-12（a）] 进行二值化后，先使用开运算去除图像中的细小白色噪点 [如图 9-12（b）]，然后通过腐蚀运算移除边界像素，得到的图像中的白色区域肯定是真实前景，即靠近硬币中心的区域 [图 9-12（c）]。膨胀运算使得一部分背景成为了物体的边界，得到的图像中的黑色区域肯定是真实背景，即远离硬币的区域 [图 9-13（d）]。剩下的区域——前景图（或膨胀图）减去背景图（或腐蚀图），即对应硬币的边界附近还不能确定是前景还是背景。图 9-12（e）中的白色部分为不确定区域，即不确定是硬币还是背景，这些区域通常在前景和背景接触的区域（或者两个不同硬币接触的区域），称之为边界。通过分水岭算法应该能找到确定的边界。

由于硬币之间彼此接触，一般使用带阈值的距离变换的方法确定前景。对图 9-12（b）进行距离变换计算非零像素到最近零像素点的最短距离，得到距离图像，如图 9-12（f）所示，其中每个像素的值为其到最近的背景像素（灰度值为 0）的距离，可以看到硬币的中心像素值最大（中心离背景像素最远）。对其取阈值进行二值处理就得到了分离的确认前景图 [如图 9-12（g）]，白色区域肯定是硬币区域，而且还相互分离。图 9-12（h）为未知区域，由之前的图 9-12（d）减去图 9-12（g）的确认前景图得到。根据图 9-12（g）给出的确认前景图为种子，标记最大连通域（大于 1 为内部区域，标记 1 为背景区域，标记 0 为未知区域），如图 9-12（i）所示。标记图像完成后，采用分水岭算法来合并种子和不确定区域、标记边界为 -1。经过分水岭算法得到的新的标记图像 [图 9-12（j）] 和分割后的图像 [图 9-12（k）]。

由此，上述标记分水岭算法的整个过程，可以描述为以下几步：

① 对图进行灰度化和二值化得到二值图像；

② 通过膨胀得到确定的背景区域，通过距离转换得到确定的前景区域，剩余部分为不确定区域；

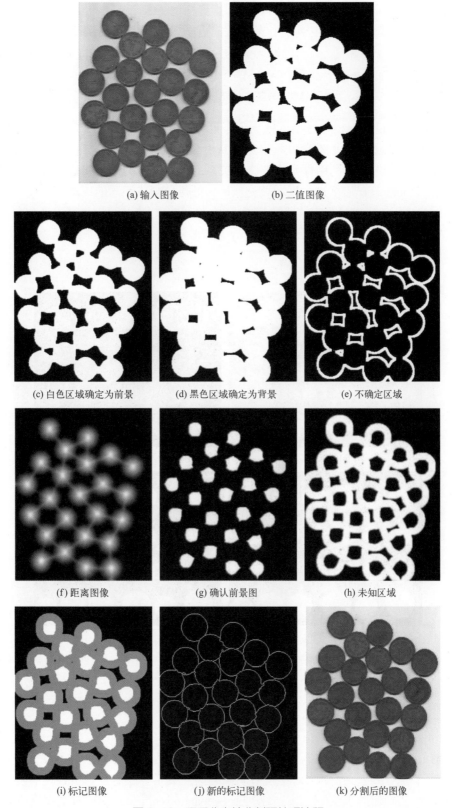

图 9-12 硬币分水岭分割预处理流程

③ 对确定的前景图像进行连接组件处理，得到标记图像；
④ 根据标记图像对原图像应用分水岭算法，更新标记图像。

9.4 边缘检测分割

边缘检测分割是利用相邻区域的像素值不连续的性质，采用一阶或者二阶导数来检测边缘点。其原理是通过检测图像中像素点的灰度值变化来确定图像中物体的边缘（如点、线、目标轮廓等），然后再利用像素点的空间关系，根据设定的条件将边缘连接为检测目标的封闭轮廓（contour），后续进行区域填充从而将图像分割成不同的区域。与传统的边缘检测分割不同，基于边缘的分割方法将边缘提取和分割结合起来，可以更准确地分割出图像中的物体。常用基于边缘的分割方法包括 Canny 边缘检测、Sobel 算子等。

边缘检测分割示意图如图 9-13 所示。

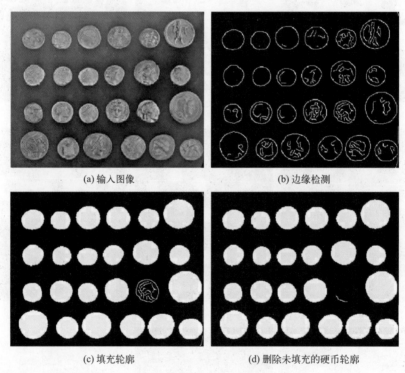

(a) 输入图像　　　　　　　　(b) 边缘检测

(c) 填充轮廓　　　　　　　　(d) 删除未填充的硬币轮廓

图 9-13　边缘检测分割示意图

9.5 图像语义分割

本章前面讲述的图像分割方法只是把图像分成不同的连续区域，至于每个区域中像素属于什么目标不太关注，区域之间也没有明确的语义关系。随着计算机视觉的发展，尤其是最近几年基于深度学习的发展，语义分割（semantic segmentation）成为了大家关注的热点问题之一。语义分割是将图像中的每个像素根据其语义类别进行分类，赋予对应的语义标签，从而将图像分成不同的区域，实现对图像区域分割。

此外，还有两个与语义分割相类似但不同的概念——实例分割与全景分割。实例分割是对同一类的不同对象也要进行区分分割，比如说，语义分割会将车分为一类，人分为另一类。但是，实例分割不同的是，它会将车和人继续进行分类，每一辆车都是一个类别，每人是一个类别。全景分割是实例分割与语义分割的结合，图像中每一个像素点都会分成对应的语义标签和实例标签。如果一种类别里有多个实例，会用不同的颜色进行区分，我们可以知道哪个像素属于哪个类中的哪个实例。图 9-15 中，图（a）～（d）分别表示输入图像、语义分割、实例分割和全景分割。可以看出，语义分割中同类目标区域是相同的类别颜色；实例分割则即使是同类目标，但属于不同的个体，也需要分配不同的类别颜色；全景分割则是对图像中所有像素进行实例分割。显然，语义分割、实例分割和全景分割三者的分割难度是依次增加的。

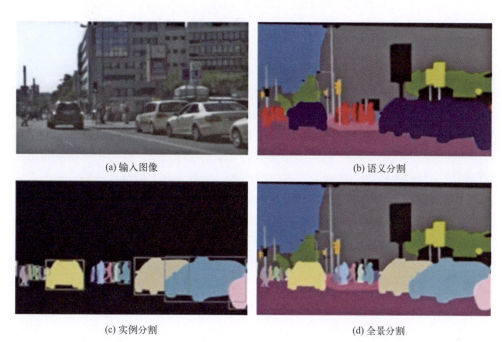

(a) 输入图像　　　　　　　　　　(b) 语义分割

(c) 实例分割　　　　　　　　　　(d) 全景分割

图 9-14　语义分割、实例分割和全景分割结果对比示意图

随着深度学习的快速发展，语义分割方法先后发展出全卷积网络（fully convolutional networks，FCN）[89]、SegNet 网络[90]、U-Net 网络[91]、Deeplab 系列网络（V1、V2[92]、V3[93]和 V3+[94]）等。这里简单介绍一下全卷积网络与 Deeplab 系列网络。

9.5.1　全卷积网络

卷积神经网络通过一系列卷积操作来捕捉图像中的复杂特征，并将图像内容编码为紧凑的表征。然而，要将单独的像素映射到相应的标签，需要将标准的 CNN 编码器扩展为编码器 - 解码器架构。在这个架构中，编码器通过使用卷积层和池化层来缩小特征图的尺寸，将图像特征转换为更低维的表征。解码器则接收这一低维表征，通过转置卷积执行上采样，逐步恢复空间维度，从而扩展特征图的尺寸。通过这种方式，每一个转置卷积操作都能够扩大特征图的尺寸，最终实现将单独的像素映射到标签。

全卷积网络（FCN）就是一种典型的编码器-解码器结构的网络。它是一种专门用于语义分割的深度学习网络结构。与传统的卷积神经网络不同，FCN 去除了 CNN 中的全连接层，仅包含卷积层，这使得网络能够接受任意尺寸的输入图像，并输出相应尺寸的分割图，其结构简图如图 9-15 所示。

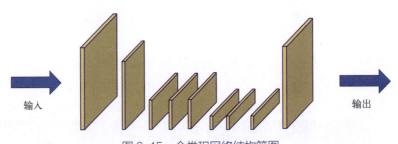

图 9-15　全卷积网络结构简图

全卷积神经网络是一种用于图像分割的深度学习方法，其特征提取网络通常采用 VGG 结构。其工作流程如下：首先，输入一个 RGB 图像。图像经过多次卷积和池化处理，得到一系列特征图，这些特征图捕捉了图像中的复杂特征信息。然后，利用转置卷积层对最后一个卷积层的特征图进行上采样，使其尺寸恢复到与原始图像相同。在上采样后的特征图上逐像素进行预测，同时保留每个像素的空间位置信息。接着，对上采样后的特征图逐像素进行分类，计算 Softmax 分类损失，以确定每个像素属于不同类别的概率。最终，输出结果是每个像素所属不同类别的概率，实现了像素级的分类，从而实现了精确的图像分割。

全卷积网络的缺陷在于得到的结果还是不够精细。虽然通过上采样的方式恢复了特征图的尺寸，但是上采样的结果仍然比较模糊和平滑，对图像中的细节不敏感。其次，在得到上采样结果后，对各个像素进行分类，却没有充分考虑像素与像素之间的关系，忽略了基于像素分类的分割方法中使用的空间规整步骤，缺乏空间一致性，导致语义分割任务的表现仍然不够理想。

9.5.2　SegNet 网络

SegNet 网络[90]针对 FCN 在语义分割时感受野固定和分割物体细节容易丢失或被平滑的问题作出了改进。其整体思路与 FCN 十分相似，如图 9-16 所示，SegNet 的编码部分由 VGG-16 网络的前 13 个卷积层和 5 个池化层构成，这部分负责提取图像的特征并将其尺寸缩小。解码部分则由 13 个卷积层和 5 个上采样层组成，用于逐步恢复特征图的空间维度。最后，解码器输出的高维特征被送入一个可训练的 Softmax 分类器中，对每个像素进行独立分类，从而实现精确的像素级分类。

在编码器中，SegNet 网络使用了池化索引（pooling indices）来保存图像的轮廓信息，池化索引则在解码器中被用于进行非线性上采样，这样可以更准确地恢复图像的细节和边缘信息。SegNet 的这种设计使得网络在推理时有更高的计算效率，同时内存占用更少，此外，它的参数数量相对较少，便于端到端训练。因此，在处理图像分割任务时，SegNet 既能保持较高的准确性，又能保证较快的运行速度，这对于在实时性要求高的场合中的应用来说非常重要。

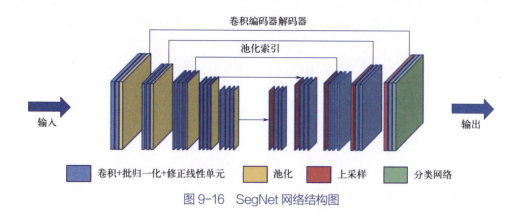

图 9-16　SegNet 网络结构图

9.5.3　U-Net 网络

U-Net 网络[91]最初专为医学图像处理设计，如图 9-17 所示，它具有对称的网络结构，形似英文字母 U，也因此而得名 U-Net。

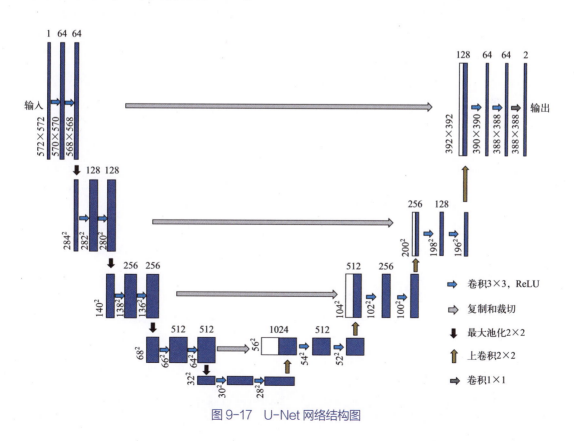

图 9-17　U-Net 网络结构图

与 FCN、SegNet 相似，U-Net 也是典型的编码器-解码器结构。它的结构包括一个收缩路径（编码器）和一个扩张路径（解码器），它们呈 U 形对称。收缩路径由多个卷积层和池化层组成，用于捕获图像的上下文信息。扩张路径则包括上采样层和卷积层，用于精确定位和恢复图像的细节。图像首先通过收缩路径，逐层进行卷积和池化操作，以提取特征并降低分辨率。然后通过扩张路径，逐层进行上采样和卷积操作，以恢复分辨率并精确定位。在每一步的上采样中，都会将相应的收缩路径的特征图与扩张路径的特征图进行拼接，以融合不同尺度的特征。最后通过一个 1×1 的卷积层输出每个像素的分类结果，完成图像分割。

U-Net 的优异性能表现源于它的特征融合策略设计，与其他 FCN 等常见的分割网络不同，U-Net 采用了完全不同的特征融合方式：拼接（concat），它将特征在通道维度拼接在一起，形成更厚的特征。而 FCN 在进行特征融合时使用了对应点相加的方式，并不形成更厚的特征。U-Net 的这种设计使其在医学图像分割等任务中表现出色，尤其是在样本数量有限的情况下。

在自动驾驶领域的实际应用中，语义分割模型需要处理来自不同视角、光照条件和天气情况下的图像，这就要求模型具有高度的鲁棒性和适应性。为了提高模型的性能，研究者们针对性地开发了多种技术，如空洞卷积（atrous convolution）[93] 和注意力机制等，以捕获更丰富的上下文信息并突出重要特征。此外，空间金字塔池化（spatial pyramid pooling）等技术也被用于提取不同尺度的特征，以改善对大小不一的目标的识别性能。

9.5.4　Deeplab 系列网络

Deeplab 系列网络是由谷歌团队提出的一系列语义分割算法，该系列网络主要有 3 个突出贡献：

① 利用扩张卷积解决了由最大池化引起的网络分辨率下降的问题；

② 提出了空洞空间池化金字塔（ASPP），可以有效地捕获多尺度语义特征和背景信息，因此对不同尺度的对象均有良好的分割性能；

③ 通过结合深度 CNN 网络和概率图模型改进了对象边界的定位效果。

(1) Deeplabv1 网络

Deeplabv1 网络主要包含 3 个创新部分：

① 该架构放弃了 VGG 16 架构中传统的全连接层，而是采用全卷积网络（FCNs）来进行语义分割，强调了在像素级分类中保留空间信息的重要性。

② 该架构指导了神经网络中常规池化层的使用。尽管池化层在减少计算需求、缩小特征图并扩展感受野方面发挥了重要作用，但也给语义分割带来了挑战。

③ 语义分割的本质是一个需要精确像素分类的端到端任务，该任务需要保留空间信息，这与池化操作固有的模糊位置细节的性质相矛盾。

为了解决这个问题，Deeplabv1 有策略地省略了最后两个池化层，这是一种寻求在保留足够空间细节的同时不过度消耗计算资源的折中策略。此外，还首次引入了空洞（atrous）卷积，为扩展感受野而不丢失空间信息提供了一种新颖的解决方案。扩张卷积通过在卷积核元素之间插入空洞，使得能够覆盖更广泛的区域而不增加计算量。这种技术不仅有助于利用上下文信息进行更精确的语义分割，还增强了特征表示密度，解决了过度池化带来的局限性。

(2) Deeplabv2 网络

Deeplabv2 采用了 ResNet-101 模型替代了原 VGG-16 模型，这一变化是基于对更强大的特征表达能力的需求。相较于 VGG-16，ResNet-101 凭借其深层次的网络结构能够捕捉到更加复杂和抽象的特征，这对于图像分割任务来说是非常关键的。此外，Deeplabv2 对 ResNet-101 结构进行了微调，使用了与 v1 版本相同的修改策略，进一步优化了模型的性能。该研究的另一项重要创新是更灵活地应用了空洞卷积，并引入了空洞空间金字塔池化技术。ASPP 的设计充分利用了空洞卷积的优点，即能够在不同的尺度上捕获图像特征而不增加额外的计算成本，该方法特别适用于处理图像中同一对象的尺度变化问题。例如，在一张包含不同尺寸木材缺陷的图像中，ASPP 能够有效地区分各个缺陷，提高分类的准确性。在集成 ASPP 到 ResNet-101 的过程中，原有骨干网络的 conv6 被替换为具有不同扩张率（rate）的空洞卷积，紧接着是 conv7 和 conv8，最后通过加法或 1×1 的卷积进行特征融合。这种设计策略不仅增强了模型对于图像中多尺度特征的识别能力，而且保持了计算效率。

总之，Deeplabv2 通过引入 ResNet-101 和 ASPP，显著提升了图像分割任务的性能。这些技术的应用展示了在处理复杂图像分析任务时深度学习模型的强大建模能力，特别是 ASPP 的提出，为未来的多尺度特征融合提供了新的方向和工具。

(3) Deeplabv3 网络

模型 Deeplabv3 的改进方面主要包括 3 个方面的贡献：

① 研究者选择放弃了条件随机场（CRF）作为后处理步骤，因为当前的分类结果精度已经足够高，CRF 起到的作用微乎其微。这一策略不仅简化了模型的结构，还有助于减少模型的推理时间和计算资源的消耗。

② 改进的空洞空间金字塔池化是这项工作中的一个亮点。在 ASPP 的改进版本中，研究者在空洞卷积之后加入了批量归一化（batch normalization，BN），批量归一化有助于加速训练过程，在实际应用中这一策略被证明是有效的。此外，为了应对空洞卷积可能导致的特征覆盖率下降的问题，研究者引入了 1×1 卷积分支和图像池化分支。这两个分支的引入旨在保持模型对大范围特征的捕捉能力，即通过 1×1 卷积来减少参数量并作为 3×3 卷积的替代，随后通过全局池化来补充全局特征。

③ 利用空洞卷积加深网络结构，目的是扩大模型的感受野，以通过增加网络的深度来获取更广泛的特征信息。空洞卷积的使用使得即便是在网络深度增加的情况下，也能避免特征层尺寸的过度缩减，从而保持对细节的捕捉能力。

(4) Deeplabv3+ 网络

Deeplabv3+[94] 模型主要是对 Deeplabv3 模型的架构进行改进，特别是将主网络从 ResNet-101 转变到 Xception，以及对原有 Xception 结构的关键改进。这些改进主要包括：首先，网络的深度得到了加强，以此来提升模型的学习能力和特征提取能力；其次，为了进一步优化模型的效率和性能，网络中所有的卷积层和池化层都被深度可分离卷积（depthwise separable convolution）所替代。深度可分离卷积不仅减少了模型的参数量，还保持了处理效果的高效性；最后，在每个 3×3 depthwise separable convolution 之后采用批归一化和 ReLU 激活函数，以增强模型的非线性表达能力和泛化能力。

深度分离卷积作为 Xception 模型的核心，其概念源自 Inception 结构，被认为是

Inception 的一种改进形态。其核心思想是将卷积层通道间的相关性和空间相关性解耦，先对输入通道进行独立的 3×3 卷积操作，然后通过 1×1 卷积整合各通道的特征，达到了大幅减少参数量的目的。这种方法相较于传统卷积，在保持性能的同时，极大地降低了计算复杂度和模型大小。在 Deeplabv3+ 的整体结构方面，相较于前版本直接采用双线性上采样 Deeplabv3+ 借鉴了编码器 - 解码器架构，引入了一个浅层特征到输出的 skip 连接来改善模型的分割精度，如图 9-18 所示。

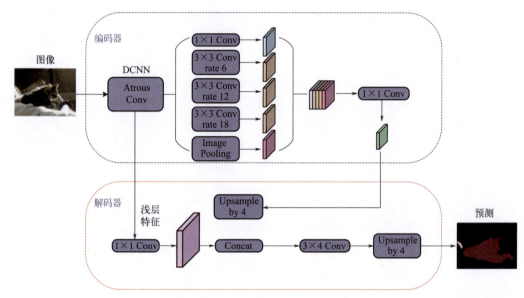

图 9-18　Deeplabv3+ 网络结构图

具体而言，该模型通过选取中间某一层的输出进行通道数的调整，并与 ASPP 的输出进行融合，之后通过两次 3×3 卷积进一步提取特征，最终通过 1×1 卷积得到分类结果。该模型最终利用双线性采样将分类结果恢复到原始分辨率，以获得精确的分割结果。

9.6　形态学处理

9.6.1　形态学处理基础

形态学是一种基于数学形态学理论的图像处理技术，主要应用于从图像中提取对表达和描绘区域形状有重要意义的图像分量。通过形态学操作，可以抓住目标对象的本质形状特征，如边界和连通区域。这些特征在后续的图像识别工作中具有重要作用，能够为准确识别和分析图像中的对象提供关键的形状信息。形态学广泛应用于各种图像处理任务，包括目标检测、边缘检测和图像分割等领域。

形态学的基本思想是利用一种特殊的结构元（structure element，SE）来测量或提取输入图像中相应的形状或特征。结构元是研究一幅图像中感兴趣特性所用的小集合或子图像，也可以看作一个固定形状的模板或窗口，与图像进行"与"和"或"运算来实现图像特征的提取。结构元可以是各种形状，如矩形、圆形、十字形等，其选择取决于所需的操作和应用场景。结构元的大小和形状对形态学处理的结果具有重要影响。较小的结构元可以更好地捕捉图像中的细节和小尺度特征，而较大的结构元则更适用于涉及较大目标的操作。通常，结构元被定义为二值图像，其中前景像素表示结构元的形状，背景像素表示结构元外部。图9-19为常见的几种用于二值图像的结构元。

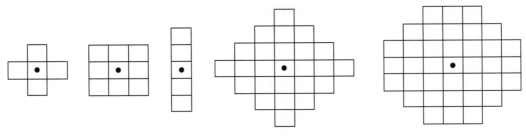

图 9-19　常见的结构元

在图像处理中，结构元的选取需遵循一定的规则：
① 结构元的几何结构要比原图像简单且有界，且尺寸要明显小于目标图像的尺寸；
② 结构元的形状最好具有某种凸性；
③ 对于每个结构元，指定一个原点，作为结构元参与形态学运算的"参考点"。

形态学运算是利用结构元对图像集合进行操作，观察图像中各部分关系，从而提取有用特征进行分析和描述，以达到对图像进行分析和识别的目的。常见的形态学操作有膨胀、腐蚀、开操作、闭操作和击中击不中变换等。

9.6.2　膨胀与腐蚀

膨胀和腐蚀是形态学中最基本的操作，大多数的形态学操作都可以由这两个形态学操作组合而成。

(1) 膨胀操作

膨胀操作用于扩展图像的前景区域或增加目标的大小，用结构元 S 对集合 X 进行膨胀，记为 $X \oplus S$，其数学表达式为：

$$X \oplus S = \left\{ x \mid \left[(\hat{S})_x \cap X \right] \neq \varnothing \right\} \tag{9-15}$$

式中，$(\hat{S})_x$ 表示对 S 作关于它的原点的映像，并以 x 对其进行平移，从而形成的新集合，其与集合 X 相交不为空集时结构元 S 的参考点的集合即为 X 被 S 膨胀所得到的集合。

膨胀操作的效果是将图像中的边界扩展并填充空洞，增加目标的大小，用于去除小的噪点、连接断开的边界、平滑图像的边缘等。以二值图像为例，实际中对图像进行膨胀操作的一般过程如下：
① 构建结构元 S 的形状与原点；
② 使用结构元 S 对图像 X 进行扫描，若 S 中的任一元素与图像 X 中的一个非零值重叠，

则将图像 X 中 S 原点所在位置的像素置为 1；

③ 依照步骤②扫描完原图 X 中每一个像素点，所得图像即为膨胀后的图像。

示例一：图 9-20（a）是一幅二值图像，灰色部分为目标集合 X。图 9-20（b）展示的为结构元 S 的形状与原点（标有"+"的地方）。图 9-20（c）中，灰色部分为结构元 S 的映射。图 9-20（d）中，浅灰色部分表示原图中的目标集合，深灰色部分表示为膨胀（扩大）部分，整个灰色部分即为膨胀后的图像。

示例二：图 9-21（a）为字符断裂且分辨率不高的图像，为了填补字符断裂且模糊不清的文本字符，使用图 9-21（b）结构元对其进行膨胀操作得到图 9-21（c），明显看出断裂的字符被修补了。

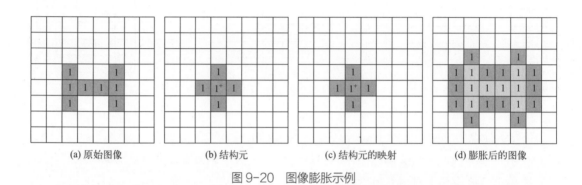

图 9-20　图像膨胀示例

图 9-21　膨胀操作在实际中的应用

（2）腐蚀操作

与膨胀操作原理相似，腐蚀操作是用于缩小或消除图像中边界或物体的细节，用结构元 S 对集合 X 进行腐蚀，可记为 $X \ominus S$，数学表达式为：

$$X \ominus S = \{x \mid (S)_x \subseteq X\} \tag{9-16}$$

该式表示用 S 腐蚀 X 的结果为，用 x 平移 S 后，使得 S 包含在集合 X 中的所有点 x 的集合。

同样，以二值图像为例，实际中对图像进行腐蚀操作的一般过程可总结如下：

① 构建结构元 S 的形状与原点；

② 扫描原图 X，遍历所有像素值为 1 的点，并将结构元原点置于这些点所在的位置；

③ 若结构元覆盖范围内的图像像素值全为 1,则腐蚀后图像该点像素值置为 1,否则,则置为 0。

示例一:原图 9-22(a)经过图 9-22(b)的结构元 S 腐蚀后,得到腐蚀后的图像图 9-22(c)。图 9-22(c)中,浅灰色表示为腐蚀的部分,深灰色则为腐蚀后的图像。

示例二:对一张图像图 9-23(a),假设我们希望去除图像中除了椭圆之外的所有线条。使用一个大小为 5×5 且元素全为 1 的结构元腐蚀该图像,如图 9-23(b)所示,最细的 3 根线条都被去除了,而四周的线条只是被细化了,因为它们的宽度大于 5 个像素。把结构元大小改成 10×10,再次腐蚀原图像,如图 9-23(c)所示,较细的 4 根线条被去除了。剩下的 4 根最粗的线条只需要增大结构元的尺寸就可以消除。例如,使用 20×20 的结构元,就把所有线条去除了,如图 9-23(d)所示。

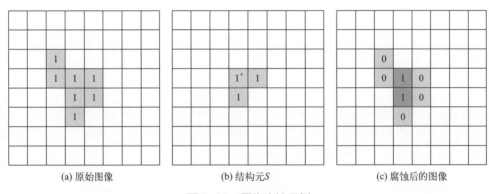

(a) 原始图像   (b) 结构元 S   (c) 腐蚀后的图像

图 9-22 图像腐蚀示例

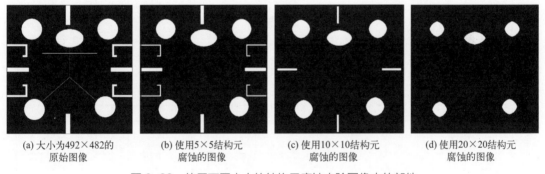

(a) 大小为 492×482 的原始图像   (b) 使用 5×5 结构元腐蚀的图像   (c) 使用 10×10 结构元腐蚀的图像   (d) 使用 20×20 结构元腐蚀的图像

图 9-23 使用不同大小的结构元腐蚀去除图像中的部件

膨胀和腐蚀彼此关于集合求补运算和映射运算是对偶的,如下所示:

$$\begin{cases} (X \ominus S)^c = X^c \oplus \hat{S} \\ (X \oplus S)^c = X^c \ominus \hat{S} \end{cases} \tag{9-17}$$

对偶性是非常有用的,因为在实际中,结构元通常是关于原点对称的,即 $S = \hat{S}$,S 对 X 进行腐蚀操作的结果可以通过 S 对 X 的补集进行膨胀然后求补得到,反之亦然。

9.6.3 开操作和闭操作

腐蚀与膨胀是形态学操作的基础，组合运用腐蚀与膨胀可以得到新的形态学操作，从而更有效地优化目标区域，提取出更为理想的图像特征。开操作是一种图像处理技术，先进行腐蚀操作，然后进行膨胀操作。它能有效地消除细小的物体，分离纤细的物体部分，并平滑较大物体的边界，可定义为：

$$X \circ S = (X \ominus S) \oplus S \tag{9-18}$$

其先使用 S 对图像 X 进行腐蚀，然后再使用 S 对腐蚀的结果进行膨胀。

类似的，闭操作是一种图像处理技术，首先进行膨胀操作，然后进行腐蚀操作。它的作用包括填充物体内部的细小空洞，连接邻近的物体部分，并平滑物体的边界，可定义为：

$$X \cdot S = (X \oplus S) \ominus S \tag{9-19}$$

其先使用 S 对图像 X 进行膨胀，然后再使用 S 对膨胀的结果进行腐蚀。

示例一：开操作和闭操作的操作说明。

开操作过程如图 9-24 所示，先对原图像［图 9-24（a）］使用结构元［图 9-24（b）］进行腐蚀操作，操作过程如图 9-24（c）所示，得到腐蚀后的图像［图 9-24（d）］。再对图像［图 9-24（d）］进行膨胀操作，操作过程如图 9-24（e）所示，最后得到膨胀后的图像［图 9-24（f）］。我们将先腐蚀后膨胀的整个过程称为开操作，也称开运算。

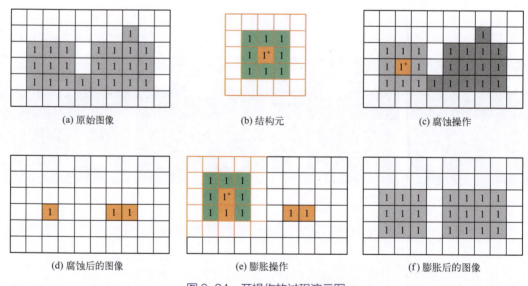

图 9-24 开操作的过程演示图

闭操作过程如图 9-25 所示，先对原图像［图 9-25（a）］使用结构元［图 9-25（b）］进行膨胀操作，操作过程如图 9-25（c）所示，得到膨胀后的图像［图 9-25（d）］。再对图像［图 9-25（d）］进行腐蚀操作，操作过程如图 9-25（e）所示，最后得到腐蚀后的图像［图 9-25（f）］。我们将先膨胀后腐蚀的整个过程称为闭操作，也称闭运算。

示例二：开操作和闭操作的实例。

如图 9-26 所示，进行开操作后，字母 A 上的突刺被过滤掉了，并且将字母的连接点分离，但字母面积和整体形状没有明显的改变。而进行闭操作后，字母 A 中的小洞缝隙都被填补了，并且在连接点处进行了增补，同样也没有明显改变字母面积和整体形状。

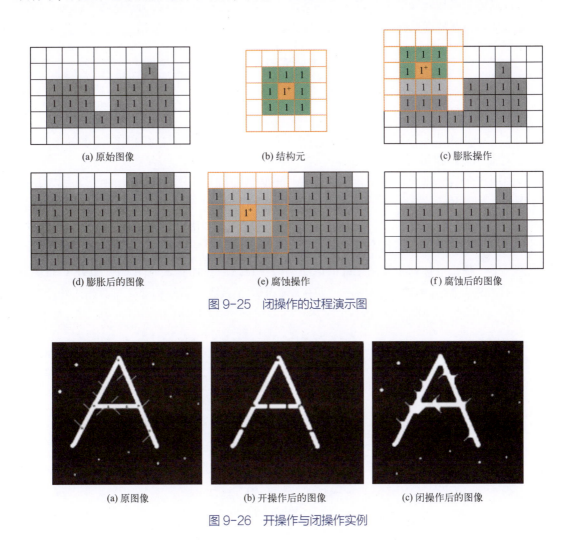

图 9-25 闭操作的过程演示图

图 9-26 开操作与闭操作实例

由示例一和实例二可以看出，与单独的膨胀操作和腐蚀操作不同，使用开操作和闭操作处理图像，在达到平滑目标边界效果的同时，不会明显改变目标的大小，从而更好地保留图像目标的主体部分。通过示例可以看出：开操作适用于去除噪声（滤掉突刺）或者分离目标（切断细长搭接）；而闭操作更适用于填充目标的裂缝和小洞或者连接相近物体（搭接短的间断）。同膨胀与腐蚀操作一样，开操作和闭操作都具有对偶性，如下所示：

$$\begin{cases} (X \circ S)^c = X^c \bullet \hat{S} \\ (X \bullet S)^c = X^c \circ \hat{S} \end{cases} \tag{9-20}$$

9.6.4 击中击不中变换

形态学中的击中击不中变换（hit-miss transformation）是形态学中用于形状检测的基础工具，通过定义形状模板可以在图像中获取目标形状物体的位置坐标。击中击不中变换运算过程可以描述为模板对图像前景区域腐蚀的结果与模板的补集对图像前景区域补集腐蚀的结果的交集即为目标所在的位置，用公式可写为：

$$X \circledast S_1 = (X \ominus S_1) \bigcap [X^c \ominus (W - S_1)] \tag{9-21}$$

因此，通过上式可知，击中击不中变换由下面三步构成：

① 用结构元 S_1 来腐蚀图像 X；

② 根据需求构造集合 W 包含 S_1，得到 S_1 的补集 $W - S_1$，并用其腐蚀图像 X 的补集 X^c；

③ 对前两步结果进行"与"运算。

下面用一个例子来说明击中与击不中变换的运算过程。如图 9-27（a）所示，我们需要在 A 图像上找到和 B 图像一致的区域所在位置。首先，如图 9-27（b）所示，将 B 作为结构元素 S_1，并构建一个比 B 大的模板 W，得出 B 的补集 $S_2 = W - B$，同时计算 A 的补集 A^c，如图 9-27（c）所示。然后计算 S_1 对 A 进行腐蚀的结果 $A \ominus S_1$，如图 9-27（d）所示，即在原始图像中寻找和目标结构完全匹配的区域中心点位置。再计算 S_2 对 A 的补集 A^c 进行腐蚀的结果 $A^c \ominus S_2$，如图 9-27（e）所示，即在原始图像上找到目标结构补集与原始图像没有交集的位置。如图 9-27（f）所示两者的交集，即为目标所在的位置。

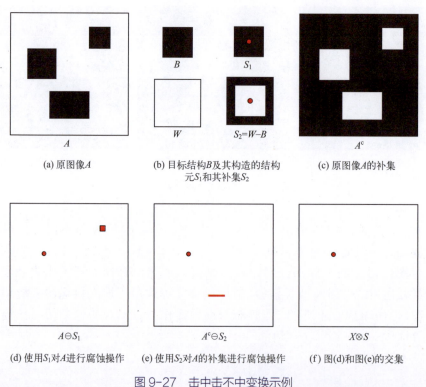

图 9-27　击中击不中变换示例

9.6.5 形态学基础算法与应用

前面介绍了一些形态学的基本操作,如膨胀、腐蚀、开操作、闭操作、击中击不中等。下面将介绍一些形态学的基础算法及其实际应用。在处理二值图像时,形态学的主要应用之一是提取图像中用来表示和描述形状的成分。由此,本小节将介绍一些基础的形态学算法,用于实现边界提取、连通分量提取、凸壳和骨架提取等功能。同时还将探讨预处理或后处理中频繁使用的几种方法,包括区域填充、细化、粗化和修剪。

(1) 边界提取

边界提取的原理是通过对目标图像进行腐蚀和膨胀处理,并比较处理后的图像与原图像之间的差异来确定边界。具体来说,内边界提取是利用图像的腐蚀处理来实现的。首先,对目标图像进行腐蚀操作,得到一个较原图像收缩后的版本。接下来,将这个收缩后的图像与原始目标图像进行异或运算,从而提取出两者之间的差值部分,其表达式为:

$$\beta(A) = A - (A \ominus B) \tag{9-22}$$

式中,A 为图像;B 为合适的结构元;$\beta(A)$ 为提取的边界。

类似地,外边界提取先对图像进行膨胀处理,然后用膨胀结果与原目标图像进行异或运算,也就是求膨胀结果与原目标图像的差集,其表达式为:

$$\beta(A) = (A \oplus B) - A \tag{9-23}$$

(a) 原图像　　　　　　　　(b) 腐蚀后的图像　　　　　　　(c) 内边界提取结果

图 9-28　内边界提取实例

图 9-28 和图 9-29 展示了两个使用形态学提取边界的实例。如图 9-28(b)所示,图像腐蚀后,图像的高亮区域会缩小,然后用原图像减去腐蚀图像,就可以得到目标的内边界。类似的,图像膨胀后,图像的高亮区域会扩张,然后用膨胀图像减去原图像,就可以得到目标的外边界,如图 9-29(c)所示。随着结构元尺寸增大,腐蚀(膨胀)后图像就会缩小(扩张)得越厉害,提取的边界就会越粗。

(2) 孔洞填充

孔洞填充是指对图像中的孔洞或空洞进行填充,使得图像中的物体或区域变得完整。孔洞可以定义为前景像素相连接的边界所包围的背景区域。孔洞填充可以视为边界提取的逆过程。在已知图像边界的情况下,通过孔洞填充技术,可以将边界包围的整个区域填充完整。

(a) 原图像　　　　　　　(b) 膨胀后的图像　　　　　　(c) 外边界提取结果

图 9-29　外边界提取实例

孔洞填充的流程如图 9-30 所示，首先找到孔洞的一个点，使用结构元进行膨胀。然后用原图像的补集进行约束（求交集），不断重复膨胀，约束直至图像不改变。最后与原图求交集，得到最终孔洞填充的结果。具体来说，我们设集合 A 为包含连通边界及边界内部的集合，然后定义一个大小与 A 相同的 X_0，找到一个孔洞所在位置置1，其余位置置0，然后利用式（9-24）进行迭代。

$$X_k = (X_{k-1} \oplus B) \cap A^c, \quad k = 1,2,3,\cdots \tag{9-24}$$

式中，B 为对称结构元。若 $X_k = X_{k-1}$，则达到终止条件，算法在第 k 步结束。集合 X_k 包含所有被填充的孔洞。X_k 和 A 的并集包含所有填充的孔洞及这些孔洞的边界。

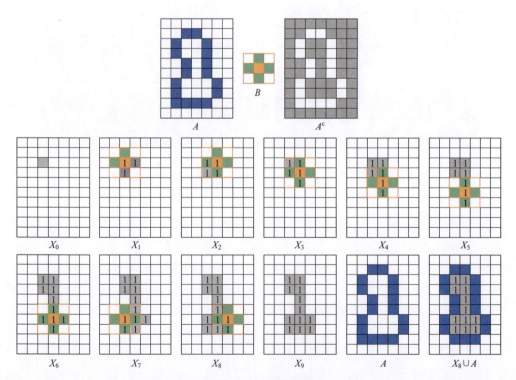

图 9-30　孔洞填充流程

图 9-30 中，A 为原图，B 为结构元，灰色标有"1"的方框表示已填充的像素点。$X_0 \sim X_9$ 为迭代过程，当 $X_9 = X_8$ 时，结束迭代。最终的填充结果为 X_8 与原图的并集。

(3) 连通分量提取

基于形态学的连通分量提取是一种常用的图像处理技术，用于将图像中具有相同像素值且彼此连接在一起的像素区域提取出来。这些区域通常被称为连通分量或连通区域，它们可以代表图像中的物体、目标或其他有意义的结构。

连通分量提取过程实际上是对图像中的连通区域进行标注的过程。具体而言，这个过程通过为每个连通区域分配一个唯一的编号，使得输出图像中每个连通区域内的所有像素值都被赋予该区域的编号，我们将这样的输出图像称为标注图像，如图 9-31 所示。

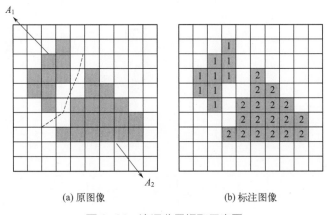

(a) 原图像   (b) 标注图像

图 9-31　连通分量提取示意图

这里介绍一种基于形态学的膨胀操作的提取连通分量的方法。首先定义一个大小与原图 A 相同的 X_0，每一个连通分量找到一个已知点，并将 X_0 在对应位置 1。通过式 (9-25) 进行迭代。

$$X_k = (X_{k-1} \oplus B) \bigcap A, \quad k = 1, 2, 3, \cdots \tag{9-25}$$

式中，B 为对称结构元，当 $X_k = X_{k-1}$ 时，迭代过程结束，X_k 包含 A 中所有的连通分量。

(4) 凸壳

如果连接物体 A 内任意两点的直线段都在 A 的内部，则称 A 是凸的。任意集合 A 的凸壳 H 是包含于 A 的最小凸集。集合差 $H-A$ 称为 A 的凸缺。在图像分析中，由于光照不均等原因，导致图像在二值化时，物体本身形状发生缺损，像素化算法就无法找到物体真正的质心。此时可适当进行凸壳处理，弥补凹损。

获得集合 A 的凸壳的简单形态学算法可表示为：

$$X_k^i = (X_{k-1}^i \circledast B_i) \bigcup A, \quad i = 1, 2, 3, 4; k = 1, 2, 3, \cdots \tag{9-26}$$

式中，$X_0^i = A$。当 $X_k^i = X_{k-1}^i$ 时，循环终止。令 $D^i = X_k^i$，则 A 的凸壳可表示为：

$$C(A) = \bigcup_{i=1}^{4} D^i \tag{9-27}$$

该方法反复使用 B 对 A 做击中击不中变换,当不再发生进一步变化时,与 A 求并集,得到 D。如图 9-32 所示,由 4 个结构元 $B_i(i=2,3,4)$ 和 A 进行相同的运算可得 $D^i(i=2,3,4)$。最后,4 个 D 的并集组成了 A 的凸壳。

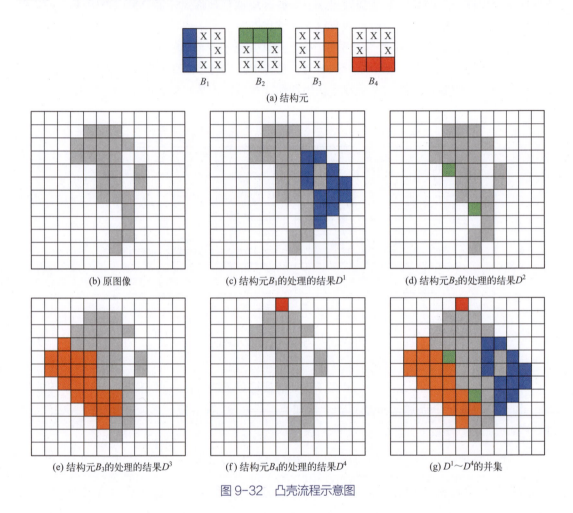

图 9-32 凸壳流程示意图

(5) 细化

细化的主要目的是通过迭代地删除图像中的像素点,以细化图像中对象的边界,使其在保持尽可能多细节信息的同时减少像素点的数量,有助于突出形状特点和减少冗余信息量。这在图像处理中常用于分析图像中的形状、结构和边缘信息。

形态学中的细化可以通过击中击不中变换来实现,设集合 A 和结构元 B,细化的操作可定义为:

$$A \otimes B = A - (A \circledast B) = A \bigcap (A \circledast B)^c \tag{9-28}$$

细化也可以表示为一个系列操作,数学表达式为:

$$A \otimes \{B\} = \{\{\cdots[(A \otimes B_1) \otimes B_2]\cdots\} \otimes B_n\} \quad (9\text{-}29)$$

$$\{B\} = \{B_1, B_2, B_3, \cdots, B_n\} \quad (9\text{-}30)$$

式中，B_i 是 B_{i-1} 旋转后的形式。

常用于细化的结构元及细化过程如图 9-33 所示。图 9-33（a）是用于细化的结构元（原点均为中心），图 9-33（b）为原图 A。图 9-33（c）～（i）是依次使用结构元 $B_1 \sim B_8$ 细化后的结果。然后重复图 9-33（c）～（i）的过程，得到图 9-33（j）和图 9-33（k），直到结果不再发生变化，我们得到最终的细化结果，如图 9-33（l）所示。

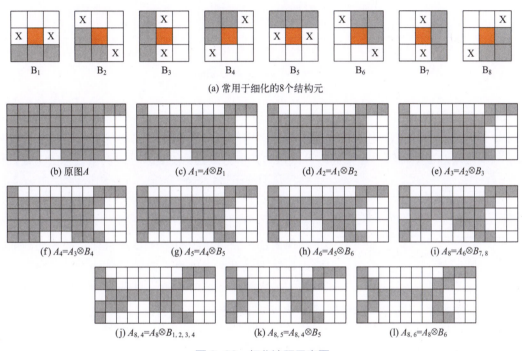

图 9-33　细化流程示意图

(6) 粗化

粗化用于增加图像中目标或结构的宽度和粗细，使其更加突出和粗糙。与细化相反，粗化技术可以帮助改变图像中对象的形态，使其更具鲜明的特征和视觉效果。粗化是细化的形态学对偶，其数学表达式为：

$$A \odot B = A \cup (A \circledast B) \quad (9\text{-}31)$$

式中，B 是适合于粗化处理的结构元。与细化一样，粗化也可以定义为一个系列操作：

$$A \odot \{B\} = \{\{\cdots[(A \odot B^1) \odot B^2]\cdots\} \odot B^n\} \quad (9\text{-}32)$$

粗化的流程如图 9-34 所示。首先对 A [图 9-34（a）] 求补得到 A^c [图 9-34（b）]，然后

细化 A^c，如图 9-34（c）所示。然后再对细化的结果求补，得到图 9-34（d）。最后，对图 9-34（d）进行后处理，消除断点，得到最终的粗化结果图 9-34（e）。

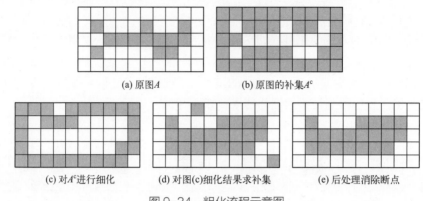

(a) 原图 A　　　　　(b) 原图的补集 A^c

(c) 对 A^c 进行细化　　(d) 对图(c)细化结果求补集　　(e) 后处理消除断点

图 9-34　粗化流程示意图

(7) 骨架提取

骨架提取是图像处理中的一项重要任务，它用于提取物体或目标的主干结构，通常被称为骨架、轮廓或中轴线。骨架提取可以帮助减少图像数据的复杂性，突出目标的主要几何特征，从而便于进行形状分析、匹配和识别。

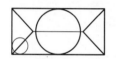

图 9-35　图像骨架示意图

如图 9-35 所示，在二值图像的内部任意给定一点，如果以该点为圆心存在一个最大圆盘，并且整个圆盘都在图像内部，并且至少有两个点与目标边界相切，那么该点被认为是骨架上的点。图像的骨架由所有满足上述条件的最大圆盘的圆心组成。这些圆心点形成了图像的骨架结构，反映了图像中目标物体的中轴线或主要特征。A 的骨架 $S(A)$ 可以通过腐蚀和开操作来表示，如下所示：

$$S(A) = \bigcup_{k=0}^{k} S_k(A) \tag{9-33}$$

其中：

$$S_k(A) = (A \ominus kB) - (A \ominus kB) \circ B \tag{9-34}$$

式中，$A \ominus kB$ 表示使用结构元 B 对前景像素做 k 次腐蚀，每次腐蚀完的时候，将腐蚀图做开操作。将腐蚀后的图片减去开运算后的图像作为骨架的子集。

图 9-36 为 $k=0$、1、2 时，骨架提取的计算过程。每 k 次腐蚀就得到一个骨架子集，当 A 被腐蚀后变成空集时，停止迭代，将所有子集相加就得到了图像的骨架 $S(A)$。

(8) 形态学重建

形态学重建用于填充图像中的空洞或者恢复缺失的结构，同时保持原始图像的形态特征，通常用于图像分割、图像修复和特征提取等应用中。与前面的算法只针对单幅图像进行处理不同，形态学重建涉及两幅图像的处理过程：标记图像和模板图像。标记图像包含了变换操作的起始点，是形态学重建操作的初始条件。模板图像则用于约束形态学变换的过程，它定义了重建操作的终止条件或限制条件。结构元素在形态学重建中起到关键作用，用来定义像素之间的连接性，决定了形态学操作的精度和效果。

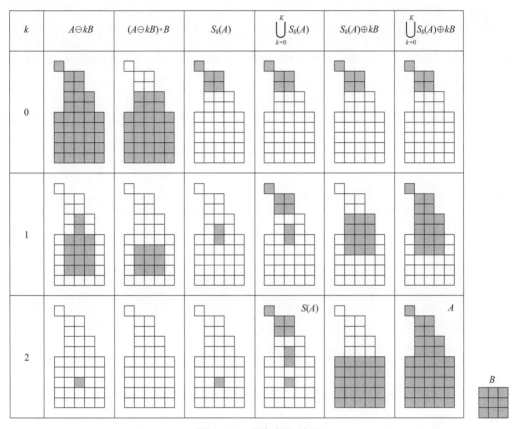

图 9-36　骨架提取流程

形态学重建的核心是测地膨胀和测地腐蚀。令 F 表示标记图像，G 表示模板图像。设 F 和 G 均为二值图像，且 $F \subseteq G$。$D_G^{(1)}(F)$ 表示 F 关于 G 的大小为 1 的测地膨胀，定义为：

$$D_G^{(1)}(F) = (F \oplus B) \bigcap G \tag{9-35}$$

F 关于 G 的大小为 n 的测地膨胀定义为：

$$D_G^{(n)}(F) = D_G^{(1)}[D_G^{(n-1)}(F)] \tag{9-36}$$

式中，n 表示迭代次数，$D_G^{(0)}(F) = F$，在递推式中，每一步都是膨胀后取交集，交集运算可以保证模板 G 限制标记 F 的生长（膨胀）。图 9-37（a）展示的是大小为 1 的测地膨胀过程，标记 F 经过结构元 B 的膨胀后与模板 G 取交集得到 $D_G^{(1)}(F)$。

类似地，$E_G^{(1)}(F)$ 表示 F 关于 G 的大小为 1 的测地腐蚀，定义为：

$$E_G^{(1)}(F) = (F \ominus B) \bigcup G \tag{9-37}$$

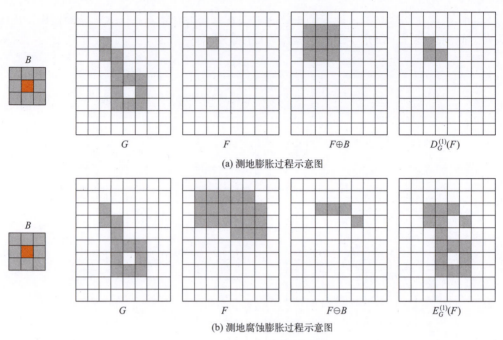

图 9-37 测地膨胀和测地腐蚀

则 F 相对于 G 的大小为 n 的测地腐蚀定义为：

$$E_G^{(n)}(F) = E_G^{(1)}[E_G^{(n-1)}(F)] \tag{9-38}$$

式中，$E_G^{(0)}(F) = F$，在递推式中，每一步都是腐蚀后取并集，以保证图像的测地腐蚀仍然大于模板图像。图 9-37（b）展示的是大小为 1 的测地腐蚀过程，标记 F 经过结构元 B 的腐蚀后与模板 G 取并集得到 $E_G^{(1)}(F)$。

根据前面的概念，标记图像 F 对模板图像 G 的膨胀形态学重建 $R_G^D(F)$，定义为 F 关于 G 的测地膨胀，反复迭代至稳定状态为止，即：

$$R_G^D(F) = D_G^{(k)}(F) \tag{9-39}$$

迭代 k 次，直至 $D_G^{(k)}(F) = D_G^{(k+1)}(F)$。

类似地，标记图像 F 关于模板图像 G 的腐蚀形态学重建 $R_G^E(F)$，定义为 F 相对于 G 的测地腐蚀，反复迭代至稳定状态为止，即：

$$R_G^E(F) = E_G^{(k)}(F) \tag{9-40}$$

迭代 k 次，直至 $E_G^{(k)}(F) = E_G^{(k+1)}(F)$。

图 9-38 展示了采用测地膨胀的方法对图像进行了形态学重建的过程。

基于膨胀和腐蚀的形态学重建操作，可以构建一些其他的形态学图像处理操作。下面将介绍这些应用。

① 重建开运算。重建开运算能够精确地恢复腐蚀后所保留目标的形状。一幅图像 F，

大小为 n，其重建开运算可定义为结构元 B 对图像 F 的进行 n 次腐蚀后，使用 F 作为模板对腐蚀后的图像进行膨胀重建，其数学表达式为：

$$O_R^{(n)}(F) = R_F^D(F \ominus nB) \tag{9-41}$$

式中，$F \ominus nB$ 表示 B 对 F 的 n 次腐蚀。

被B膨胀的$D_G^{(1)}(F)$　模板处理后的$D_G^{(2)}(F)$　被B膨胀的$D_G^{(2)}(F)$　模板处理后的$D_G^{(3)}(F)$

被B膨胀的$D_G^{(3)}(F)$　模板处理后的$D_G^{(4)}(F)$　被B膨胀的$D_G^{(4)}(F)$　模板处理后的$D_G^{(5)}(F)$

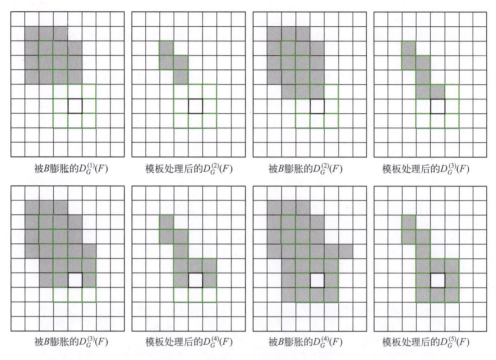

图 9-38　采用测地膨胀的形态学重建

图 9-39 为利用重建开运算提取竖直长笔画的字符的效果展示。从中可以看出，相较于形态学开操作处理的图像［图 9-39（b）］，重建开操作处理的图像［图 9-39（c）］能够更加精确地保留目标的形状。

(a) 原图　(b) 形态学开操作处理后的图像　(c) 重建开操作处理后的图像

图 9-39　重建开操作与形态学开操作对比

② 填充孔洞的自动算法。前面的填充孔洞算法，需要找到孔洞内的一个已知点作为起始点，而本节将介绍一种基于形态学重建的填充孔洞全自动算法。令 $I(x,y)$ 代表一幅二值

图像，构造标记图像 F：

$$F(x,y) = \begin{cases} 1-I(x,y), & (x,y)在I的边框上 \\ 0, & 其他 \end{cases} \quad (9\text{-}42)$$

即其在图像 I 的边界位置为 $1-I(x,y)$，其他位置均为 0，则：

$$H = \left[R_{I^c}^D(F) \right]^c \quad (9\text{-}43)$$

这是一幅等于 I 且所有孔洞都被填充的二值图像。图 9-40 为使用基于形态学重建的填充孔洞算法的实例展示。

③ 边界清除。对于后续形状分析而言，从图像中提取目标是自动图像处理的基本任务。删除接触边界的物体可以方便进一步处理保留完整的目标。接下来将介绍一个基于形态学重建的边界清除算法。我们使用原图像 $I(x,y)$ 作为模板，并构建标记图像 F：

$$F(x,y) = \begin{cases} I(x,y), & (x,y)在I的边框上 \\ 0, & 其他 \end{cases} \quad (9\text{-}44)$$

然后计算图像的形态学重建 $R_I^D(F)$（简单地提取接触边界的目标），并计算差：

$$X = I - R_I^D(F) \quad (9\text{-}45)$$

最终得到一幅目标不接触边界的图像 X，结果如图 9-41 所示。

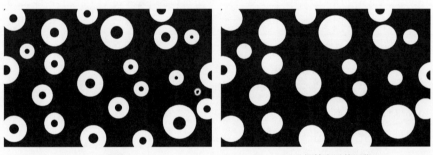

(a) 原图　　　　　　　　　　　　(b) 孔洞填充后的图像

图 9-40　填充孔洞实例

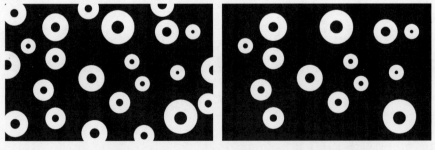

(a) 原图　　　　　　　　　　　　(b) 边界清除后的图像

图 9-41　边界清除实例

9.7 区域标记

图像分割后,如果图像中有多个目标区域,且需要分析各个目标的大小、形状等特征时,就应进行区域标记予以区分。区域标记是指在图像中寻找连通区域,对于找到的每个连通区域,赋予其一个唯一的标识(Label),以区别其他连通区域。常用的区域标记方法有种子填充标记(或称递归标记)和两遍扫描法。

(1) 种子填充

种子填充方法来源于计算机图形学,常用于对某个图形进行填充。思路:选取一个前景像素点作为种子,然后根据连通区域的两个基本条件(像素值相同、位置相邻)将与种子相邻的前景像素合并到同一个像素集合中,最后得到的该像素集合则为一个连通区域。

① 从左到右,从上到下逐行逐列扫描图像,寻找没有标记像素点 $B(x,y)==1$:

a. 将 $B(x,y)$ 作为种子(像素位置),并赋予其一个 label,然后将该种子相邻的所有前景像素都压入栈中;

b. 弹出栈顶像素,赋予其相同的 label,然后再将与该栈顶像素相邻的所有前景像素都压入栈中;

c. 重复步骤 b,直到栈为空。

此时,便找到了图像 B 中的一个连通区域,该区域内的像素值被标记为 label。

② 重复第①步,直到扫描结束。

扫描结束后,就可以得到图像 B 中所有的连通区域。种子填充示意图如图 9-43 所示,考虑四连通规则,从左到右、上到下扫描二值图像,图(b)中标号 1 为种子,每次寻找上下左右是否连通,连通的压入栈中,图(c)中正下方向像素压栈。图(d)栈顶元素出栈并标记标号 1,同时由于左、下方元素是连通的,将其压栈;栈顶元素出栈,将上一步中正下方元素赋值标号,将正下方元素与其连通,压栈,如图(e)所示。依此类推,最终结果如图(i)所示。

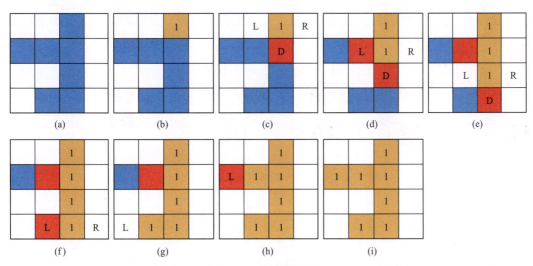

图 9-42 种子填充示意图

(2) 两遍扫描法

指的是通过扫描两遍图像，就可以将图像中存在的所有连通区域找出并标记。思路：第一遍扫描时赋予每个像素位置一个 label，扫描过程中同一个连通区域内的像素集合中可能会被赋予一个或多个不同 label，因此需要将这些属于同一个连通区域但具有不同值的 label 合并，也就是记录它们之间的连通关系；第二遍扫描就是将具有连通关系的标记的像素归为一个连通区域并赋予一个相同的 label。简单步骤如下：

① 第一次扫描：访问当前像素 $B(x, y)$，如果 $B(x, y)$ 为目标，即 $B(x, y)==1$。

a. 如果 $B(x, y)$ 的邻域中像素值都为 0（为背景），则赋予 $B(x, y)$ 一个新的 label：label+=1，$B(x, y)$=label。

b. 如果 $B(x, y)$ 的邻域中有像素值＞1 的像素邻域：如果邻域有 1 个已标记的目标像素，则把该像素的标记赋给当前像素 $B(x, y)$；如果邻域有 2 个及以上已标记的目标像素，则把 Neighbors 中的最小值赋予给 $B(x, y)$：$B(x, y)$=min{Neighbors}，并把这些以标记记入一个等价表，表明它们等价，即这些值（label）同属同一个连通区域。

② 第二次扫描：访问当前像素 $B(x, y)$，如果 $B(x, y) > 1$，将每个标记修改为它在等价表中的最小标记。

完成扫描后，图像中具有相同 label 值的像素就组成了同一个连通区域。两遍扫描示意图如图 9-42 所示，图（a）为输入二值图像，考虑四连通规则，从左到右、上到下扫描二值图像，如果当前像素未分配标记，则分配对应的标记号，如图（b）～（d）所示；图（e）中，当前像素上、左邻域有 2 个不同标记，分配最小标记，同时标记 1 与标记 2 等价，加到等价表［图（k）］中；同理，扫描完所有像素，如图（i）所示；第二次扫描，取等价表中最小标记赋值，即可得到最终结果，如图（j）所示。

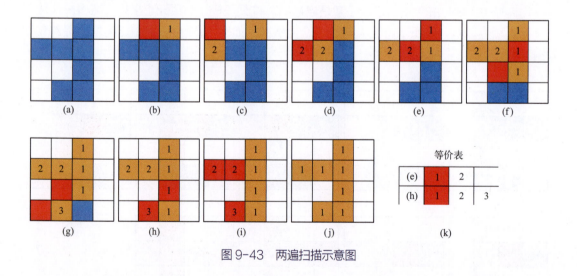

图 9-43　两遍扫描示意图

种子填充法通常比两遍扫描法更高效，尤其是在处理大型图像时。两遍扫描法的实现相对简单，而种子填充法需要处理递归和栈操作，实现上更复杂。两遍扫描法适用于需要精确标记每个连通区域的场景，而种子填充法则适用于需要快速填充的场景。

思考题与习题

（1）图像分割过程中，基于灰度直方图的阈值分割方法应用非常广泛。给定图9-44所示的灰度图像：

① 请画出它的灰度直方图。

② 确定最佳阈值使得图像能分割为两部分。

③ 画出使用全局最优阈值进行分割而得到的二值影像。

（2）如图9-45所示的大米图像，试采用图像分割从背景中将大米目标分割出来并统计米粒的数量。

图9-44 思考题（1）图　　　　　图9-45 大米图像

（3）请使用图9-46（b）作为结构元，对图9-46（a）进行膨胀和腐蚀操作。

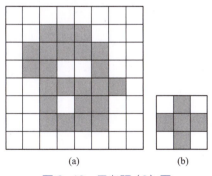

图9-46 思考题（3）图

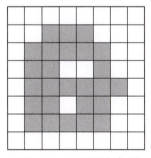

图9-47 思考题（5）图

（4）利用形态学变换，将图9-46进行细化。

(5) 利用形态学变换,将图 9-47 进行孔洞填充。
(6) 图 9-48 中有不同大小的硬币,请阐述如何用形态学的方法判断其中硬币的大小?

图 9-48 思考题 (6) 图

第 10 章 图像几何变换与配准

图像成像过程中可能由于角度、透视关系、拍摄等原因造成图像几何失真,进而影响计算机模型或者算法无法正确识别图像,所以需要对图像进行配准与几何变换来消除这些因素的影响,图像几何变换与配准在图像处理领域扮演着至关重要的角色。这一技术广泛应用于医学影像分析、卫星图像处理、计算机视觉和机器学习等领域。

本章内容包括图像几何变换、图像匹配与配准,旨在帮助读者:掌握图像几何变换的定义,包括平移、缩放、旋转、仿射变换和透视变换等,理解如何使用变换矩阵对图像进行操作;理解图像匹配与图像配准的目的、区别与联系;了解图像配准方法分类,理解图像配准的过程包括特征点检测、特征描述、特征匹配和图像变换等,熟练掌握如何通过图像匹配与配准技术将多幅图像融合或对齐。

10.1 几何变换

10.1.1 基本概念

几何变换是将一幅图像中的坐标位置映射到另一幅图像对应的新坐标位置过程。图像的几何变换改变了像素的空间位置,但不改变图像的像素值,所以又称空间变换。

通过这种映射关系能够实现下面两种计算:根据原图像任意像素的位置,计算该像素在变换后图像的坐标位置;求解变换后图像的任意像素在原图像的坐标位置。对于第一种计算,只要给出原图像上的任意像素坐标,都能通过对应的映射关系获得该像素在变换后图像的坐标位置,将这种输入图像坐标映射到输出的过程称为"向前映射"或"前向映射"。反过来,知道任意变换后图像上的像素坐标,计算其在原图像的像素坐标,将输出图像映射到输入的过程称为"向后映射"或"后向映射"[95]。但是,在进行几何变换的向前映射时,可能会遇到映射不完全和映射重叠等问题。

① 映射不完全:输入图像的像素总数小于输出图像,这样输出图像中的一些像素找不到在原图像中的映射。如图 10-1 所示的图像放大变换中,只有 (0, 0)、(0, 2)、(2, 0)、(2, 2) 这 4 个坐标根据映射关系在原图像中找到了相对应的像素,其余的 12 个坐标点没有对应的有效值。

② 映射重叠:根据映射关系,输入图像的多个像素映射到输出图像的同一个像素上。如图 10-2 所示的图像缩小变换,左上角的 4 个像素 (0, 0)、(0, 1)、(1, 0)、(1, 1) 都会映射

到输出图像的 (0, 0) 上，那么 (0, 0) 究竟如何取值？

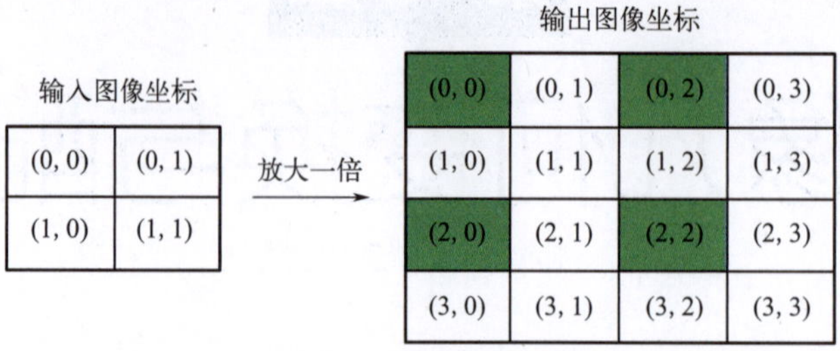

图 10-1 图像放大变换

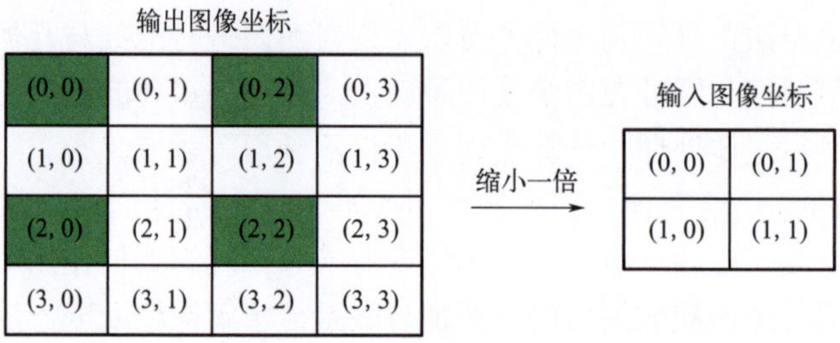

图 10-2 图像缩小变换

为了解决这些问题，需要采用"后向映射"方法，通过输出图像的坐标反向计算其在原图像中的对应坐标位置。这样，输出图像的每个像素都可以通过映射关系在原图像找到唯一对应的像素，而不会出现映射不完全和映射重叠。

10.1.2 常见图像变换

(1) 图像平移变换

图像平移变换是将图像所有的像素坐标分别加上指定的水平偏移量和垂直偏移量。假设原来的像素的位置坐标为 (x_0, y_0)，经过平移量 $(\Delta x, \Delta y)$ 后，坐标变为 (x_1, y_1)，如图 10-3 所示。

用数学公式可以表示为：

$$x_1 = x_0 + \Delta x \\ y_1 = y_0 + \Delta y \tag{10-1}$$

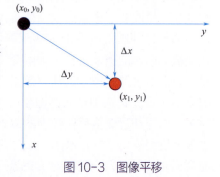

图 10-3 图像平移

为了简化运算，统一形式表达，引入齐次坐标（齐次坐标的作用），上式可描述为：

$$\begin{bmatrix} x_1 \\ y_1 \\ 1 \end{bmatrix} = \begin{bmatrix} 1 & 0 & \Delta x \\ 0 & 1 & \Delta y \\ 0 & 0 & 1 \end{bmatrix} \begin{bmatrix} x_0 \\ y_0 \\ 1 \end{bmatrix} = A \begin{bmatrix} x_0 \\ y_0 \\ 1 \end{bmatrix} \tag{10-2}$$

式中，A 称为平移变换矩阵（因子）；Δx 和 Δy 为平移量。

(2) 图像镜像变换

图像的镜像变换分为两种：水平镜像和垂直镜像。水平镜像以图像垂直中线为轴，将图像的像素进行对换，也就是将图像的左半部和右半部对调。垂直镜像则是以图像水平中线为轴，将图像的上半部分和下半部分对调。

水平镜像变换可以表示为：

$$x = width - x_0 - 1$$
$$y = y_0 \tag{10-3}$$

其逆变换为：

$$x_0 = width - x - 1$$
$$y_0 = y \tag{10-4}$$

垂直镜像变换可以表示为：

$$x = x_0$$
$$y = height - y_0 - 1 \tag{10-5}$$

其逆变换为：

$$x_0 = x$$
$$y_0 = height - y - 1 \tag{10-6}$$

(3) 图像缩放变换

图像缩放指的是将图像的尺寸变小或变大的过程。简单来说，就是通过增加或删除像素点来改变图像的尺寸。设水平缩放系数为 s_x，垂直缩放系数为 s_y，(x_0, y_0) 为缩放前坐标，(x, y) 为缩放后坐标，其缩放的坐标映射关系：

$$x = x_0 s_x$$
$$y = y_0 s_y \tag{10-7}$$

矩阵表示的形式为：

$$[x, y, 1] = [x_0, y_0, 1] \begin{bmatrix} s_x & 0 & 0 \\ 0 & s_y & 0 \\ 0 & 0 & 1 \end{bmatrix} \tag{10-8}$$

(4) 旋转变换

图像旋转变换是指以图像中的某一点为原点，以逆时针或者顺时针方向旋转一定的角度。通常是绕图像的起始点以逆时针进行旋转角度为正，顺时针方向旋转角度为负。设原坐标点 (x, y) 距离旋转中心的长度为 R，与 x 轴的夹角记为 α，逆时针旋转的角度为 θ，旋转后得到的新的坐标点为 (x', y')。可知，原坐标点有：$x = R\cos\alpha$，$y = R\sin\alpha$，$x' = R\cos(\alpha + \theta)$，$y' = R\sin(\alpha + \theta)$。联立，可得到图像绕原点旋转的变换公式：

$$x' = R\cos(\alpha + \theta) = x\cos\theta - y\sin\theta$$
$$y' = R\sin(\alpha + \theta) = x\cos\theta + y\sin\theta \qquad (10\text{-}9)$$

那么当图像绕任意点的旋转呢？事实上，绕任意点的旋转可以转化为绕原点的旋转，步骤如下：①首先旋转中心平移到原点；②进行绕原点旋转操作；③将旋转中心平移回原位置的逆操作。

当图像绕任意点 (x_0, y_0) 旋转时，先将旋转中心平移到原点，则齐次坐标表示有：

$$\begin{bmatrix} x' \\ y' \\ 1 \end{bmatrix} = \begin{bmatrix} 1 & 0 & -x_0 \\ 0 & 1 & -y_0 \\ 0 & 0 & 1 \end{bmatrix} \begin{bmatrix} x \\ y \\ 1 \end{bmatrix} \qquad (10\text{-}10)$$

此基础上，进行旋转变换后有：

$$\begin{bmatrix} x' \\ y' \\ 1 \end{bmatrix} = \begin{bmatrix} \cos\theta & -\sin\theta & 0 \\ \sin\theta & \cos\theta & 0 \\ 0 & 0 & 1 \end{bmatrix} \begin{bmatrix} 1 & 0 & -x_0 \\ 0 & 1 & -y_0 \\ 0 & 0 & 1 \end{bmatrix} \begin{bmatrix} x \\ y \\ 1 \end{bmatrix} \qquad (10\text{-}11)$$

再将旋转中心平移回原位置，则得到最后的图像绕任意点 (x_0, y_0) 的旋转变换矩阵有：

$$\begin{bmatrix} x' \\ y' \\ 1 \end{bmatrix} = \begin{bmatrix} 1 & 0 & x_0 \\ 0 & 1 & y_0 \\ 0 & 0 & 1 \end{bmatrix} \begin{bmatrix} \cos\theta & -\sin\theta & 0 \\ \sin\theta & \cos\theta & 0 \\ 0 & 0 & 1 \end{bmatrix} \begin{bmatrix} 1 & 0 & -x_0 \\ 0 & 1 & -y_0 \\ 0 & 0 & 1 \end{bmatrix} \begin{bmatrix} x \\ y \\ 1 \end{bmatrix} \qquad (10\text{-}12)$$

(5) 仿射变换

仿射变换又称仿射投影，是指图像从一个二维坐标系变换到另一个二维坐标系的过程，转换过程中坐标点的相对位置和属性不发生变换，属于线性平面变换。因此，一个平行四边形经过仿射变换后还是一个平行四边形，所以仿射变换＝旋转变换＋平移变换。假设有一个二维坐标系 $k = (x, y)$ 和另一个坐标系 $j = (x', y')$。如果希望将 k 变换为 j，可以使用以下公式：

$$j = kw + b \qquad (10\text{-}13)$$

将上式进行拆分可得：

$$x' = w_{00}x + w_{01}y + b_0$$
$$y' = w_{10}x + w_{11}y + b_1 \qquad (10\text{-}14)$$

再将上式转换为矩阵的乘法：

$$\begin{bmatrix} x' \\ y' \\ 1 \end{bmatrix} = \begin{bmatrix} w_{00} & w_{01} & b_0 \\ w_{10} & w_{11} & b_1 \\ 0 & 0 & 1 \end{bmatrix} \begin{bmatrix} x \\ y \\ 1 \end{bmatrix} = \boldsymbol{M} \begin{bmatrix} x \\ y \\ 1 \end{bmatrix} \qquad (10\text{-}15)$$

仿射变换包括 6 个参数，需要 3 对坐标点就可以求得变换矩阵，三点确定一个平面。

(6) 透视变换

透视变换是把一个图像投影到一个新的视平面的过程,该过程包括:把一个二维坐标系转换为三维坐标系,然后把三维坐标系投影到新的二维坐标系。该过程是一个非线性空间变换过程。利用透视中心、像点、目标点三点共线的条件,按透视旋转定律使透视面绕透视轴旋转某一角度,破坏原有的投影光线束,仍能保持透视面上投影几何图形不变的变换。因此,一个平行四边形经过透视变换后只得到四边形,但不平行,如图 10-4 所示。

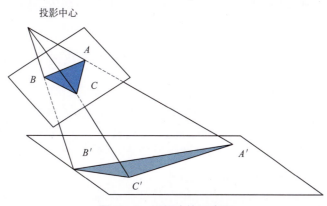

图 10-4 透视变换示意图

在透视投影中,一束平行于投影面的平行线的投影仍然保持平行,而那些不平行于投影面的平行线的投影则会汇聚到一个点,这个点被称为灭点。例如,当在行驶过程中,看向远处,马路两边的白线会相交于一点。数学推导如下:

$$\begin{bmatrix} X \\ Y \\ Z \end{bmatrix} = \begin{bmatrix} m_{11} & m_{12} & m_{13} \\ m_{21} & m_{22} & m_{23} \\ m_{31} & m_{32} & m_{33} \end{bmatrix} \begin{bmatrix} x \\ y \\ 1 \end{bmatrix} \tag{10-16}$$

$$\begin{aligned} X &= m_{11}x + m_{12}y + m_{13} \\ Y &= m_{21}x + m_{22}y + m_{23} \\ Z &= m_{31}x + m_{32}y + m_{33} \end{aligned} \tag{10-17}$$

因为图像在二维平面,故除以 Z 有:

$$\begin{bmatrix} x' \\ y' \\ 1 \end{bmatrix} = \begin{bmatrix} X/Z \\ Y/Z \\ 1 \end{bmatrix} = \frac{1}{m_{31}x + m_{32}y + m_{33}} \begin{bmatrix} m_{11} & m_{12} & m_{13} \\ m_{21} & m_{22} & m_{23} \\ m_{31} & m_{32} & m_{33} \end{bmatrix} \begin{bmatrix} x \\ y \\ 1 \end{bmatrix} = \boldsymbol{M} \begin{bmatrix} x \\ y \\ 1 \end{bmatrix} \tag{10-18}$$

式中,(x, y) 是原图坐标;(x', y') 是变换后的坐标;m_{11}、m_{12}、m_{21}、m_{22}、m_{31}、m_{32} 为旋转量;m_{13}、m_{23}、m_{33} 为平移量。因为透视变换是非线性的,所以不能齐次性表示,透视变换矩阵为 3×3。

透视变换是三维空间的非线性变换,具有 9 个自由度(其变换系数为 9 个),已知 4 对坐标点可以求得变换矩阵，4个点确定一个空间。

10.1.3 图像插值算法

数学的数值分析领域中，内插或称插值（interpolation）是一种通过已知的、离散的数据点，在范围内推求新数据点的过程或方法。如前所述，插值算法包括向前映射法与向后映射法。

向前映射法是把输入图像的每个像素灰度值逐一转移到输出图像中，即根据原图像的坐标计算出目标图像的对应坐标：

$$g(x_1, y_1) = f[a(x_0, y_0), b(x_0, y_0)] \tag{10-19}$$

向后映射法是向前映射变换的逆操作，即输出将像素逐一映射到输入图像中。如果一个输出像素映射到的不是输入图像采样网格的整数坐标处，则需要进行插值处理以确定对应的像素值，则其灰度值就需要基于整数坐标的灰度值进行推断，这就是图像插值。由于向后映射法是逐个像素生成输出图像，不会造成计算浪费问题，所以在进行缩放、旋转等操作时常使用这种方法，本书采用的也全部为向后映射法。

图像插值需要在一组离散数据点估计一个外延点的值。如图 10-5 所示，曲线中在黄线、绿线以及红线处的值是已知的，而黑线未知，需要进行插值估计。在一个函数里面，自变量是离散有间隔的，插值就是往自变量的间隔之间插入新的自变量，然后求解新的自变量函数值。常见的插值算法有最邻近插值法、双线性插值法、双三次插值法等。双三次插值法由于计算量较大，这里不作详细讲解。

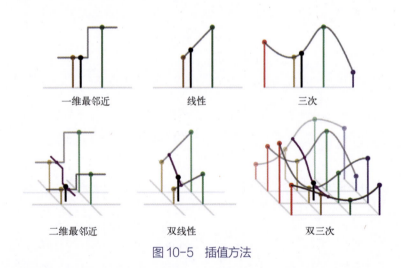

图 10-5 插值方法

(1) 最邻近插值

最邻近插值是几种插值之中最简单的一种，不需要计算，在待求像素的四邻像素中，将距离待求像素最近的邻像素灰度赋给待求像素。设 $i+u$、$j+v$，其中 i、j 为正整数，u、v 为大于 0 小于 1 的小数，为待求像素坐标，则待求像素灰度的值为 $f(i+u, j+v)$。如果 $(i+u, j+v)$

落在 A 区，即 $u < 0.5$，$v < 0.5$，则将左上角像素即 (i, j) 的灰度值赋给待求像素，同理，落在 B 区则赋予右上角的像素 $(i+1, j)$ 灰度值，落在 C 区则赋予左下角像素 $(i, j+1)$ 的灰度值，落在 D 区则赋予右下角像素 $(i+1, j+1)$ 的灰度值，如图 10-6 所示。

最邻近插值只需要对浮点坐标进行"四舍五入"运算。需要特别注意是，在四舍五入的时候有可能使得到的结果超过原图像的边界（只会比边界大 1），所以要进行修正。

(2) 双线性插值

双线性插值，也称为双线性内插，是在数学上通过扩展两个变量的线性插值函数来实现，其主要思想是在两个方向上分别进行一次线性插值。如图 10-7 所示，每个点的数值是由 $z = f(x, y)$ 即 x、y 两个变量决定。图 10-7 可理解为沿 z 轴方向的俯视图。已知 Q_{11}、Q_{12}、Q_{21}、Q_{22} 4 个点的值，现在要在 Q_{11}、Q_{12}、Q_{21}、Q_{22} 中插入一个点 P，并算出 P 点的值。

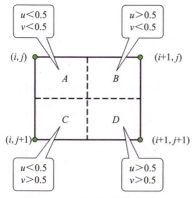

图 10-6 最邻近插值示意图

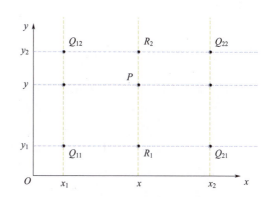

图 10-7 双线性插值示意图

根据图 10-7 我们已知 Q_{11}、Q_{12}、Q_{21}、Q_{22} 四个点的值：

$$\begin{aligned} f(Q_{11}) &= f(x_1, y_1) \\ f(Q_{12}) &= f(x_1, y_2) \\ f(Q_{21}) &= f(x_2, y_1) \\ f(Q_{22}) &= f(x_2, y_2) \end{aligned} \quad (10\text{-}20)$$

在求 P 点的值之前，首先根据线性插值的方法求得 R_1、R_2 的值。对于 R_1 点，我们可以根据 Q_{11}、Q_{21} 两个点使用线性插值的办法得到。而 Q_{11}、Q_{21} 两个点的 y 值是相同的，所以两点的连线可看作只关于 x 一个变量的函数。

根据上面得到的线性插值公式：

$$f(x) = \frac{x_2 - x}{x_2 - x_1} f(x_1) + \frac{x - x_1}{x_2 - x_1} f(x_2) \quad (10\text{-}21)$$

可以求得 R_1 点的值：

$$f(R_1) = \frac{x_2 - x}{x_2 - x_1} f(Q_{11}) + \frac{x - x_1}{x_2 - x_1} f(Q_{21}) \quad (10\text{-}22)$$

同理，可以得到 R_2 点的值：

$$f(R_2) = \frac{x_2 - x}{x_2 - x_1} f(Q_{12}) + \frac{x - x_1}{x_2 - x_1} f(Q_{22}) \tag{10-23}$$

得到 R_1、R_2 的插值后，接着在 Y 方向去计算 P 点的插值。R_1、R_2 两个点的 x 值是相同的，所以两点的连线可看作只关于 y 一个变量的函数。通过线性插值公式可以得到：

$$f(P) = \frac{y_2 - y}{y_2 - y_1} f(R_1) + \frac{y - y_1}{y_2 - y_1} f(R_2) \tag{10-24}$$

带入 $f(R_1)$、$f(R_2)$ 后可得到：

$$\begin{aligned} f(P) = &\frac{(x_2 - x)(y_2 - y)}{(x_2 - x_1)(y_2 - y_1)} f(Q_{11}) + \frac{(x - x_1)(y_2 - y)}{(x_2 - x_1)(y_2 - y_1)} f(Q_{21}) \\ &+ \frac{(x_2 - x)(y - y_1)}{(x_2 - x_1)(y_2 - y_1)} f(Q_{12}) + \frac{(x - x_1)(y - y_1)}{(x_2 - x_1)(y_2 - y_1)} f(Q_{22}) \end{aligned} \tag{10-25}$$

综上所述，最邻近插值法的优点是计算量小且算法简单，因而运算速度较快。然而，它仅使用最接近采样点的像素灰度值，忽略了其他邻近像素的影响，导致重新采样后灰度值不连续，图像质量较差，容易出现马赛克和锯齿现象。相比之下，双线性插值法考虑了采样点周围 4 个直接邻点的灰度影响，基本解决了灰度值不连续的问题，但仍忽略了邻点间灰度变化率，导致图像高频分量损失，使边缘模糊。双三次插值法不仅考虑到周围 4 个直接相邻像素点的灰度值，还考虑到它们灰度变化的速率。这种方法克服了前两种插值法的不足，能够生成比双线性插值更为平滑的边缘，计算精度更高，图像质量损失最小，但计算量最大。因此，在图像缩放处理时，应根据实际情况选择合适的算法，既要考虑时间效率，也要关注变换后图像的质量，以达到理想效果权衡（trade-off），经常用双线性插值法。

10.2 图像配准方法

图像配准是寻找多幅图像或图像间不同区域之间的几何变换关系，进而实现图像准确地对齐和匹配的过程。通过图像配准，可以消除图像之间的几何差异，使它们在相同的坐标系统下对齐，以便进行后续的分析和处理。图像配准在医学影像、遥感图像和计算机视觉等领域都有广泛的应用：在医学影像中，图像配准可以将不同时间点或不同模态的医学图像进行配准，以便进行疾病的监测和比较；在遥感图像中，图像配准可以将不同时间点或不同传感器获取的遥感图像进行配准，以便进行地表变化的分析和监测；在计算机视觉中，图像配准可以将多幅图像进行配准，以便进行目标检测、目标跟踪和图像融合等任务。

10.2.1 图像配准分类

根据图像获取模态的不同，图像配准可以分成同模态图像配准与多模态图像配准。同模态图像配准是采用相同模态的成像设备在不同时间、视角等获取同一场景下的图像并进行配准，如对从不同视角获取的遥感图像进行拼接，评估场景中出现的变化（包括遥感图像中检测土地使用情况、医学图像中肿瘤变化与治疗过程监测）等。多模态配准（multi-modal registration）则是对不同成像机理的设备获取同一场景下的图像进行配准，用于融合不同来源的信息，以获得更详细和复杂的数据。例如：全色与多光谱或雷达遥感图像配准，其中全色图像提供了更好的空间分辨率，多光谱图像具有更好的光谱分辨率，雷达图像能够不受云层和太阳光照的影响；医学图像中人体解剖结构成像设备的图像（MRI、超声、CT）与来自监测身体功能和代谢活动的成像设备的图像（PET、SPECT、MRS）配准与融合用于放射治疗或核医学；等等[96]。

同时，根据图像配准中空间变换的不同，配准算法可以分为刚性（rigid）配准与非刚性（non-rigid）配准类算法。刚性配准是指图像的细节结构不会发生变化，图像间变换只存在包括仿射（affine）与透射（perspective）变换等，使用所有控制点估计一组对整幅图像有效的映射模型参数，是一种全局线性变换模型（global mapping models）。非刚性配准[97]是指配准的图像可能在局部发生形变，将图像看作很多小块（patches）的组合，每个局部区域之间的变换模型的参数则取决于它们在图像中支持的位置，即需要为每个局部区域（patch）定义映射模型的参数，是局部模型（local mapping models）。

注意：线性配准（linear registration）不是刚性配准（rigid registration），刚性配准只是线性配准中的一部分。线性配准包括三个基本操作：平移（translation）、放缩（scaling）、旋转（rotation）。它也允许一些其他变换操作，比如对边的平行移动，将一个正方形变成平行四边形，但线性配准不允许局部形变。

图像配准一般包括特征空间、搜索空间、相似度度量、搜索策略等部分。由于图像获取时在时间、视角、模态等方面存在较大的差异，导致待配准图像间往往存在较大的灰度、特征等方面的差异，因此图像配准需要考虑这些因素对特征提取与度量方法的影响。依据采用的特征提取与度量方法不同，图像配准的方法可以分为两大类：特征点匹配和基于图像内容的配准。特征点匹配是指先提取图像中的特征点，如括角点、边缘和兴趣点等，然后计算特征点之间的相似性来建立特征点之间的对应关系，进而实现图像间配准。基于图像内容的配准则是通过比较两幅图像间的像素值或图像统计特征来进行配准，常用的方法包括互信息、归一化互相关、形状匹配和相位相关等。

需要注意的是，图像配准经常提及图像匹配，其实图像匹配和图像配准是两个相关但不同的概念。图像匹配是指在一组图像中找到相似或相同的图像块或图像区域，是图像配准中一类方法，目的是通过比较图像的内容特征，找到相似度较高的图像对或图像区域对，任务相对较简单，常应用于图像检索、目标识别、视觉模板匹配定位等。而图像配准的目的是通过比较图像的内容或几何特征，找到图像之间的几何变换关系，从而实现图像间对齐，常用于两幅图像之间存在较大的尺度、旋转、平移等差异（常称为宽基线）图像配准，应用于图像拼接、图像重叠区域的提取和图像叠加等。

10.2.2 基于灰度值的图像匹配方法

图像匹配则主要包含特征图像提取、差别或相似性度量、几何变换空间搜索三个步骤。

基于灰度值的匹配方法基本思想是将模板在待匹配的图中滑动，每滑动一步，利用图像的灰度信息来进行相似性度量匹配，然后选取相似性最大值或最小值的位置作为最佳匹配。这种算法已发展得比较成熟，其性能主要依赖于相似性度量的准确性及搜索策略的选择。根据相似度度量函数的不同，基于灰度的图像匹配算法包括：绝对误差和（SAD）算法、归一化积相关（NCC）算法、误差平方和（SSD）算法、序贯相似性（SSDA）算法、平均绝对差（MAD）算法、平均误差平方和（MSD）算法。

平均绝对差（mean absolute differences，MAD）算法是 Leese 在 1971 年提出的一种匹配算法，常用于模式识别。该算法思想简单，匹配精度高，计算量少，广泛用于图像匹配。设 $S(x,y)$ 为大小是 $m\times n$ 的搜索图像，$T(x,y)$ 为 $M\times N$ 的模板图像，分别如图 10-8（a）与（b）所示。目标是在搜索图像图 10-8（a）中找到与模板图像图 10-8（b）匹配的区域（方框所示）。

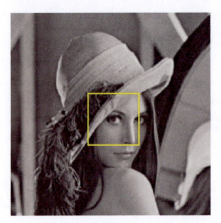

(a) 搜索图像　　　　　　　　　　(b) 模板图像

图 10-8　搜索图像与模板图像

MAD 算法的过程如下：在搜索图像 S 中，以 (i,j) 为左上角取大小为 $M\times N$ 的子图，并计算其与模板图像 T 的相似度。在所有可能的子图中，找到与模板图像 T 最相似的子图作为最终结果。MAD 算法的相似性测度公式如下：

$$D(i,j) = \frac{1}{M\times N}\sum_{s=1}^{M}\sum_{t=1}^{N}|S(i+s-1,j+t-1)-T(s,t)| \tag{10-26}$$

式中，$1\leqslant i\leqslant m-M+1$，$1\leqslant j\leqslant n-N+1$。显然，平均绝对差 $D(i,j)$ 越小，表示两者越相似，因此只需找到最小的 $D(i,j)$ 值即可确定子图的位置。平均绝对差算法的思路是计算子图和模板图在对应位置上的灰度值差的绝对值总和，然后求平均值。本质上，这是在计算子图和模板图之间的 L1 距离的平均值。该方法运算过程简单，匹配精度高，但计算量较大，并且对噪声非常敏感，容易受光照变化。

绝对误差和（sum of absolute differences，SAD）算法实际上与 MAD 算法的思路几乎完全一致，只是相似度测量公式略有不同：

$$D(i,j) = \sum_{s=1}^{M}\sum_{t=1}^{N} |S(i+s-1, j+t-1) - T(s,t)| \qquad (10\text{-}27)$$

误差平方和（sum of squared differences，SSD）算法，也称差方和算法。实际上，SSD 算法与 SAD 算法极为相似，只是其相似度测量公式有所不同（计算的是子图与模板图的 L2 距离）。

$$D(i,j) = \sum_{s=1}^{M}\sum_{t=1}^{N} [S(i+s-1, j+t-1) - T(s,t)]^2 \qquad (10\text{-}28)$$

平均误差平方和（mean square differences，MSD）算法，也被称为均方差算法。实际上，MSD 算法相对于 SSD 算法，就如同 MAD 算法相对于 SAD 算法（计算的是子图与模板图的 L2 距离的平均值）。

$$D(i,j) = \frac{1}{MN}\sum_{s=1}^{M}\sum_{t=1}^{N} [S(i+s-1, j+t-1) - T(s,t)]^2 \qquad (10\text{-}29)$$

归一化互相关（normalized cross correlation，NCC）算法，与之前提到的算法类似，仍然利用子图与模板图的灰度信息，通过归一化的相关性度量公式来计算二者之间的匹配程度。

$$R(i,j) = \frac{\sum_{s=1}^{M}\sum_{t=1}^{N} |S^{i,j}(s,t) - E(S^{i,j})||T[s,t-E(T)]|}{\sqrt{\sum_{s=1}^{M}\sum_{t=1}^{N}[S^{i,j}(s,t)-E(S^{i,j})]^2 \sum_{s=1}^{M}\sum_{t=1}^{N}[T(s,t)-E(T)]^2}} \qquad (10\text{-}30)$$

式中，$E(S^{i,j})$、$E(T)$ 分别表示 (i,j) 处子图、模板的平均灰度值。相似性度量值 R 越大，代表相似性越大。结果不受全局亮度变化影响，即任一图像的一致变亮和变暗对结果没有影响（通过从每个像素值中减去平均图像亮度来实现的）。

序贯相似性检测（sequential similiarity detection，SSDA）算法是由 Barnea 和 Sliverman 于 1972 年提出的一种用于快速数字图像配准的改进算法[98]，相比传统的模板匹配算法（如 MAD 算法），其速度提升了几十到几百倍。该算法假设搜索图 $S(x,y)$ 为 $m×n$ 大小，模板图 $T(x,y)$ 为 $M×N$ 大小，$S_{i,j}$ 是 $S(x,y)$ 的子图，起始位置为 (i,j)。显然，$1 \leqslant i \leqslant m-M-1$，$1 \leqslant j \leqslant n-N-1$。SSDA 算法的工作原理如下所述。

① 定义绝对误差：

$$\varepsilon(i,j,s,t) = |S_{i,j}(s,t) - \overline{S}_{i,j} - T(s,t) + \overline{T}| \qquad (10\text{-}31)$$

其中，带有上划线的符号分别表示子图、模板的均值：

$$\overline{S}_{i,j} = E(S_{i,j}) = \frac{1}{MN}\sum_{s=1}^{M}\sum_{t=1}^{N} S_{i,j}(s,t) \qquad (10\text{-}32)$$

$$\overline{T} = E(T) = \frac{1}{MN}\sum_{s=1}^{M}\sum_{t=1}^{N} T(s,t) \qquad (10\text{-}33)$$

实际上,绝对误差是指子图和模板图在去除各自均值后,对应位置之间差值的绝对值。

② 设定阈值 Th。

③ 在模板图中随机选择不重复的像素点,并计算其与当前子图的绝对误差。将这些误差累加,直到累加值超过阈值 Th,记录累加次数 H。用 $R(i,j)$ 表示所有子图的累加次数 H。SSDA 检测定义为:

$$R(i,j) = \left\{ H \left| \min_{1 \leq H \leq MN} \left[\sum_{h=1}^{H} \varepsilon(i,j,s,t) \geq Th \right] \right. \right\} \tag{10-34}$$

图 10-9 显示了 3 个点 A、B、C 的误差累计增长情况。点 A 和点 B 显示出较快的误差增长,这表明它们偏离了模板,而点 C 的误差增长较缓慢,这暗示它很可能与模板匹配良好 [图 10-9 中,T_k 相当于上述的 Th,即阈值;$I(i,j)$ 相当于上述 $R(i,j)$,即累加次数]。

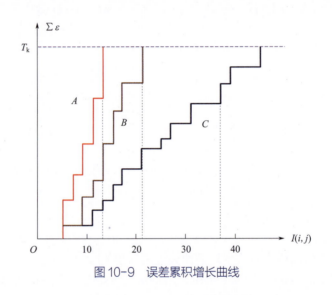

图 10-9 误差累积增长曲线

④ 在计算过程中,对每个子图进行处理。如果随机点的累加误差超过阈值 Th,记录累加次数 H 并放弃当前子图。遍历所有子图后,选取具有最大 R 值的子图作为初始匹配图像。若存在多个最大 R 值,选择累加误差最小的子图。为提高算法速度,可先进行粗配准,选取隔行、隔列的子图,用同样的方法定位,并求得其 8 个邻域子图的最大 R 值作为最终配准图像。这种方法能有效减少子图个数和计算量,提高速度。

由于随机点累加值超过阈值 Th 后便结束当前子图的计算,所以不需要计算子图所有像素,大大提高了算法速度。为进一步提高速度,可以先进行粗配准,即隔行、隔离地选取子图,用上述算法进行粗糙的定位,然后再对定位到的子图,用同样的方法求其 8 个邻域子图的最大 R 值作为最终配准图像。这样可以有效地减少子图个数,减少计算量,提高计算速度。

基于互信息的方法:互信息(mutual information,MI)来源于信息论,用于评估不同模态图像配准中数据集间统计依赖性的方法。比如在医学图像配准应用中,需要将患者的解剖图像和功能图像进行配准以辅助诊断。MI 方法的基本思想是通过最大化 MI，找到最优解。

两个随机变量 X 和 Y 之间的 MI 由下式给出：

$$\begin{aligned}I(X,Y) &= \sum_{y\in Y}\sum_{x\in X} p(x,y)\lg\left[\frac{p(x,y)}{p(x)p(y)}\right] \\ &= \sum_{y\in Y}\sum_{x\in X} p(x,y)\lg\left[\frac{p(x,y)}{p(x)}\right] - \sum_{y\in Y}\sum_{x\in X} p(x,y)\lg p(y) \\ &= H(X) - H(X|Y) \\ &= H(Y) - H(Y|X) \\ &= H(X) + H(Y) - H(X,Y)\end{aligned} \quad (10\text{-}35)$$

式中，$H(X) = -E(X)\lg[P(X)]$ 表示随机变量 X 的熵；$H(X, Y)$ 为联合熵；$p(x,y)$ 是 X 和 Y 的联合概率分布函数，而 $p(x)$ 和 $p(y)$ 分别是 X 和 Y 的边缘概率分布函数。当两幅图像相似度越高或重合部分越大时，其相关性也越大，联合熵越小，也即互信息越大。

基于灰度区域的匹配方法简单，无须进行图像分割和特征提取，但受天气、光照变化、噪声等外部因素影响较大。与几何特征相比，灰度相似性不够稳定，抵抗几何变形的能力较差，导致匹配的定位精度和可靠性难以保证。此外，需要比较两幅图像中所有对应像素的灰度相似度或差异度，随着图像尺寸的增加，匹配算法的计算量急剧上升。

10.2.3 基于边缘点集的图像匹配方法

与基于灰度的图像匹配方法相比，在面对非线性光照或局部区域遮挡时，图像边缘等特征则相对稳定。为此，Huttenlocher 最早将 Hausdorff 距离运用到二值边缘图像比较中[99]，与欧氏距离、马氏距离等点与点对应距离度量不同，使用 Hausdorff 距离进行图像比较时不需要建立点与点之间的对应关系。Hausdorff 距离是计算两个集合之间相似性的一种距离衡量。它最原始的定义如式 (10-36) ~式 (10-38) 所示。

$$H(C,D) = \max[h(C,D), h(D,C)] \quad (10\text{-}36)$$

$$h(C,D) = \max_{c_i\in C}\min_{d_j\in D}\|c_i - d_j\| \quad (10\text{-}37)$$

$$h(D,C) = \max_{d_j\in D}\min_{c_i\in C}\|d_j - c_i\| \quad (10\text{-}38)$$

式中，C、D 为两个集合；c_i 为集合 C 的第 i 个分量；d_j 为 D 中的第 j 个分量；$\|\ \|$ 为某种定义在两个集合间的距离函数。式 (10-36) 是 Hausdorff 距离的标准定义方式，其中的 $h(C,D)$ 和 $h(D,C)$ 为 Hausdorff 有向距离，$h(C,D)$ 为前向 Hausdorff 距离，$h(D,C)$ 为后向 Hausdorff 距离。从上文对 $h(C,D)$ 的定义可以得出，$h(C,D)$ 首先求取点集 C 中的任意一个点 c_i 在点集 D 中所有点的距离最小值，然后取所有这些距离中的最大值作为 $h(C,D)$。同理，可以求得 $h(D,C)$，将 $h(C,D)$ 和 $h(D,C)$ 的较大者作为 Hausdorff 距离。Hausdorff 距离度量了两个点集之间的相似度，其值越大则两个点集越不相似，距离越小则两个点集越相似，因此在匹配过程中，往往求匹配位置时通常取 Haudorff 距离最小时对应的位置，而这样的

结果就是总有一个匹配点位置，不管是否匹配正确。需要注意的是，由于原始的 Hausdorff 距离对噪声、伪特征点、部分遮挡特别敏感，所以研究学者提出了很多的 Hausdorff 距离改进算法[100,101]。

为了解决噪声对 Hausdorff 距离的影响，平均双向 Hausdorff 距离（MHD）[102] 应运而生，该算法采用统计平均的思想，将原来集合 C 中的每个 c_i 求取的对应集合 D 中最小距离的最大值替换为最小距离的平均值，平均双向 Hasdorff 距离的定义如式（10-39）和式（10-40）所示。

$$H_{\mathrm{MHD}}(C,D) = \max[h_{\mathrm{MHD}}(C,D), h_{\mathrm{MHD}}(D,C)] \tag{10-39}$$

$$h_{\mathrm{MHD}}(C,D) = \frac{1}{N_C} \sum_{c \in C} \min_{d \in D} \|c - d\| \tag{10-40}$$

式中，N_C 为点集 C 中点的总数；$h_{\mathrm{MHD}}(C,D)$ 为前向平均 Hausdorff 距离；$h_{\mathrm{MHD}}(D,C)$ 为后向平均 Hausdorff 距离。

从平均 Hausdorff 距离的定义可以看出，当计算距离的时候，$h_{\mathrm{MHD}}(C,D)$ 用到了集合 C 和集合 D 中的所有点，当模板图像或待匹配图像中存在遮挡时，作为图像匹配相似性度量函数时，其匹配性能通常会受到影响，表现不佳。

Dabuek 等人在前人工作的基础上提出了部分 Hausdorff 距离（PHD），即对距离排序并取前一部分距离作为 $h(C,D)$，从而可减轻匹配过程中噪声和伪边缘对 Hausdorff 距离的影响。

10.2.4 基于形状的图像匹配方法

基于图像边缘点间距离容易受噪声点、遮挡及旋转的影响，从而极易产生错误匹配。因此，常利用物体的形状（如边缘方向）来作为特征进行图像匹配，称之为基于形状的模板匹配，简称形状匹配。形状匹配（shape matching）可以做到即使存在严重遮挡、混乱或非线性光照变化，也能实现极高的识别率。

形状匹配算法中较为流行方法的是首先提取模板图像的边缘点，并计算边缘点 X、Y 各方向的梯度向量，然后在匹配过程中，先提取搜索图的边缘点，并同时计算每个边缘点的 X、Y 梯度向量，在每一个点的位置上，循环跟模板中每个边缘点进行梯度方向的相似性度量，分值在 0～1 之间。由于采用模板边缘方向进行对比，对光照比较鲁棒，同时即使本身被遮挡了，只要其边缘还能提取出来部分大于设定的分数阈值，仍能识别出来目标。对应步骤一般如下所述。

(1) 边缘点提取并计算边缘点的梯度向量

图像中常采用 Sobel 算子计算梯度，进而使用 Canny 算子提取图像边缘点，标记那些幅值大于所有边缘点平均幅值的点为稳定边缘点，记为 p_i，每个 p_i 点处有对应的梯度向量 $\boldsymbol{d}_i$（$i=1,2,\cdots,n$，n 为稳定边缘点个数）。特别地，设坐标点 $p(x,y)$ 处梯度向量为 $\boldsymbol{d}(d_x,d_y)$，当图像旋转 $\alpha°$ 且尺度缩小 β 倍时，可得变换后的坐标点为 $p(x',y')$：

$$x' = x\beta\cos\alpha - y\beta\sin\alpha \tag{10-41}$$

$$y' = x\beta\sin\alpha + y\beta\cos\alpha \tag{10-42}$$

对应的梯度向量同时变换为 $\boldsymbol{d}(d'_x, d'_y)$，变换后的边缘点统一构成定位算法的特征空间：

$$\begin{aligned}d'_x &= d_x\beta\cos\alpha - d_y\beta\sin\alpha \\ d'_y &= d_x\beta\sin\alpha + d_y\beta\cos\alpha\end{aligned} \tag{10-43}$$

(2) 相似度计算

确定了特征空间后，选择适当的相似度度量函数至关重要。与基于灰度的模板匹配方法不同，形状匹配方法一般使用梯度向量作为特征空间，并通过向量点乘的方式来度量相似性，这种方法简单、快速且有效。假设特征空间中共有 n 个特征点，梯度向量集合为 $\mathbf{T}$，其中第 i 个点的梯度向量为 (t_{xi}, t_{yi})，搜索图像对应点的梯度向量集合为 $\mathbf{G}$，其中第 i 个点的梯度向量为 (g_{xi}, g_{yi})，它们的相似度 S 可以通过下式计算：

$$S = \frac{1}{n}\langle \mathbf{TG}\rangle = \frac{1}{n}\sum_{i=1}^{n}t_{xi}g_{xi} + t_{yi}g_{yi} \tag{10-44}$$

边缘检测后得到的梯度向量幅值通常受图像亮度影响，为了消除光照强弱的影响，对式 (10-44) 进行梯度归一化，具体如下式所示：

$$S = \frac{1}{n}\frac{\langle \mathbf{TG}\rangle}{\|\mathbf{T}\|\|\mathbf{G}\|} = \frac{1}{n}\sum_{i=1}^{n}\frac{t_{xi}g_{xi} + t_{yi}g_{yi}}{\sqrt{t_{xi}^2 + t_{yi}^2}\sqrt{g_{xi}^2 + g_{yi}^2}} \tag{10-45}$$

归一化后，相似度 S 的取值范围在 0 到 1 之间，这有助于进一步优化算法。最后采用遍历图像的方式来寻找最大相似度位置和匹配参数。

10.2.5 基于特征的图像配准方法

基于特征的图像配准方法首先从待匹配的图像中提取显著特征，如点特征（交叉点、局部曲率不连续点、曲线拐点、角点）、线特征（边缘检测，如 Canny 检测器检测线特征）以及区域特征（重心等）等，然后再利用相似性度量和一些约束条件建立两幅图像间显著特征点对之间的对应关系，进而实现图像配准。这种方法能有效地消除由于背景、局部环境或光照等因素引起的局部辐射失真而导致的误匹配，特别适用于异模态图像的匹配。同时，该方法可以轻松面对图像间较大的尺度、旋转差异，因此常用于宽基线图像配准问题。此外，与基于区域灰度的方法相比，基于特征的方法具有计算量小、鲁棒性强以及适用范围广泛等优点。

由于灰度受光照影响，并且在图像视角、尺度变化时，同一物体的灰度值也会随之变化，因此该类方法的关键在于特征提取与匹配。为此，计算机视觉领域设计了多种稳定的显著特征点和描述子（descriptor）。显著特征点主要指特征点在图像中的位置，描述子则是描述该关键点周围像素外观等信息的向量。基于特征的图像配准通常包括以下步骤：①对两幅图像进行特征提取得到特征点，并计算特征点的描述子；②对特征点的描述子进行相似性度量，建立两幅图像特征点之间的对应关系，并剔除错误匹配点对；③借助正确匹配的特征点对估计图像间的几何变换参数；④使用几何变换参数进行图像配准。

(1) 特征检测与特征描述

基于特征的图像配准方法往往首先提取图像中的显著特征，如点（角点、线段交叉点、显著点）、线（海岸线、道路、河流等边界）、重要区域（森林、湖泊、田野）等。相比基于区域的方法，基于特征的方法避免直接处理图像灰度值，而是利用更高级的特征信息，这样有助于解决光照变化或多传感器之间的图像配准问题。

点特征（point features）一般是指线交点、道路交叉口、局部曲率不连续的点、曲线拐点、极值点（如 SIFT、Harris 角点）或兴趣点（如 SuperPoint）等。角点一般理解为区域边界上的高曲率点，因为其具有几何不变性，且很容易感知。

线特征（line features）一般指物体轮廓、线段、道路、海岸线或医学图像中的细长解剖结构，线条通常由线的两个端点或线中点表示。线特征提取一般通过边缘检测方法获得，如 Canny 检测器等。

区域特征（region features）一般是具有高对比度、边缘封闭的区域，如建筑物、森林、城市地区、湖泊、水库。这些区域通常由它们的重心表示，因为重心在旋转、缩放、倾斜时能够保持不变，且在灰度变化或存在噪声时比较稳定。区域特征检测通过图像分割技术来实现，分割的质量会直接影响到配准效果。

基于上述方法提取到的关键特征点通常只包括特征的位置信息（有可能包含尺度和方向信息），仅仅利用这些信息无法很好地建立特征点之间的对应关系，所以最直接的办法是以特征点为中心提取图像的小局部区域，然后借助灰度互相关、互信息等相似性度量函数对特征点的局部区域进行相似性度量，从而建立特征点间的对应关系。但这种直接用局部区域灰度的方法对图像的光照变化、尺度与旋转角度比较敏感。因此，需要对特征点局部区域进行必要的变换，生成一种特征描述子能够将特征点区分开来，同时可以消除视角的变化带来图像的尺度和方向的变化，能够更好地在图像间匹配。为了能够更好地匹配，一个好的描述子通常要具有以下特性：

① 不变性：指特征不会随着图像的放大、缩小、旋转而改变。
② 鲁棒性：对噪声、光照或者其他一些小的形变不敏感。
③ 可区分性：每一个特征描述子都是独特的，具有排他性，尽可能减少彼此间的相似性。

如常用的 SIFT 描述子[103]具有 256 维的长度，对亮度变化、尺度缩放、旋转等保持不变性，是一种非常稳定的局部特征。M.K.Hu 在 1961 年提出的不变矩（invariant moments）是一个高度浓缩的图像特征，具有平移、灰度、尺度、旋转不变性。此外，还有 Zernike 矩[104]、基于深度学习的 Superpoint[83]等。图 10-10 给出了两幅多时相的遥感图像，图像间存在较大的灰度差异，为消除灰度差异的影响，采用相位一致性方法提取相位特征并检测特征点[104]，并采用 Zernike 矩实现特征点之间的匹配，如图 10-10（c）所示。

(2) 特征匹配

特征匹配是使用相似度度量方法（如欧氏距离、汉明距离、余弦相似度、互相关或互信息等）比较待配准图像间特征点的描述子，从而寻找可能的正确匹配特征点对，进而建立图像之间的几何关系。建立两幅图像之间局部特征的匹配关系时，需要满足唯一性、相似性两个约束条件：①每个物体表面点到观察点的距离唯一确定其视差，因此其匹配点在另一幅图像中最多只有一个；②匹配的特征应具有相似属性，即在某种度量下，同一物理特征在两幅图像中具有相似描述符。

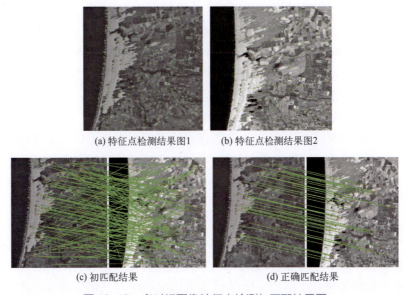

(a) 特征点检测结果图1　　(b) 特征点检测结果图2

(c) 初匹配结果　　(d) 正确匹配结果

图 10-10　多时相图像特征点检测与匹配结果图

最简单直观的方法就是暴力匹配方法（brute-force matcher），计算第一幅图像中每一个特征点描述子与第二幅图像中所有特征点描述子之间的距离或相似度，然后将得到的距离或相似度进行排序，取距离最近或相似度最高的一对作为最终匹配点对。这种方法简单粗暴，但速度比较慢，同时可能有大量的错误匹配。考虑到图像内容的多样性，以及场景中可能存在的动态物体、不重叠的区域和图像质量等因素。因此，为图像局部特征找到相似性特征的过程中，需要采取措施来排除那些可能引入干扰的噪声点。特征匹配策略方法更多采用最近邻匹配、归一化最近邻距离比匹配（NNDR）、k-d 树以及局部敏感哈希算法、匈牙利算法等。

① 归一化最近邻距离比（normalized nearest neighbor distance ratio，NNDR）匹配是一种用于描述符之间相似性度量的方法，具体来说是用最近邻距离和次近邻距离的比值来评估它们的相似性。

传统最近邻匹配方法可能会面临一对多或多对一的问题，即一个特征描述符可能与另一图像中多个描述符的距离相似。为了提高描述符之间的区分度，NNDR 引入了次近邻距离，通常设置一个比值参数（如 0.8）。如果最近邻距离与次近邻距离的比值大于 0.8，说明其难以确定正确匹配，这些匹配点对则被剔除，从而减少错误匹配的可能性。比值参数越大，正确匹配点对占比越少。NNDR 方法能够在剔除低于 5% 的正确匹配特征点对的情况下避免 90% 的错误匹配特征点对，有效地剔除了错误匹配，提高了匹配的准确性和稳定性。

② 基于 k-d 树的最近邻匹配。k-d 树（k-d tree）[105] 是由 Friedman 等学者于 1977 年提出的一种二叉树数据结构，主要用于对 k 维空间中的数据点进行高效的划分和搜索。这种数据结构的特点在于，通过递归地对数据点在不同维度上进行二分划分，能够有效地组织数据并

支持快速的最近邻搜索算法。

基于 k-d 树的最近邻算法首先选择最能有效区分数据点划分维度。在选定的维度上，特征点集合按照特定规则排序，并选取中间的特征点作为当前节点。接着，根据选定维度上的中间特征点，将其他特征点分成两个子空间：左子空间和右子空间。然后，递归地对每个子空间重复相同的二分划分过程，直到每个子空间中的特征点数目较少或为零。

在完成 k-d 树的构建后，可以利用搜索和回溯的方法来确定与当前待匹配特征点距离最近的特征点，即最近邻点。这一过程包括沿着 k-d 树向下搜索，同时利用距离的计算和剪枝策略来加速搜索过程，最终找到最近邻点的位置。

(3) 错误匹配点对剔除

由于上述步骤实现的匹配特征点对仍然存在错误匹配点对，如直接采用最小二乘估计方法可能会导致估计出来的变换参数存在较大误差。因为，其在现有数据下，最小二乘估计方法是从一个整体误差最小的角度去实现参数估计，尽量谁也不得罪，从而将错误匹配引入到参数估计中。

1981 年，Fischler 和 Bolles 最先提出一种随机采样一致（random sample consensus, RANSAC）算法[106]，其是可根据一组包含异常数据的样本数据集，计算出数据的数学模型参数并得到有效样本数据的算法。RANSAC 算法首先假设数据具有某种特性或目的，在一组包含"外点"的数据集中，采用不断迭代随机选取匹配点来估计变换矩阵，寻找最优参数模型，保留匹配点数量最多的变换矩阵输出。不符合最优模型的点，被定义为"外点"。RANSAC 算法的本质是：在存在噪声的数据中，求解一个模型，使得非噪声数据可以用该模型表示，而噪声数据被排除在外。RANSAC 算法能够有效拟合存在噪声模型下的拟合函数，容错强。

在图像配准问题中，RANSAC 算法旨在通过找到最优的 3×3 参数矩阵 H 来最大化满足这一矩阵的数据点数量。通过这些数据点 $h(3,3)=1$ 归一化矩阵，其中单应性矩阵 H 包含 8 个未知参数，因此至少需要 8 个线性方程才能求解。对于点的位置信息，至少需要 4 组匹配点对，每组点对可以提供 2 个方程。

$$s\begin{bmatrix} x' \\ y' \\ 1 \end{bmatrix} = \boldsymbol{H} \begin{bmatrix} x \\ y \\ 1 \end{bmatrix} = \begin{bmatrix} h_{11} & h_{12} & h_{13} \\ h_{21} & h_{22} & h_{23} \\ h_{31} & h_{32} & h_{33} \end{bmatrix} \begin{bmatrix} x \\ y \\ 1 \end{bmatrix} \tag{10-46}$$

式中，s 是尺度因子。

RANSAC 算法的工作流程如下：它从匹配的数据集中随机选择 4 个样本，并确保这些样本不共线。接着，算法计算出单应性矩阵，并使用该模型测试所有数据点。在此过程中，计算满足模型的数据点数量以及其投影误差（即代价函数）。如果该模型被视为最优模型，则相应的代价函数将是最小的。损失函数通常指的是重投影误差函数：

$$\sum_{i=1}^{n} \left[\left(x_i' - \frac{h_{11}x_i + h_{12}y_i + h_{13}}{h_{31}x_i + h_{32}y_i + h_{33}} \right)^2 + \left(y_i' - \frac{h_{21}x_i + h_{22}y_i + h_{23}}{h_{31}x_i + h_{32}y_i + h_{33}} \right)^2 \right] \tag{10-47}$$

也就是通过随机抽样求解得到一个矩阵，然后验证其他的点是否符合模型，然后符合的点成为"内点"，不符合的点成为"外点"。下次依然从"新的内点集合"中抽取点构造新的矩阵，重新计算误差。最后重投影误差最小、点数最多的就是最终的模型。

RANSAC算法是一种用于估计数学模型参数的迭代方法，特别适用于数据集中存在大量离群点的情况，其主要步骤如下：

① 从数据集中随机选择4个样本数据，并确保它们不共线。利用这4个样本计算出变换矩阵 H，形成初始的模型 M；

② 利用上一步得到的模型 M，对数据集中的每个数据进行投影，并计算每个数据点与模型 M 的投影误差。将误差小于预设阈值的数据点加入内点集合 I。如果内点数量不足以支持一个有效的模型，回到第①步重新选择样本；

③ 比较当前内点集合 I 的大小与历史最优内点集合 I_best 的大小。如果当前内点集合 I 比 I_best 更大，更新 I_best 为当前的内点集合 I，并更新迭代次数 k；

④ 在迭代次数未达到预设的最大迭代次数的情况下，增加迭代次数 k，并重复上述步骤。一旦达到最大迭代次数或者满足其他终止条件，算法退出，并输出最优的模型。

注：迭代次数 k 在不大于最大迭代次数的情况下，是在不断更新的，而不是固定的。这种方法通过不断迭代优化内点集合，有效地提高了对含有大量离群点的数据集进行模型拟合的鲁棒性和准确性。

$$k = \frac{\lg(1-p)}{\lg(1-w^m)} \tag{10-48}$$

式中，p 为置信度，一般取 0.995；w 为"内点"的比例；m 为计算模型所需要的最少样本数，取4。

RANSAC算法往往能有效地剔除错误匹配点对，如图10-10（d）所示，经过RANSAC算法后，我们能够获取正确的匹配点对。需要指出的是，尽管RANSAC算法能够有效拟合存在噪声模型下的函数，容错强，但具有随机性。

（4）变换模型估计

变换模型估计旨在估计两幅图特征位置的空间几何变换关系，以实现两幅图像间空间对齐。变换模型估计需要解决如下两个任务：映射模型类型和映射模型的参数估计。在图像配准过程中，搜索空间是指一组参数范围和遍历方式，用于定义图像间的空间变换，这些变换可以分为全局变换和局部变换两类。全局变换意味着整幅图像使用相同的变换参数，变换参数能够一致地影响整张图像。而局部变换则允许不同图像区域采用不同的变换参数，通常在区域的关键点处进行参数调整，其他位置则进行插值处理以确保变换的连续性和准确性。

① 全局映射模型。对于刚体变换，直接采用3×3的仿射变换模型或透视投影模型即可实现图像之间的平移、旋转和缩放等功能。一般来说，仿射变换模型可以将四边形映射到正方形上，模型由3个非共线控制点定义，以保留直线和直线平行度。透视投影模型由4个独立的控制点定义，能够在保留直线的同时将四边形映射到正方形上。通常，控制点的个数会多于确定映射模型所需的最小数量，通过最小二乘拟合映射模型的参数，使其能够最小化控制点的平方误差之和。如图10-11给出了多时相图像的配准结果。

② 局部映射模型。全局映射模型可能无法正确处理局部变形的图像，因此在图像发生局部几何失真的情况下，使用局部映射模型效果更好。径向基函数（mapping by radial basis functions)、弹性配准（elastic registration）、B 样条等都可以进行局部图像配准。

径向基函数：利用基函数（basis functions）可以很好地表达形变场，如用傅里叶/三角基函数（fourier/trigonometric basis functions）、小波基函数（wavelet basis functions）。使用基函数来处理，其优点在于可以很好地实现平滑约束。

弹性配准：将变形过程看作一种物理形变过程。

最后，借助估计出的变换模型，将图像变换到参考图像坐标进行重叠。

图 10-11　多时相图像配准结果

10.3　搜索策略

考虑到搜索图像与参考图像之间存在较大的尺度、平移、旋转等差异。在图像配准的过程中，需要在尺度、平移、旋转角度等空间中使用相似性度量值作为判优依据进行搜索，以找到最优的配准参数。这一过程通常涉及大量的计算工作。因此，高效的搜索策略至关重要，能够减少无效操作并显著提升搜索速度。通过优化搜索策略，可以有效地缩短配准过程的时间，从而在实际应用中提高图像配准的效率和精度。同时，减少无关搜索位置可以减少干扰，提高算法的准确性。因此，设计一个有效的搜索策略显得尤为重要。图像匹配中常采用图像金字塔、三次插值法、Powell、Brent 法、蚁群算法、牛顿法、抛物线法、遗传算法、梯度下降法等算法搜索策略来减少搜索位置，提高计算速度。

图像金字塔是由图像下采样产生分辨率逐步降低的一系列图像并且以金字塔的形状排列组成，如图 10-12 所示。

图像金字塔是一种层级结构，其底层为图像的高分辨率表示，每向上一层，图像分辨率和面积均减小到四分之一。这种结构通过下采样过程实现，通常是通过取下层图像对应位置像素的平均值来完成。随着层数增加，图像逐渐丢失部分信息，因此金字塔的层数不能过高。

尽管图像金字塔的上层图像分辨率较低，但仍保留一定的纹理和梯度信息。这一特性使得图像金字塔在多种应用中发挥重要作用，如图像金字塔可用于尺度空间分析、图像金字塔匹配以及图像金字塔混合等领域。在生成图像金字塔时，系统会根据设定的阈值和条件进行操作。如果低分辨率图像中的边缘点数量未达到设定的阈值，或者图像的宽度和高度小于指定的最小尺寸阈值，系统将停止生成更低分辨率的图像。这一策略的目的是避免由于分辨率过低或尺寸太小而导致的图像失真。反之，如果满足条件，系统将持续向上生成金字塔的更高层级图像。

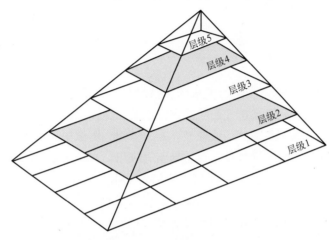

图 10-12　图像金字塔

图像金字塔搜索策略通过分为粗匹配和精匹配两个阶段，有效提升了目标检测的精度和效率。首先，在粗匹配阶段，算法从图像金字塔的顶层（最低分辨率图像）开始搜索，这样做可以在较低的分辨率下快速定位可能的目标区域，从而减少了候选点的数量。在此阶段，算法放宽了最小相似度的条件，以确保不错过正确的目标位置。随后的精匹配阶段则从图像金字塔的第二层开始，逐层向下进行搜索。每一层只选择上一层保存的结果及其附近的像素点作为候选位置，这种逐层优化的方式极大地提高了匹配的精确度。随着金字塔层级的增加，算法逐步增加了最小相似度的要求，确保了匹配结果的精度随着分辨率的提高而逐步增加。综上所述，图像金字塔搜索策略有效地结合了粗匹配和精匹配的方法，不仅在不同分辨率下都能有效搜索目标，而且通过逐层优化的方式显著提高了目标检测的准确性和效率。

 思考题与习题

（1）图像几何变换一般分成哪几大类变换？一个几何变换可以分成哪两部分内容？
（2）图像几何变换过程中常用的插值方式有哪几种？各有哪些优缺点？
（3）基于灰度值的配准方法与基于特征的图像配准方法有什么异同和优势？
（4）什么是 RANSAC 算法？
（5）图像配准中为什么需要优化搜索策略？

第 11 章 立体视觉

随着科学技术的发展和人民生活需求的日益增长,无论是在社会生活上还是在工业生产上,二维视觉已经远远无法满足人们的需求,三维立体视觉逐渐成为人们研究的热点。立体视觉主要研究如何借助(多图像)成像技术从(多幅)图像里获取场景中物体的距离(深度)或三维信息,进而实现视觉测量、视觉导航等应用。本章主要介绍立体视觉的基本概念与算法,包括相机标定、多视图立体视觉、结构光立体视觉等,帮助读者:掌握相机标定、立体视觉的概念,包括双目视差、深度感知和三维重建的基础知识;理解立体视觉系统如何通过两个或多个摄像头获取图像并重建三维信息。

11.1 相机标定

机器视觉经常需要采用相机成像来实现对三维场景的测量、定位、重建等,这是一个利用二维图像进行三维反演示的过程。在图像测量和机器视觉应用中,精确确定空间物体表面某点的三维位置与其在图像中投影点之间的映射关系至关重要。为实现这一映射,构建相机的几何成像模型是不可或缺的步骤,其中涉及相机参数。相机参数多数情况下需通过实验与计算进行精确求解,即根据一组已知的三维点和对应的二维图像点,求解相机的内外参数的过程被称为相机标定(camera calibration)。相机标定的准确性对于后续图像测量和机器视觉应用的性能具有决定性作用,其精度和算法的稳定性直接影响着相机工作结果的可靠性。因此,高质量的相机标定是后续研究与应用的基础。

11.1.1 相机参数模型

相机标定简单来说是从世界坐标系换到图像坐标系的过程,也就是求最终的投影矩阵的过程,如图 11-1 所示。相机成像过程涉及多个坐标系与坐标转换过程,坐标系包括以下几种。

世界坐标系 (X_w, Y_w, Z_w):或称全局坐标系,作为一个三维直角参照框架,被用来定义相机和待测物体在三维空间中的确切位置。该坐标系的位置设定可根据具体应用场景进行灵活调整。

相机坐标系 (x_c, y_c, z_c):其原点定于镜头的光心,其中 x、y 轴与相机的成像平面保持平行,而 z 轴则与镜头的光轴重合,垂直于成像平面。

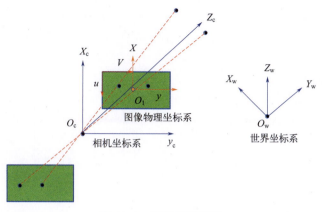

图 11-1 视觉成像模型

图像物理坐标系：用于描述 CCD（电荷耦合器件）图像平面的具体物理坐标系统。其原点设定在图像平面的几何中心，x、y 轴分别与图像像素坐标系的 u、v 轴保持平行。坐标表示为 (x,y)，通常使用毫米（mm）作为坐标轴的单位。

图像像素坐标系：离散图像坐标或像素坐标，坐标原点在 CCD 图像平面的左上角，在图像处理与相机成像的研究中，存在一个被称为 uov 的二维直角坐标系，该坐标系被用来精确地描述相机中 CCD 或 CMOS（互补金属氧化物半导体）芯片上像素的排列布局。这种坐标系统为研究者提供了分析图像质量和相机性能的关键参数，u 轴被定义为与 CCD 平面相平行并水平向右延伸的方向，而 v 轴则与 u 轴呈垂直关系，并指向下方。在图像处理中，这一坐标系统通过 (u,v) 的坐标对来精确标识每一个像素的位置，为图像分析提供了重要的基础。

（1）世界坐标系到相机坐标系转换

在图像处理与计算机视觉中，刚体变换特指那些仅改变物体在三维空间中的位置（即平移）和朝向（即旋转），而不影响其形状和大小的变换。

为了描述世界坐标系与相机坐标系之间的这种转换，同时引入了两个关键变量：一个是正交单位旋转矩阵 R，它负责刻画物体在三维空间中的旋转状态；另一个是三维平移矢量 T，它用于表示物体在三维空间中的平移距离和方向。这两个变量共同构成了刚体变换的数学模型，描述从世界坐标系到相机坐标系的精确转换。

如图 11-1 所示，从世界坐标系转换到相机坐标系是三维空间到三维空间的变换，一般来说需要一个平移操作 T 和一个旋转操作 R 就可以完成这个转换，如图 11-2 所示，用公式表示如下：

$$\begin{bmatrix} X_c \\ Y_c \\ Z_c \\ 1 \end{bmatrix} = \begin{bmatrix} R_{3\times3} & T_{3\times1} \\ 0 & 1 \end{bmatrix} \times \begin{bmatrix} X_w \\ Y_w \\ Z_w \\ 1 \end{bmatrix} \tag{11-1}$$

当绕 Z 轴旋转 θ 角度，新旧坐标间的关系可表示为：

$$\begin{cases} X_c = X_w\cos\theta + Y_w\sin\theta \\ Y_c = Y_w\cos\theta - X_w\sin\theta \\ Z_c = Z_w \end{cases} \tag{11-2}$$

写成矩阵形式如下：

$$\begin{bmatrix} X_c \\ Y_c \\ Z_c \end{bmatrix} = \begin{bmatrix} \cos\theta & \sin\theta & 0 \\ -\sin\theta & \cos\theta & 0 \\ 0 & 0 & 1 \end{bmatrix} \begin{bmatrix} X_w \\ Y_w \\ Z_w \end{bmatrix} = \boldsymbol{R}_z \begin{bmatrix} X_w \\ Y_w \\ Z_w \end{bmatrix} \tag{11-3}$$

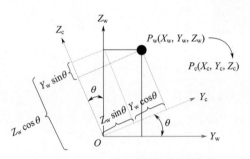

图 11-2 坐标旋转转换示意图

同理可得绕 X 轴和 Y 轴分别旋转角度 φ 和 ω 的关系如下：

$$\begin{bmatrix} X_c \\ Y_c \\ Z_c \end{bmatrix} = \begin{bmatrix} 1 & 0 & 0 \\ 0 & \cos\varphi & \sin\varphi \\ 0 & -\sin\varphi & \cos\varphi \end{bmatrix} \begin{bmatrix} X_w \\ Y_w \\ Z_w \end{bmatrix} = \boldsymbol{R}_x \begin{bmatrix} X_w \\ Y_w \\ Z_w \end{bmatrix} \tag{11-4}$$

$$\begin{bmatrix} X_c \\ Y_c \\ Z_c \end{bmatrix} = \begin{bmatrix} \cos\omega & 0 & -\sin\omega \\ 0 & 1 & 0 \\ \sin\omega & 0 & \cos\omega \end{bmatrix} \begin{bmatrix} X_w \\ Y_w \\ Z_w \end{bmatrix} = \boldsymbol{R}_y \begin{bmatrix} X_w \\ Y_w \\ Z_w \end{bmatrix} \tag{11-5}$$

从而得到旋转矩阵 $\boldsymbol{R} = \boldsymbol{R}_x \boldsymbol{R}_y \boldsymbol{R}_z$，即有：

$$\begin{bmatrix} X_c \\ Y_c \\ Z_c \end{bmatrix} = \boldsymbol{R} \begin{bmatrix} X_w \\ Y_w \\ Z_w \end{bmatrix} + \boldsymbol{T} \tag{11-6}$$

写成齐次坐标系形式，则可表示为式（11-1）所示。

(2) 相机坐标系到图像物理坐标系转换

相机坐标系到图像物理坐标系转换如图 11-3 所示。

根据小孔成像原理，相机坐标系到图像物理坐标系 (x,y) 是透视关系，透镜焦距 f、像距 v、物距 Z_c 满足如下公式：

$$\frac{1}{f} = \frac{1}{Z_c} + \frac{1}{v} \tag{11-7}$$

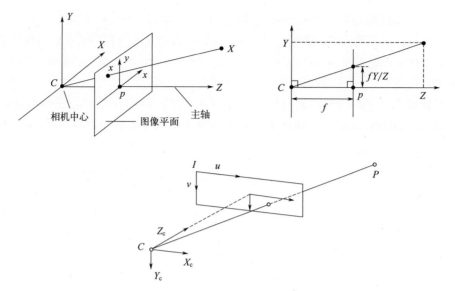

图 11-3　相机坐标系转换至图像物理坐标系

一般情况下，$Z_c \gg f$，此时，焦距与像距相近。进一步利用相似三角形有：

$$\begin{cases} \dfrac{x}{f} = \dfrac{X_c}{Z_c} \\ \dfrac{y}{f} = \dfrac{Y_c}{Z_c} \end{cases} \tag{11-8}$$

写成齐次坐标形式的矩阵相乘为：

$$Z_c \begin{bmatrix} x \\ y \\ 1 \end{bmatrix} = \begin{bmatrix} f & 0 & 0 & 0 \\ 0 & f & 0 & 0 \\ 0 & 0 & 1 & 0 \end{bmatrix} \begin{bmatrix} X_c \\ Y_c \\ Z_c \\ 1 \end{bmatrix} = [\boldsymbol{K}|0] \begin{bmatrix} X_c \\ Y_c \\ Z_c \\ 1 \end{bmatrix} \tag{11-9}$$

式中，$\boldsymbol{K}$ 称为相机内参数矩阵。

主点偏离（principal point offset）图像中心：在图像处理的实践中，由于无法事先精确确定主点的实际位置，以图像的中心或左上角作为图像坐标系的基准点。然而，当主点并不位于这个预设的基准点时，即出现主点偏移现象，此时相机内参数矩阵的构建需要进行相应的调整。

$$Z_c \begin{bmatrix} x \\ y \\ 1 \end{bmatrix} = \begin{bmatrix} f & 0 & x_0 & 0 \\ 0 & f & y_0 & 0 \\ 0 & 0 & 1 & 0 \end{bmatrix} \begin{bmatrix} X_c \\ Y_c \\ Z_c \\ 1 \end{bmatrix} = [\boldsymbol{K}|0] \begin{bmatrix} X_c \\ Y_c \\ Z_c \\ 1 \end{bmatrix} \tag{11-10}$$

(3) 图像物理坐标系到图像像素坐标系转换

图像像素坐标系 (u, v) 表示三维空间物体在图像平面上的投影，在图像处理中，图像像素坐标系是对图像物理坐标系的离散化呈现，具体表现为实际 CCD 相机中每一个感光点都对应一个像素。关于坐标系的转换，当以 CCD 传感器的左上角作为基准原点构建坐标系，求与以成像平面中心为基准构建的坐标系之间的转换关系，我们需要进行精确的映射和计算图像宽度 W、高度 H。

当图像物理坐标系与图像像素坐标系轴互相垂直时，u 轴、v 轴分别于像面的两边与 x 轴与 y 轴平行，如图 11-4 所示。两个坐标系实际是平移关系，即通过平移就可得到坐标系间转换。

此时有：

$$\begin{cases} u = \dfrac{x}{\mathrm{d}x} + u_0 \\ v = \dfrac{y}{\mathrm{d}y} + v_0 \end{cases} \tag{11-11}$$

$$\begin{bmatrix} u \\ v \\ 1 \end{bmatrix} = \begin{bmatrix} \dfrac{1}{\mathrm{d}x} & 0 & u_0 \\ 0 & \dfrac{1}{\mathrm{d}y} & v_0 \\ 0 & 0 & 1 \end{bmatrix} \begin{bmatrix} x \\ y \\ 1 \end{bmatrix} \tag{11-12}$$

然而，一般情况下，图像物理坐标系与图像像素坐标系两轴并不是严格互相垂直的，如图 11-5 所示，此时有：

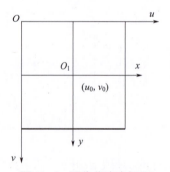
图 11-4　图像像素坐标系

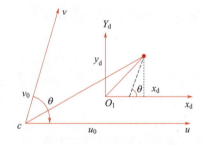
图 11-5　图像物理坐标系转换为图像像素坐标系

$$u = u_0 + \dfrac{x_{\mathrm{d}}}{\mathrm{d}x} - \dfrac{y_{\mathrm{d}}\cot\theta}{\mathrm{d}x} \tag{11-13}$$

进一步可表示为：

$$\begin{bmatrix} u \\ v \\ 1 \end{bmatrix} = \begin{bmatrix} f_u & -f_u\cos\theta & u_0 \\ 0 & f_v/\sin\theta & v_0 \\ 0 & 0 & 1 \end{bmatrix} \begin{bmatrix} x_{\mathrm{d}} \\ y_{\mathrm{d}} \\ 1 \end{bmatrix} \tag{11-14}$$

式中，$f_u = \dfrac{1}{dx}$；$f_v = \dfrac{1}{dy}$。

经过上述 3 个坐标系转换，实现了世界坐标系的物体到图像像素坐标系的成像过程，如图 11-6 所示，其整个成像模型可以描述如式（11-15）所示。

图 11-6　坐标系转换关系

$$Z_c \begin{bmatrix} u \\ v \\ 1 \end{bmatrix} = \begin{bmatrix} \dfrac{f}{S_x} & r & u_0 \\ 0 & \dfrac{f}{S_y} & v_0 \\ 0 & 0 & 1 \end{bmatrix} \begin{bmatrix} \boldsymbol{R}_{3\times 3} & \boldsymbol{T}_{3\times 1} \\ 0 & 1 \end{bmatrix} \begin{bmatrix} X_w \\ Y_w \\ Z_w \\ 1 \end{bmatrix}$$

(11-15)

$$= \begin{bmatrix} a & r & u_0 \\ 0 & b & v_0 \\ 0 & 0 & 1 \end{bmatrix} \begin{bmatrix} f & 0 & 0 & 0 \\ 0 & f & 0 & 0 \\ 0 & 0 & 1 & 0 \end{bmatrix} \begin{bmatrix} \boldsymbol{R}_{3\times 3} & \boldsymbol{T}_{3\times 1} \\ 0 & 1 \end{bmatrix} \begin{bmatrix} X_w \\ Y_w \\ Z_w \\ 1 \end{bmatrix} = \boldsymbol{K}_{3\times 3} \begin{bmatrix} \boldsymbol{R}_{3\times 3} & \boldsymbol{T}_{3\times 1} \\ 0 & 1 \end{bmatrix} \begin{bmatrix} X_w \\ Y_w \\ Z_w \\ 1 \end{bmatrix}$$

式中，$\boldsymbol{K}_{3\times 4} = \begin{bmatrix} a & r & u_0 \\ 0 & b & v_0 \\ 0 & 0 & 1 \end{bmatrix} \cdot \begin{bmatrix} f & 0 & 0 & 0 \\ 0 & f & 0 & 0 \\ 0 & 0 & 1 & 0 \end{bmatrix}$ 是一个 3×4 的投影矩阵，为相机内部参数，包括 6 个参数，通常来说，相机内部参数是在出厂之后就已经固定好的；$\boldsymbol{R}_{3\times 3}$、$\boldsymbol{T}_{3\times 1}$ 分别是相机外部参数中的旋转矩阵与平移矩阵，相机外参数共有 6 个，分别为绕 3 个轴的旋转参数 $(\varphi, \omega, \theta)$ 与 3 个轴的平移参数 (T_x, T_y, T_z)。

上述是理想光学成像系统下的模型，然而实际上由于光学透镜设计、加工以及光学透镜的固有特性等方面的原因，导致镜头成像时像点偏离其理想位置的点位，从而导致图像失真，形成光学畸变，如图 11-7 所示，理想光路为虚线。一般来说，靠近中心的像素比远离中心的像素更容易聚焦，从而导致透镜的边缘部分和中心部分的放大倍率不同。

相机镜头畸变是相机本身的固有特性，如图 11-8 所示，镜头畸变主要包括径向畸变与切向畸变：径向畸变来自透镜形状，导致直线形状发生改变，径向畸变主要影响图像边缘；切向畸变来自于整个相机的组装过程，镜头透镜与成像平面不平行，这种情况多是由于透镜被粘贴到镜头模组上的安装偏差导致。

对于径向畸变，光学中心的畸变为 0，随着向边缘移动，畸变越来越严重。由于实际加工制作的透镜往往是中心对称的，这使得不规则的畸变通常径向对称。主要分为两大类：桶形畸变和枕形畸变，如图 11-9 所示。

畸变的数学模型可以用主点（principle point）周围的泰勒级数展开式进行校正：

$$x_c = x(1 + k_1 r^2 + k_2 r^4 + k_3 r^6) \tag{11-16}$$

第 11 章　立体视觉　235

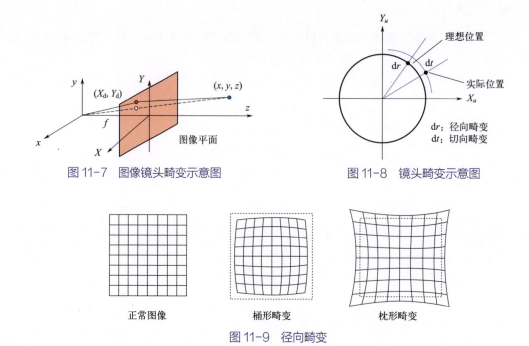

图 11-7 图像镜头畸变示意图　　　图 11-8 镜头畸变示意图

图 11-9 径向畸变

$$y_c = y(1+k_1r^2+k_2r^4+k_3r^6) \tag{11-17}$$

式中，在图像处理中定义了 (x,y) 为理想的、无畸变的归一化图像坐标，而与之对应的是畸变后的归一化图像坐标 (x_c,y_c)；r 代表图像中任意像素点到图像中心点的距离，即 $r^2=x^2+y^2$。显然，这一距离与径向畸变参数 (k_1, k_2, k_3) 密切相关，是描述图像畸变程度的重要参数之一。需要指出，通常使用前两项和，即 k_1、k_2，对于畸变很大的镜头，如鱼眼镜头，需要增加第三项来进行描述。

切向畸变可分为薄透镜畸变、离心畸变等，切向畸变有 2 个参数 (p_1, p_2)，其切向畸变公式如下：

$$x_c = x+2p_1xy+p_2(r^2+2x^2) \tag{11-18}$$

$$y_c = y+p_1(r^2+2y^2)+2p_2xy \tag{11-19}$$

大体上，切向畸变的畸变位移相对于左下 - 右上角的连线是对称的，说明该镜头在垂直于该方向上有一个旋转角度。

径向畸变和切向畸变中，一共有 5 个畸变参数，得这 5 个参数后，就可以矫正由镜头畸变引起的图像的变形失真。

11.1.2 相机标定原理

如前所述，成像矩阵及畸变模型中包含了以下几个未知数：

① 内参矩阵。5 个参数，$f/\mathrm{d}x$、$f/\mathrm{d}y$、u_0、v_0、r。
② 外参矩阵。6 个参数，相机刚体的位姿、平移和旋转各 3 个参数。
③ 畸变参数。5 个参数，径向畸变 k_1、k_2、k_3，切向畸变 p_1、p_2。

相机标定就是通过具有对应关系的像点和物点的点对来求解出模型的 9 个（内参 + 畸变）或 15 个（内参 + 畸变 + 外参）未知参数。大多数相机标定都是为了标定出相机内参和畸变参数，因为外参属于相机位姿，工作过程中相机位姿是不断变化的，但有些应用，也需要同时标定出外参，即相机位姿。

根据标定过程的数学模型，相机标定可以分为：
① 线性标定法：运算速度快，标定精度相对不高；
② 非线性优化标定法：标定精度高，模型复杂，计算量大；
③ 两步法：以上两者的结合，综合了两者的优缺点，如 Tsai 两步法、张氏标定法等。

表 11-1 给出了几类常用标定方法的对比，本书主要介绍张氏标定法。

表 11-1 常见标定方法的对比

标定方法	优点	缺点	常见方法
相机自标定法	灵活多变、可在线标定	精度低、鲁棒性差	分层逐步标定、基于 Kruppa 方程
主动视觉相机标定法	无需标定物、算法简单、鲁棒性高	成本高、设备昂贵	主动系统控制相机做特定运动
标定物标定法	普适性、鲁棒性高	需标定物、算法复杂	张氏标定法

1999 年，微软研究院的张正友提出了基于移动平面模板的相机标定方法[107]。张氏标定法主要利用由二维方格构成的标定板进行校准。首先，通过捕捉标定板在不同姿态下的图像，然后从这些图像中提取出角点的像素坐标，基于这些像素坐标利用单应矩阵计算出相机的内外参数的初始估计值。为了进一步提高校准的精度，采用非线性最小二乘法来估算畸变系数。最后，利用极大似然估计法对所得参数进行优化，以确保校准结果的准确性和可靠性。张氏标定法有效避免了传统标定方法对于高精度三维标定物的依赖，同时继承了二者的优势。这种方法不仅简化了标定过程，还提高了标定的灵活性和精度，但是此种方法只考虑了径向畸变，没有考虑切向畸变。

(1) 相机内外参数标定

基于前述的成像模型，可以推导出从世界坐标点到图像对应点的齐次坐标变换过程：

$$s\begin{bmatrix} u \\ v \\ 1 \end{bmatrix} = \begin{bmatrix} \alpha & c & u_0 \\ 0 & \beta & v_0 \\ 0 & 0 & 1 \end{bmatrix} \begin{bmatrix} \boldsymbol{R} & \boldsymbol{T} \end{bmatrix} \begin{bmatrix} x_\mathrm{w} \\ y_\mathrm{w} \\ z_\mathrm{w} \\ 1 \end{bmatrix} = \boldsymbol{A}\begin{bmatrix} \boldsymbol{R} & \boldsymbol{t} \end{bmatrix} \begin{bmatrix} x_\mathrm{w} \\ y_\mathrm{w} \\ z_\mathrm{w} \\ 1 \end{bmatrix} \quad (11\text{-}20)$$

式中，s 为任意的尺度因子；α、β 为图像坐标轴的尺度因子；u_0、v_0 是主轴点的坐标；c 为坐标轴倾斜因子，一般为 0。令 $\boldsymbol{R}=[r_1,r_2,r_3]$，因为 $Z_\mathrm{w}=0$，则式（11-20）可以转换为：

$$s\begin{bmatrix}u\\v\\1\end{bmatrix}=A\begin{bmatrix}r_1 & r_2 & r_3 & t\end{bmatrix}\begin{bmatrix}x_w\\y_w\\0\\1\end{bmatrix}=A\begin{bmatrix}r_1 & r_2 & t\end{bmatrix}\begin{bmatrix}x_w\\y_w\\1\end{bmatrix}=H\begin{bmatrix}x_w\\y_w\\1\end{bmatrix} \quad (11\text{-}21)$$

式中，$H = A[r_1, r_2, t]$，H 被称为单应性矩阵。

$$\begin{cases}\rho u = h_{11}x_w + h_{12}y_w + h_{13}\\ \rho v = h_{12}x_w + h_{22}x_w + h_{22}\\ \rho = h_{31}x_w\end{cases} \quad (11\text{-}22)$$

整理得：

$$\begin{bmatrix}x_w & y_w & 1 & 0 & 0 & 0 & -ux_w & -uy_w\\ 0 & 0 & 0 & x_w & y_w & 1 & -vx_w & -vy_w\end{bmatrix}h^T = 0 \quad (11\text{-}23)$$

式中，$h = [h_{11}\ h_{12}\ h_{13}\ h_{21}\ h_{22}\ h_{23}\ h_{31}\ h_{32}\ h_{33}]$。给定模型平面的一幅图像，可以估计出单应性矩阵 H。

设 $H = [h_1\ h_2\ h_3]$，从式（11-21）可得：

$$[h_1\ h_2\ h_3] = \lambda A[r_1\ r_2\ r_3] \quad (11\text{-}24)$$

式中，λ 为任意的尺度因子，由于 r_1 与 r_2 是相互正交的，也就是 $r_1^T r_1 = r_2^T r_2 = 1$，并且 $r_1^T r_2 = 0$，所以内参数有 2 个约束方程：

$$h_1^T A^{-T} A^{-1} h_2 = 0 \quad (11\text{-}25)$$

$$h_1^T A^{-T} A^{-1} h_1 = h_2^T A^{-T} A^{-1} h_2 \quad (11\text{-}26)$$

在式（11-25）中，令 $B = A^{-T} A^{-1}$，因为 $B = B^T$，所以 B 是对称矩阵。

$$B = A^{-T}A^{-1} = \begin{bmatrix}B_{11} & B_{12} & B_{13}\\ B_{12} & B_{22} & B_{23}\\ B_{13} & B_{23} & B_{33}\end{bmatrix} = \begin{bmatrix}\dfrac{1}{\alpha^2} & -\dfrac{c}{\alpha^2\beta} & \dfrac{cv_0 - u_0\beta}{\alpha^2\beta}\\ -\dfrac{c}{\alpha^2\beta} & -\dfrac{c^2}{\alpha^2\beta^2} + \dfrac{1}{\beta^2} & -\dfrac{c(cv_0 - u_0\beta)}{\alpha^2\beta^2} - \dfrac{v_0}{\beta^2}\\ \dfrac{cv_0 - u_0\beta}{\alpha^2\beta} & -\dfrac{c(cv_0 - u_0\beta)}{\alpha^2\beta^2} - \dfrac{v_0}{\beta^2} & \dfrac{(cv_0 - u_0\beta)^2}{\alpha^2\beta^2} + \dfrac{v_0^2}{\beta^2} + 1\end{bmatrix}$$

$$(11\text{-}27)$$

设定向量 $b = [B_{11}\ B_{12}\ B_{22}\ B_{13}\ B_{23}\ B_{33}]^T$，则有：

$$h_i^T B h_j = v_{ij}^T b \quad (11\text{-}28)$$

$$h_i = [h_{i1}\ h_{i2}\ h_{i3}]^T$$

$$v_{ij} = \begin{bmatrix} h_{i1}h_{j1} & h_{i1}h_{j2}+h_{i2}h_{j2} & h_{i2}h_{j2} & h_{i3}h_{j1}+h_{i1}h_{j3} & h_{i3}h_{j2}+h_{i2}h_{j3} & h_{i3}h_{j3} \end{bmatrix}^T \tag{11-29}$$

约束条件可以表示成如下关于 b 向量的两个方程：

$$\begin{bmatrix} v_{12}^T \\ (v_{11}-v_{12})^T \end{bmatrix} b = 0 \tag{11-30}$$

若假设模型平面有 n 幅图像，根据约束条件表示的方程 (11-30)，可以得到线性方程组：

$$Vb = 0 \tag{11-31}$$

式中，首先需要明确 V 是一个 $2n×6$ 的矩阵。根据给出的方程，可以推断出至少需要拍摄 3 幅图像以确保方程组的方程数量超过未知数数量，从而成功求解出所有未知量。进一步地，鉴于多数电子耦合传感器芯片呈方形设计，可合理假设 u 轴和 v 轴的坐标轴是相互垂直的，即矩阵 A 中的倾斜因子 c 为 0。此时，2 幅图像就可以求解方程，即有附加约束方程 $\begin{bmatrix} 0 & 1 & 0 & 0 & 0 & 0 \end{bmatrix} b = 0$。

由每幅图像的单应性矩阵可知，即 v_{ij} 可知，根据上述式子可求得 b（方程的解就是矩阵 V^TV 最小特征值对应的特征向量），即获得了矩阵 b，即 B。根据式 (11-30) 就可以得到相机系统所有的内部参数：

$$\begin{cases} f_x = \sqrt{\lambda/B_{11}} \\ f_y = \sqrt{\lambda/B_{11}/(B_{11}B_{22}-B_{12}^2)} \\ u_0 = -B_{13}f_{x2}/\lambda \\ v_0 = (B_{12}B_{13}-B_{11}B_{23})/(B_{11}B_{22}-B_{12}^2) \\ \lambda = B_{33} - \left[B_{13}^2 + f_x(B_{12}B_{13}-B_{11}B_{23}) \right]/B_{11} \end{cases} \tag{11-32}$$

内参数矩阵 A 确定后，对每个不同拍摄角度的摄像机系统外参数 $[Rt]$ 可按如下公式求得：

$$\begin{cases} r_1 = \lambda A^{-1} h_1 \\ r_2 = \lambda A^{-1} h_2 \\ r_3 = r_1 r_2 \\ t = \lambda A^{-1} h_3 \\ \lambda = 1/\|A^{-1}h_1\| = 1/\|A^{-1}h_2\| \end{cases} \tag{11-33}$$

上述解是通过最小化代数距离实现的，在物理上没有意义，因此可以通过最大似然估计对其进行细化。给定 n 幅图像与 m 个模型平面的点，假设图像点被独立均匀分布噪声污染，当初始参数已经解出后，每张图像的控制点根据求解的参数再还原回三维世界坐标，再建立非线性最小化模型优化解得值与真实值的差异，也即：

$$\sum_{i=1}^{n}\sum_{j=1}^{m}\left\|m_{ij}-\hat{m}(A,R_i,t_i,M_j)\right\|^2 \tag{11-34}$$

利用这个模型，结合 Levenberg-Marquardt 等优化算法，就可以得到最优化的参数。

(2) 径向畸变标定

上述相机内外参数求解过程没有考虑到相机镜头的畸变问题，但实际相机在成像过程中往往难以避免一定程度的畸变，尤其是径向畸变。

在此，为了简化分析，我们主要关注二次畸变现象。定义一组变量来代表理想与实际状态下的像素坐标和图像坐标，具体为：表示理想的（无畸变）像素坐标为 (u,v)，表示实际的像素坐标为 $(\bar{u},\bar{v})$；同理，(x,y) 和 $(\bar{x},\bar{y})$ 分别表示理想的和实际的归一化图像坐标。基于这些定义，我们可以进一步探讨畸变对成像质量的影响。于是有：

$$\begin{cases}\bar{x}=x+x\left[k_1(x^2+y^2)+k_2(x^2+y^2)^2\right]\\ \bar{y}=y+y\left[k_1(x^2+y^2)+k_2(x^2+y^2)^2\right]\end{cases} \tag{11-35}$$

式中，k_1 和 k_2 为径向畸变系数。对于中心点畸变同样适用，然后由 $\bar{u}=u_0+\partial\bar{x}+c\bar{y}$ 和 $\bar{v}=v_0+\beta\bar{y}$，从而得到：

$$\begin{cases}\bar{u}=u+(u-u_0)\left[k_1(x^2+y^2)^2+k_2(x^2+y^2)\right]\\ \bar{v}=v+(v-v_0)\left[k_1(x^2+y^2)^2+k_2(x^2+y^2)\right]\end{cases} \tag{11-36}$$

$$\begin{bmatrix}(u-u_0)(x^2+y^2) & (u-u_0)(x^2+y^2)^2\\ (v-v_0)(x^2+y^2) & (v-v_0)(x^2+y^2)^2\end{bmatrix}\begin{bmatrix}k_1\\ k_2\end{bmatrix}=\begin{bmatrix}\bar{u}-u\\ \bar{v}-v\end{bmatrix} \tag{11-37}$$

已知 n 幅图像的 m 个点，可以构造 $2mn$ 个方程或矩阵形式 $Dk=d$，通过最小二乘法求解这个线性方程的解 $k=(D^TD)^{-1}D^Td$。一旦 k_1、k_2 得到后，就可以替代式（11-34）中的 $\hat{m}(A,R_i,t_i,M_j)$ 来优化其他参数。反复替换这两个过程，直到满意为止。

此外，对于已经求解出的畸变系数，为了进一步提升其准确性，我们采用极大似然估计方法进行优化。相应的优化公式如下所述：

$$\sum_{i=1}^{n}\sum_{j=1}^{m}\left\|m_{ij}-\hat{m}(A,k_1,k_2,R_i,t_i,M_j)\right\|^2 \tag{11-38}$$

11.1.3 相机标定实现流程

基于上述原理，相机标定的详细步骤可归纳如下：

① 准备标定物：打印一张棋盘格模板，并将其牢固地粘贴在一个平面上，以此作为相机标定的参照物；

② 采集标定图像：通过调整标定物或摄像机的角度和位置，拍摄多张包含棋盘格模板且角度各异的照片，以确保标定数据的多样性；

③ 特征点提取：从拍摄的照片中准确识别并提取出棋盘格的角点，这些角点将作为后续计算的重要参考；

④ 初始参数估计：在假设无畸变的情况下，利用提取的角点信息，初步估算出相机的 5 个内部参数和 6 个外部参数；

⑤ 畸变系数估算：考虑到实际拍摄中可能存在的径向畸变，应用最小二乘法对畸变系数进行估算，以更准确地描述相机的成像特性；

⑥ 参数优化：采用极大似然估计法对上一步得到的参数进行迭代优化，以提高标定的精度和可靠性。

11.2 多视图立体视觉

由相机成像模型可知，从单幅图像无法恢复深度信息，因此常采用单目、双目或多目相机获取同一场景的多个视角图像来实现三维视觉。一般来说，将基于多个视角的二维图像获取三维信息的方法和理论称为多视图几何理论。在多视图几何理论框架内，核心任务涉及从多幅真实物体的图像中推导出其真实的三维结构，多视图几何理论融合了射影几何与摄影测量学的精髓，涵盖了摄像机投影矩阵、基础矩阵以及三焦点张量等关键几何概念，为三维重建提供了坚实的数学基础。

11.2.1 极线约束

极线约束（epipolar constraint）是一种描述多视图中相机之间的几何约束关系的方法。在双目立体视觉中，左右相机之间的位置和朝向不同，同一个三维点在不同的视角图像中会有不同的投影位置。如果在左视角图像中找到一个特定点的位置，那么右视图中对应点一定在左边特定点的极线上，这种几何约束就是极线约束，极线约束的存在能够很大程度上缩减匹配搜索的范围，提升立体匹配的效率。

如图 11-10 所示，相机 C1 和相机 C2 的内参矩阵分别为 K1、K2，两个相机之间的外参为 R、t，P 在相机 C1 的像素坐标为 $p_1(\mu_1,v_1,1)$，P 在相机 C2 的像素坐标为 $p_2(\mu_2,v_2,1)$。O_1O_2 是相机光心之间的连线，称为基线（baseline），e1、e2 分别是 p_1 和 p_2 在极线上的投影，称为极点（Epipoles）。这

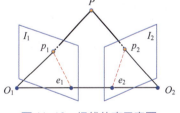

图 11-10　极线约束示意图

时候 O_1、O_2 与 P 三个点可以确定一个平面，称为极平面（epipolar plane），由于三点共面，所以有 $\vec{O_1P} \cdot (\vec{O_1O_2} \times \vec{O_1P}) = 0$（注意叉乘与点乘之分），极平面与两个像平面 I_1、I_2 之间的相交线 e_1p_1、e_2p_2 为极线（epipolar line）。

仅由第一帧图像 I_1 我们无法得知空间点 P 的具体位置，因为射线 O_1p_1 上的空间点都会投影到图像平面点 p_1 上，所以由像素 $p_1(\mu_1,v_1,1)$ 只可以得知空间点 P 在射线 O_1p_1 上。由于不知道空间点 P 的位置，便不能知道其在第二帧图像上的对应位置，但是点 P 是在射线 O_1p_1 上的。也就是说，对于第一帧图像 I_1 中的一像素，其在第二帧图像 I_2 上的投影为一条直线。对于空间点 $P(X,Y,Z)$，以第一个相机为世界坐标系，则其外参为 $(I,0)$，I 为单位矩阵，两个像素点 p_1、p_2 的像素位置有：

$$\rho_1 p_1 = KP \tag{11-39}$$

$$\rho_2 p_2 = K(RP + T) \tag{11-40}$$

式中，ρ_1 和 ρ_2 是缩放标量系数，也就是乘以任意非零常数依旧相等，同时，将 p_1 和 p_2 写成齐次坐标，将空间点归一化到 $Z=1$（即 $\rho_1 p_1$ 一起求出，再将第 3 个分量归一化到 1 即可得到像素坐标），上式可以表示为 $p_1 = KP$，$p_2 = K(RP+T)$，进一步将 K 提取到等式坐标有：$K^{-1}p_1 = P$，$K^{-1}p_2 = (RP+T)$，令 $X_1 = K^{-1}p_1$，$X_2 = K^{-1}p_2$，则有：

$$X_2 = RX_1 + T \tag{11-41}$$

两边同时叉乘 T，可以得到：

$$T \times X_2 = T \times (RX_1 + T) \tag{11-42}$$

因为 T 叉乘自身为零，即 $T \times T = 0$，再两边同时乘以 X_2^T，所以有：

$$X_2^T T \times X_2 = X_2^T T \times RX_1 \rightarrow X_2^T T \times RX_1 = 0 \tag{11-43}$$

同时叉乘又可以等价与反对称矩阵来点乘，$T^\wedge$ 为矩阵 T 的反对称矩阵表示，或表示为 $[T]_x$，则上式可以变成：

$$X_2^T T^\wedge RX_1 = X_2^T [T]_x RX_1 = 0 \tag{11-44}$$

上式描述了两个坐标 X_1、X_2 之间的联系，空间点在两个相机坐标系下点坐标通过外参矩阵 R、T 建立等式关系或称约束关系，这个约束就叫作对极约束。

需要注意的是，X_1、X_2 并不是原始图像像素点坐标，而是左乘内参矩阵 K 之后的坐标，称之为归一化坐标。事实上，X_1、X_2 是空间点 P 在两个相机坐标系下的位置（非图像坐标系，p_1 和 p_2 才是空间点 P 在两个相机中图像坐标系下的坐标）。如将 $X_1 = K^{-1}p_1$、$X_2 = K^{-1}p_2$ 代入上式，有：

$$p_2^T K^{-T} T^\wedge R K^{-1} p_1 = 0 \tag{11-45}$$

上述两个公式均称为对极约束，描绘两幅图像对应特征点的几何关系。对极约束中同时包含了平移和旋转，对上式进一步简化，并令：

$$E = T^\wedge R \tag{11-46}$$

$$F = K^{-T} T^\wedge R K^{-1} = K^{-T} E K^{-1} \tag{11-47}$$

则坐标系的 p_1 和 p_2 满足以下的约束关系：

$$X_2^T E X_1 = p_2^T F p_1 = 0 \tag{11-48}$$

我们称 F 为基础矩阵（fundamental matrix）和 E 为本质矩阵（essential matrix）。本质矩阵是和 x 建立的关系，x 是由内参矩阵 K 和像素坐标 p 计算出来的，所以本质矩阵 E 使用的前提是内参矩阵 K 已知，而基础矩阵直接和像素坐标建立关系，描述的是相机之间的几何关系，不需要已知内参矩阵，就可以建立相同场景在不同视图的对应关系。此外，E 有 5 个自由度（3 个平移、3 个旋转，尺度等价去掉一个自由度）。基本上性质与本质矩阵相似，只不过由于多了参数 K 和 K^T，所以为 7 个自由度。

本质矩阵和基础矩阵并不是两个像素之间的相互转换关系，而是一种坐标之间的内在约束式。当空间中场景是同一个平面时，它们在左右视图的投影点可通过可逆的矩阵一对一相互转换，这个矩阵称为单应性矩阵（homography matrix）H，即：

$$p_2 = Hp_1, \quad p_1 = H^{-1}p_2 \tag{11-49}$$

实际上，单应性矩阵不只是描述同一平面的像素点之间的关系，而是同一个平面在任意坐标系之间都可以建立单应性变换关系。此外，从单应性矩阵的角度来看，假设左右视图中一对同名点 p_1、p_2，它们之间的单应性变换矩阵为 H，则有 $p_2 = Hp_1$，设右视图上的极点为 e_2，则 e_2 和 p_2 共同构成极线 l，则有 $l = e_2 \times p_2 = \hat{e}_2 Hp_1$。由于 p_2 在极线上，则有 $p_2^T l = 0$，推得：

$$p_2^T \hat{e}_2 Hp_1 = 0 \tag{11-50}$$

参照前面的推导 $p_2^T F p_1 = 0$，可得 $F = \hat{e}_2 H$。即基础矩阵等于右视图极点的反对称矩阵和像素之间单应性矩阵的乘积。

11.2.2 单目多视图立体视觉

单目立体视觉旨在寻求方法从单一相机拍摄的图像中获取像素点的深度信息。早在 1965 年，Roberts LG 就说明了以二维图像获取三维信息的可能性。单目多视图立体视觉是一种常见且成本较低的三维重建方法。比较有名的方法是运动恢复结构（structure from motion，SfM）算法，SfM 最早由卡内基梅隆大学的 Tomasi 和 Kanade 等人[108]提出并被广泛应用于机器人避障与导航、双目三维重建系统等领域，其原理是从不同角度获取的同一场景的图像序列，利用两视图或多视图像间特征匹配点的对极几何关系，恢复拍摄各个图像时相机位置姿态信息（即相机外部参数，包括拍摄过程中的相机旋转角度和相机平移量），从而构建出场景稀疏的三维结构。传统的运动恢复结构算法流程如图 11-11 所示。

图 11-11　传统的运动恢复结构算法流程

在探讨 SfM 算法时，可以将其划分为 3 个主要阶段：首先，进行两两图像的匹配，并据此估算出图像间的相对位置和姿态；随后，利用这些相对位姿信息，在全局一致的坐标系中估计图像的绝对位姿，并计算对应的三维点的空间坐标；最后，为了提升三维坐标和相机运动参数的准确性，采用广泛认可的非线性优化算法——光束平差法（bundle adjustment，BA），来减少三维点重投影到图像上的二维点与原始图像点之间的误差。在这一系列步骤中，第二阶段的全局一致性位姿求解尤为关键，且基于全局位姿求解策略的不同，当前的运动恢复结构算法主要可划分为增量式 SfM 和全局式 SfM 两大类别。

已知有 n 个 3D 点 X_j 在 m 张图像中的对应点像素坐标 x_{ij}（$i=1,2,\cdots,m$；$j=1,2,\cdots,n$），有 $s_{ij}x_{ij}=K_i[\boldsymbol{R}_i,\boldsymbol{T}_i]X_j$，进一步可简化为 $x_{ij}=\boldsymbol{M}_iX_j$，其中 $\boldsymbol{M}_i$ 为第 i 张图像对应相机的投影矩阵，如图 11-12 所示。SfM 的目标是根据给定的 mn 个像点 x_{ij}，推断出 m 个拍摄场景图像时照相机的投影矩阵，估计出 n 个三维点的坐标。一般来说，像素坐标 x_{ij} 是已知的，如要求解 n 个三维点 X_j（$j=1,2,\cdots,n$）的坐标恢复三维结构，需求解 m 个图像对应相机的投影矩阵 $\boldsymbol{M}_i$（$i=1,2,\cdots,m$），由于相机一直在运动，所以相机的外参数是一直在变化的，如把 n 个三维点的坐标看作结构，则估计 n 个三维点的坐标的问题被称为运动恢复结构问题。

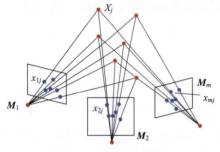

图 11-12 多视图示意图

事实上，相机的投影矩阵 $\boldsymbol{M}_i$ 除了包括相机的外部参数外，还包括相机的内部参数，对应着不同的相机、不同的先验信息。因此，立体视觉重建需要求解 $\boldsymbol{M}_i$ 与三维点 X_j。一般来说，运动恢复结构首先利用点对应关系（即同一点在不同图像的对应关系）计算基础矩阵 $\boldsymbol{F}$，结合相机内部参数获得本质矩阵 $\boldsymbol{E}$，即可恢复得到相机运动的外参矩阵 $\boldsymbol{R}$ 和 $\boldsymbol{T}$，最后利用点对应关系，计算该点的空间坐标。需要注意的是：只有有足够多的点对才能唯一地确定基础矩阵 $\boldsymbol{F}$。而基础矩阵求解一般采用八点法（eight-point algorithm），其过程更简单、效果更稳健、应用更广泛。

首先，对极几何约束 $\boldsymbol{p}_2^{\mathrm{T}}\boldsymbol{F}\boldsymbol{p}_1=0$ 可以改写成两个向量点积的形式：

$$0=\boldsymbol{p}_2^{\mathrm{T}}\boldsymbol{F}\boldsymbol{p}_1=\begin{pmatrix}u_2 & v_2 & 1\end{pmatrix}\begin{pmatrix}f_1 & f_2 & f_3 \\ f_4 & f_5 & f_6 \\ f_7 & f_8 & f_9\end{pmatrix}\begin{pmatrix}u_1 \\ v_1 \\ 1\end{pmatrix}$$

$$=(u_1u_2,u_2v_1,u_2,v_2u_1,v_2v_1,v_2,u_1,v_1,1)^{\mathrm{T}}\times$$
$$(f_1,f_2,f_3,f_4,f_5,f_6,f_7,f_8,f_9)=\boldsymbol{a}^{\mathrm{T}}\boldsymbol{f}=0$$

(11-51)

给定两幅视图中的 n 对同名像点 (p_1^j,p_2^j)，$j=1,2,\cdots,n$ 后，可以通过如下线性方程组来求解几何约束：

$$\begin{cases}\boldsymbol{a}_1^{\mathrm{T}}\boldsymbol{f}=0 \\ \boldsymbol{a}_2^{\mathrm{T}}\boldsymbol{f}=0 \\ \vdots \\ \boldsymbol{a}_n^{\mathrm{T}}\boldsymbol{f}=0\end{cases} \tag{11-52}$$

该线性方程组可以写成矩阵形式：

$$\boldsymbol{A}\boldsymbol{f}=0 \tag{11-53}$$

式中，$A = \begin{bmatrix} u_1^1 u_2^1 & u_2^1 v_1^1 & u_2^1 & v_2^1 u_1^1 & v_2^1 v_1^1 & v_2^1 & u_1^1 & v_1^1 & 1 \\ \vdots & \vdots & \vdots & \vdots & \vdots & & & & \vdots \\ u_1^n u_2^n & u_2^n v_1^n & u_2^n & v_2^n u_1^n & v_2^n v_1^n & v_2^n & u_1^n & v_1^n & 1 \end{bmatrix}$。

为了让该齐次方程组有唯一解，矩阵 A 的秩应该等于 8，因而在求解极几何约束时应该采集不少于 8 对同名像点，而齐次方程求解有很多种方式，如再加入一个限制条件，就可以获得解是唯一的。可以直接用线性算法解得。由于篇幅所限这里就不过多展开。

然而，由于点坐标噪声的影响，导致数据不准确，则矩阵 A 的秩可能大于 8（事实上等于 9，因为 A 有 9 列）。因此，可能导致的 $\hat{F}$ 与基础矩阵 F 并不一致，$\hat{F}$ 矩阵的秩为 3，而一般基础矩阵 F 的秩为 2，所以需要通过最小二乘解：寻找 $\min \|F - \hat{F}\|_F$，并由 $\det(F)=0$ 来求解新的 $\hat{F}$。这里可以用 SVD 来求解，f 的解就是系数矩阵 A 最小奇异值对应的奇异向量，也就是 A 奇异值分解后 $A = UDV^T$ 中矩阵 V 的最后一列矢量，这是在解矢量 f 在约束 $\|f\|$ 下取 $\|Af\|$ 最小的解。以上算法是解基本矩阵的基本方法，称为 8 点算法。

由于基本矩阵有一个重要的特点就是奇异性，矩阵 F 的秩是 2。如果基础矩阵是非奇异的，那么所计算的对极线将不重合。所以在上述算法解得基本矩阵后，会增加一个奇异性约束。最简便的方法就是修正上述算法中求得的矩阵 F。令 $\det(\hat{F})=0$ 下求得 $\min\|F - \hat{F}\|_F$ 最小的 $\hat{F}$。这种方法的实现还是使用了 SVD 分解，若 $F = UDV^T$。此时的对角矩阵 $D = \text{diag}(r,s,t)$，满足 $r \geq s \geq t$，则最小化范数 $\|F - \hat{F}\|_F$ 也就是最终的解。所以 8 点算法由下面两个步骤组成：

① 求线性解：由系数矩阵 A 最小奇异值对应的奇异矢量 f 求的 F。

② 奇异性约束：最小化 Frobenius 范数 $\|F - \hat{F}\|_F$ 的 $\hat{F}$ 代替 F。

为了提高解的稳定性和精度，往往会对输入点集的坐标先进行归一化处理。一般采用各向同性归一化，也就是使得各个点做平移缩放之后到坐标原点的均方根距离等于 $\sqrt{2}$。给定 $n \geq 8$ 组对应点对 (p_1^j, p_2^j)，确定基本矩阵 F 使得 $p_2^{jT} F p_1^j = 0$，算法如下[109]：

① 归一化：根据 $\hat{p}_1^j = T_1 p_1^j$，$\hat{p}_2^j = T_2 p_2^j$，变换图像坐标。其中，T_1 和 T_2 是由平移和缩放组成的归一化变换。

② 求解对应匹配的基础矩阵 F'。

a. 求线性解：用由对应点集 (p_1^j, p_2^j) 确定的系数矩阵的最小奇异值的奇异矢量确定 $\hat{F}$。

b. 奇异性约束：用 SVD 对 $\hat{F}$ 进行分解，令其最小奇异值为 0，得到 $\hat{F}'$，使得 $\det \hat{F}' = 0$。

c. 解除归一化：令 $F = T_2^T \hat{F} T_1$。矩阵 F 就是数据 (p_1^j, p_2^j) 对应的基础矩阵。

根据基本矩阵和本质矩阵之间的关系，在求解出基础矩阵 F 后，利用相机的内参信息便可得到本质矩阵 E。进而，对本质矩阵 E 进行奇异值分解，可以计算出两个视图的相对位姿 (R, T)。在 SVD 分解后，可以得到本质矩阵 E 的分解形式：

$$E = U\Sigma V^T \tag{11-54}$$

式中，U 和 V 是正交矩阵；Σ 是对角矩阵。由于 E 的符号未知，$[T]_x$ 和 R 的符号也未知，通过以下公式可以提取出旋转矩阵 (R, T) 的两组解：

$$R = UWV^{\mathrm{T}}, \quad T = \pm u_3 \tag{11-55}$$

$$R = UW^{\mathrm{T}}V^{\mathrm{T}}, \quad T = \pm u_3 \tag{11-56}$$

式中，u_3 是 U 的第三列；W 是一个特殊的反对称矩阵：

$$W = \begin{bmatrix} 0 & -1 & 0 \\ 1 & 0 & 0 \\ 0 & 0 & 1 \end{bmatrix} \tag{11-57}$$

这四组解分别对应于相机在两个可能的姿态下。一般来说，两个相机坐标的深度都为正时，表示该解正确，在实际情况下，为避免噪声的影响，往往会选择多个点来进行三角化，选择在两个相机系下 z 坐标均为正的个数最多的那组 R、T。

在求解出两个视图的相对位姿 R、T 之后，可以根据同名像点 (x_1, x_2) 之间的几何关系 $\rho_2 x_2 = R\rho_1 x_1 + T$ 求解出各个视图之下物点的缩放系数 ρ_1 和 ρ_2，进而可以求解照相机拍摄各个视图时的外参数和物点的三维坐标 X_j。

在通过运动恢复结构（SfM）处理之后，就可以获得了所有相机的位姿数据以及基于图像匹配得到的物体部分三维坐标，即稀疏点云。为了进一步完善三维模型信息，多视角立体视觉技术需要借助 SfM 提取的稀疏点云信息，并结合二维图片中尚未充分利用的信息，进行后续的表面重建工作。

11.2.3 双目立体视觉

单相机成像模型能够完全地将世界坐标系中的点映射到像素坐标系中，但是由于齐次坐标之间的转换，一个像素坐标无法确定空间唯一的世界坐标。因此，经常采用双目来实现立体视觉。双目立体视觉是指通过两台相机在不同的视角拍摄出两幅图像恢复场景三维深度信息。如图 11-13 所示，camera2 相机成像平面上的一点发射出一条光线（虚线）会经过空间中无数的位置，这些位置都有相同的像素坐标，因此单目相机无法分辨具体的成像点。当引入 camera1 构成双目视觉系统，就可以通过两条光线的交点唯一确定空间的三维点。

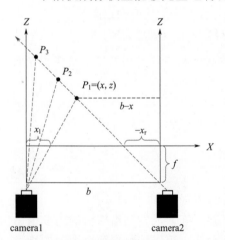

图 11-13 双目相机立体成像模型示意图

下面以图 11-13 中的 P_1 点在中计算深度的方式来详细介绍双目视觉系统的计算原理。图 11-13 使用 X-Z 坐标系来描述空间位置关系，Y 轴可以通过 X 轴的坐标进行类比。P_1 点的坐标为 (x, z)，camera1 和 camera2 之间的基线距离为 b，且两个相机的焦距都为 f。x_1 和 x_r 分别为 camera1 和 camera2 的成像平面的水平距离。根据相似三角形，并且消除 x 可得到深度 z，如式（11-58）所示。

$$\frac{z}{f} = \frac{x}{x_l} = \frac{b-x}{-x_r}, z = f \times \frac{b}{x_l - x_r} \tag{11-58}$$

式中，$x_l - x_r$ 代表视差。

可以发现，深度和视差之间存在一个反比例的关系，视差越大，深度 z 越小，并且视差的范围和图像的分辨率有关。f 和 b 是相机的内部参数以及空间位置有关，可以通过先验信息或者相机标定得到，并且这些参数在双目系统固定之后都会保持不变。因此，要确定一个像点在三维空间中的位置，还需要提前获取这个像点在另外一个图像中的对应坐标，即同名对，而获取像点的同名对需要借助双目立体视觉的核心环节——立体匹配来完成。

然而，一般情况下，构建的双目立体视觉系统通常很难得到真正的平行视图（即两个相机的图像平面是不共面），寻找同名对时效率低下，甚至出现错误匹配。所以往往需要对图像进行立体校正（rectification），将非平行视图转换成等价的平行视图，使得两个图像平面在同一个平面上，且两个平面上的对应同名点对在同一条水平线上。平行视图可以使得之后的立体匹配在寻找同名点不需要计算极线，只需要沿着图像水平坐标进行比对就可直接找到对应点，从而大大提高了匹配的效率，而且让整个场景的三角化过程变得很简单。因此，几乎所有立体匹配算法都是用经过立体校正之后的图像进行的。

(1) 立体校正

立体校正前后示意图如图 11-14 所示。

假设空间上一点 P 在世界坐标系下的坐标为 P_w，并分别投影于左右相机图像的 p_l、p_r 两点坐标处，则根据相机的成像模型有如下关系：

$$p_l = R_l P_w + t_l \tag{11-59}$$

$$p_r = R_r P_w + t_r \tag{11-60}$$

由于左右相机之间存在对应的旋转与平移变换，所以 p_l 和 p_r 满足如下关系：

$$p_r = R p_l + T \tag{11-61}$$

式中，双目相机的外参数为 $R = R_r R_l^{-1}$ 和 $T = t_r - R t_l$。

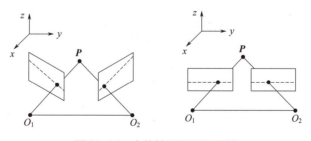

图 11-14　立体校正前后示意图

立体校正主要通过精确运用双目相机的旋转矩阵与平移矩阵来实现的。为了在确保立体校正效果的同时实现重投影畸变的最小化，常采用让左右相机各自旋转一半的策略，从而确保了校正后的系统具有更高的准确性和稳定性，此时 R_l 与 R_r 分别为：$R_l = R_r = \sqrt{R}$。

借助立体校正，将原始的双目非平行结构模型成功地调整为双目平行结构模型，此时，左右两个相机的像面与基线（定义为两相机光心之间的连线）保持平行，并且两个相机的光轴也呈现平行状态，使得极点被移至无限远处。在构建变换矩阵的过程中，利用平移向量的特性，将左视图的极点变换至无穷远处，从而确保变换后的极线平行于像面。这一变换的核心思想是，左视图的极点方向实际上就是投影中心在平移过程中所形成的向量。因此，通过这一变换，我们不仅能够简化后续的处理流程，还能确保变换的准确性和有效性。

构建 e_1 如下式所示：

$$e_1 = \frac{T}{\|T\|}, \quad T = [T_x, T_y, T_z] \tag{11-62}$$

构建 e_2，由于 e_2 方向与主光轴正交，且 e_2 与 e_1 正交，因此有：

$$e_2 = \frac{[-T_y \quad T_x \quad 0]}{\sqrt{T_x^2 + T_y^2}} \tag{11-63}$$

定义 e_3 分别与 e_1、e_2 正交，如下式所示：

$$e_3 = e_2 \times e_1 \tag{11-64}$$

最终得到变换矩阵：$R_{rect} = [e_1 \quad e_2 \quad e_3]^T$。左右相机整体旋转矩阵为合成旋转矩阵与变换矩阵的乘积，即：

$$R'_l = R_{rect} R_l \tag{11-65}$$

$$R'_r = R_{rect} R_r \tag{11-66}$$

左右相机分别根据上式对旋转矩阵进行调整，完成立体校正，得到理想情况下的双目立体图像对。

(2) 同名点搜索相关匹配法

图像立体校正后，左右图像处于完全的行对准状态，这样左目图像上的特征点在右目图像中的点必在同一行坐标，同名点搜索问题转化在同一行坐标上通过滑动窗口立体匹配的极值来确定同名点坐标。滑动窗口立体匹配是一种很常见的传统立体匹配算法。如图 11-15 所示，它的基本思想是在一幅图像的像素周围定义一个窗口，并且在另一幅图像定义一个相同大小的滑动窗口，沿着极线不断地滑动窗口进行相似度比较来确定最优匹配。

滑动窗口的匹配机制简单直观，对于一些纹理比较薄弱的场景，可以通过窗口领域特征进行匹配，具有一定的容错性。但是对于一些高分辨率的图片，每个窗口都进行相似度计算会带来许多的耗时，所以在实际使用中往往通过一些快速计算匹配代价的优化策略一起使用。

尽管多视图三维视觉取得了较大进展，重建效果真实，重建精度较高，但多视图三维视觉依赖特征匹配精度，若特征点表现微弱，则极易引发匹配错误甚至失败。即便目标表面特征显著，若特征点分布稀疏，整体图像匹配的精确度亦难以达到像素级别，这往往导致最终的重建质量不尽如人意。因此，立体视觉方法在处理特征不明显或重建精度要求较高的场景时，其应用效果会受到显著限制，通常更适用于特征明显且对重建精度要求不高的场合。

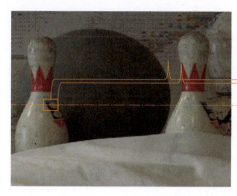

图 11-15　滑动窗口匹配示意图

11.3　结构光立体视觉

为了改善多视图三维视觉法中的不足，人们提出了一种基于结构光的三维视觉方法。该方法的核心在于人为创建易于辨识的特征点，以增强同名点识别的效率与精确度。具体实现上，利用投影设备向目标物体发射具有特定形态的光束，这些光束在目标表面形状的调制下会产生特定的变化。随后，基于光束和相机的空间几何关系，就可以建立相应的空间方程，并通过解算这些方程来获取目标表面的深度信息，进而构建出精确的三维模型。根据结构光投影形态不同，分为点结构光、线结构光和光栅结构光等。在三维重建领域，点结构光技术通过点激光器将光束投射至目标表面，并由相机捕获这些反射点的图像。虽然这种技术依赖空间三角法来实现目标的重建，但由于每次仅能获取有限数量的特征点，其重建效率相对较低。因此，尽管点结构光技术具有一定的应用价值，但在实际使用中其应用范围和效率受到一定限制。本节主要介绍线结构光和光栅结构光。

11.3.1　线结构光立体视觉

线结构光法是从最初的单目图像处理发展而来，使用单个相机只能获取到被测物体的二维信息，无法测量被测点的深度值。在单个相机基础上，利用散射镜组产生线结构光，每采集一幅图像后基于三角测量原理就可建立被测物体、相机和投影仪的三角位置关系，进而计算被测物体上一点的三维坐标，利用平移操作可以精确地获取某一平面的深度信息。基于这一原理，线结构光技术因其能够覆盖更广泛的区域，从而展现出更高的重建效率。正因如此，线结构光技术成为了当前众多重建设备中广泛采用的一种结构光技术[110]。

（1）垂直入射式三角测量法工作原理

在激光三角法的应用场景中，垂直入射式特指激光器发出的结构光光线与待测工件所处的基准平面保持垂直状态。该方法的原理示意如图 11-16 所示，旨在通过垂直入射的光线来确保测量的准确性和稳定性。

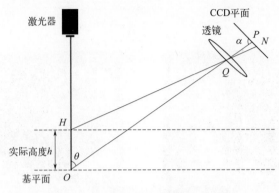

图 11-16　垂直入射式测量法示意图

在采用激光三角法进行测量时，首要步骤是确立一个基准平面。随后，定义测量高度 h 为待测物体表面相对于此基准平面的垂直距离。当激光束投射到被测物体表面的 H 点时，其产生的图像会在 CCD 平面上形成一个对应的映射点 PN。基于三角形相似的几何原理，我们可以推导出 PN 与实际高度 h 之间的数学关系：

$$h = \frac{OQ \times PN \times \sin\theta}{QP \times \sin\theta + PN \times \sin(\alpha+\theta)} \tag{11-67}$$

式中，OQ 代表 CCD 光轴与激光光轴交点到透镜中心的距离；PN 为实际高度 h 在 CCD 平面上形成的映射点距离；QP 表示透镜中心到基准点的距离；α 是 CCD 光轴与 CCD 平面之间的夹角；θ 则是激光光轴与 CCD 光轴之间的夹角。夹角 α 和 θ 可以通过在相机坐标系下已知的坐标点，利用余弦定理进行计算得到。

通过激光三角法的原理，可以将光条中心点的坐标从初始坐标系转换到世界坐标系中，进而实现待测物体三维模型的精确重建。这一转换过程为后续的测量和分析提供了重要的基础数据。

(2) **斜入射式三角测量法工作原理**

当激光器投射的结构光线与待测物体的表面不垂直，即两者之间存在一定夹角时，称之为斜入射式三角测量法。在斜入射式三角测量法中，激光器被倾斜安装，使得结构光线以一定的倾斜角度投射到待测物体的表面上。该方法的工作原理如图 11-17 所示，通过精确计算光线与被测表面的夹角关系，实现三维坐标的准确测量。

具体来说，结构光线 AP 与相机反射光线 BP 相交于点 P，其中 BP 代表了物体下表面的反射光线。设结构光线与物体下表面的夹角为 θ，而反射光线与摄像机成像平面的夹角为 γ。基于前文对垂直入射式三角测量法的推导，可以利用相似几何原理，推导出斜入射式中的相关参数关系：

$$\frac{\dfrac{AP}{\sin\theta}}{ab\sin\gamma} = \frac{m}{n+ab\cos\gamma} \tag{11-68}$$

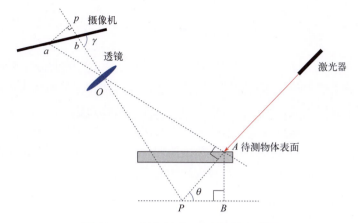

图 11-17 斜入射式三角测量法示意图

设 $AB = L$，$ab = l$，$BP = m$，$bO = n$，通过相似三角形原理可以得：

$$L = \frac{ml\sin\theta\sin\gamma}{n + l\cos\gamma} \tag{11-69}$$

式中，L 代表物体表面高度信息；l 代表物体表面深度信息在相机图像画面上显示的位移量。斜入射法与垂直入射法大同小异，最终结果都为求得 L，进而获取物体表面的三维信息。

斜入射式与垂直入射式虽然在具体的光线投射方式上有所不同，但它们的核心目标都是求解物体表面的三维信息。它们具有一些共同的优点，如对待测物体表面的要求较低、测量范围大、精度高以及结构简单、性价比高。然而，在实际应用中，由于不同物体表面特性的差异以及周边环境的影响，需要根据具体情况选择合适的方法。

对于表面特征复杂或不平整的物体，斜入射式可能更为适合，因为它可以通过调整激光器的倾斜角度来适应不同的表面情况。而对于表面光滑、反射性强的物体，垂直入射式可能更为理想，因为它能够确保光线垂直入射，减少反射对测量结果的影响。因此，在选择激光三角测量方法时，需要综合考虑待测物体的表面特性、测量环境以及测量需求等因素，以确保获得准确、可靠的三维信息[111]。此外，两种方法的放大倍率计算如下：

$$T_{直射} = \frac{dL}{dl} = \frac{mn\sin\theta\sin\gamma}{[n\sin\theta + l\sin(\theta+\gamma)]^2} \tag{11-70}$$

$$T_{斜射} = \frac{dL}{dl} = \frac{mn\sin\theta\sin\gamma}{(n + l\cos\gamma)^2} \tag{11-71}$$

两式相除可得：

$$\frac{T_{直射}}{T_{斜射}} = \left[\frac{n + l\cos\gamma}{n\sin\theta + l\sin(\theta+\gamma)}\right]^2 \tag{11-72}$$

因为传感器上的像点与成像透镜主平面之间的像距要远大于像点在传感器上的位移量，所以有：

$$\frac{T_{\text{直射}}}{T_{\text{斜射}}} > 1 \tag{11-73}$$

通过前面的推导可以看出：在相同条件下，垂直入射式的放大倍率相较于斜入射式更高。由于相机的放大倍率与物体实际的大小成反比，而与传感器成像的大小成正比，这意味着垂直入射式在成像时能够将较小的物体表面深度变化转化为较大的图像位移，从而提供更精细的测量结果。因此，垂直入射式更适用于大范围测量，特别是在需要高精度捕捉物体表面微小变化的情况下。而斜入射式由于其较低的放大倍率，更适应于小范围测量，或者是在对测量精度要求不太高但测量范围相对较大的场景下使用。

11.3.2 面结构光立体视觉

为了进一步提高测量速度，将光源扩展为光栅条纹结构光，通过光栅结构的相位变化，可以一次测量整个面，称为面结构光立体视觉。面结构光立体视觉技术首先通过计算机对结构光图案进行编码，生成二维图像。随后，将这些编码图案由投影设备投射至待测物体的表面。此时，使用CCD相机在与投影方向成一定夹角的视角上捕捉这些条纹。由于物体表面不同高度的调制（如图11-18所示），条纹会发生变形，具体表现为相位分布的变化。这些变形的条纹图像蕴含了物体的三维形状信息。通过采用特定的解相和相位展开技术可以从条纹图像中提取出相位分布信息。最后，基于三角测量原理，建立相位与物体空间坐标之间的关系，从而计算出物体的三维坐标。由于这一过程中使用了光栅条纹图像的投影，该技术也被称为光栅结构光立体视觉。

基于面扫描方式的测量精度较高、测量速度很快、测量成本低，这些优点是其被广泛应用的重要原因[112]。采用发散光路照明的面结构光三维测量系统见图11-18。E、B 两点分布为CCD相机的入瞳和投影仪的出瞳，CCD照相机的光轴与投影仪的光轴成 θ 角，且垂直于参考平面。设 $DF = h$，即待测物体表面 D 点的高度，$BE = d$，即CCD照相机与投影仪的水平距离，$EO = L$，即CCD照相机到参考面的距离。由图11-18知 C、D 两点在CCD照相机上成像于同一点，则两点相位 Φ_A、Φ_D 相同，$\Phi_A = \Phi_D$。同样有：

$$AC = \frac{P_0 \Phi_{CD}}{2\pi} = \frac{P_0(\Phi_D - \Phi_C)}{2\pi} \tag{11-74}$$

式中，Φ_C 为 C 点相位，P_0 为所投影的条纹的周期。由相似三角形 $\triangle BDE$、$\triangle ADC$ 几何关系得 D 点高度 h：

$$h = \frac{P_0 \Phi_{CD} L_0}{2\pi d + \Phi_{CD} P_0} \tag{11-75}$$

由于在实际测量系统中，$d \gg AC$，故式（11-75）可进一步化简得：

$$h = \frac{P_0 \Phi_{CD} L_0}{2\pi d_0} \tag{11-76}$$

结构光照明模块是面结构光三维测量技术的核心组成部分，它投射辅助光源（如激光、干涉光、光栅条纹图) 到被测物体的表面。这些光源形成的条纹图像由 CCD 相机捕获,条纹图像中包含了物体高度对条纹图的调制信息。随后,利用图像处理技术和相关视觉算法,可以从这些条纹图像中提取出物体表面的三维数据信息。

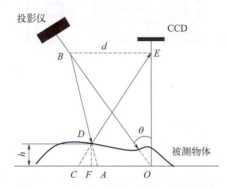

图 11-18 发射光路照明的面结构光三维测量原理

相较于线激光扫描法具有显著的速度优势,条纹投影法通过投影仪将预设的条纹图案快速投射到被测物体上。即使只使用一幅图像,也能捕捉到丰富的物体面形信息。条纹图案的设计灵活多变,可以根据具体的测量需求进行定制,这使得条纹投影法在精度和速度方面均表现出色。此外,该系统结构相对简单,能够实现全场测量,因此被视为一种极具前景的测量方法。

光栅结构光通常通过投影设备产生,当基准条纹投射到目标表面时,由于物体表面形态的差异,条纹会发生变形。为了准确获取物体的三维信息,我们需要基于系统参数建立条纹变形与表面形态之间的数学模型。在三维坐标计算中,投影条纹的序列信息扮演着至关重要的角色。这一过程被称为编码,而提取这些序列信息的过程则被称为解码。常用的编码规则包括时间编码、空间编码和直接编码等,不同的编码方式对应着不同的解码策略。

 思考题与习题

(1) 相机标定的目的是什么?相机标定需要标定哪些参数?
(2) 请自行标定一个相机的内外参数。
(3) 请简要介绍立体视觉中双目视觉的原理。
(4) 如何建立一个双目视觉系统?

第 12 章
模式识别

模式识别就是利用计算机模仿人脑对现实世界各种事物进行描述、分类、判断和识别的过程。其中，模式是存在于时间和空间中可观察的物体或属性，模式不是指具体的物体，而是抽象的类别。模式识别包括特征提取与表征、模型选择与训练两个重要步骤。

本章简要介绍了特征提取与模式分类的相关知识，帮助读者：掌握特征提取与选择的基本原则和方法；掌握模式分类的定义与线性判别、贝叶斯理论及支持向量机等常用方法。

12.1 特征提取

特征提取与表征是计算机视觉和图像处理中的一个概念，是指在数据预处理的基础上，从数据中提取出具有代表性的模式特征，这些特征可以是图像的像素值、音频的频谱特征、文本的词汇和语法结构等。特征提取与表征的目的是将原始数据转化为计算机能够理解和处理的形式，为后续的分类或识别任务提供基础。但至今为止特征没有精确的定义，一般指描述图像或图像区域所对应的景物的表面性质的量化表示，它可以是基于像素点的特征，也可以是描述图像或目标的颜色、形状等整体特征，一般来说，要求所要提取的应当是具有可区别性、可靠性且独立性好的少量特征。图像特征主要有：颜色特征、形状特征、纹理特征、形状特征、空间关系特征、边缘特征等。

12.1.1 基本统计特征

基本的统计特征主要指一些简单的区域描绘子，包括：区域的长轴和短轴、外接矩形 (也称界限盒)、区域面积、区域周长、灰度共生矩阵等。如使用面积和周长作为描述子时，它们通常只在被归一化后才有意义。另外，还有一些基本的边界描述子、链码、形状数、傅里叶描述子等。

Freeman 链码（弗雷曼链码）是指用曲线起始点的坐标和边界点方向代码来描述曲线或边界的方法，常被用来在图像处理、计算机图形学、模式识别等领域中表示曲线和区域边界。它是一种边界的编码表示法，用边界方向作为编码依据，为简化边界的描述，一般描述的是边界点集。常用链码按照中心像素点邻接方向个数的不同，分为 4 连通链码和 8 连通链码，如图 12-1 所示。4 连通链码的邻接点有 4 个，分别在中心点的上下左右。8 连通链码比 4 连通链码增加了 4 个斜方向，因为任意一个像素周围均有 8 个邻接点，而 8 连通链码正好与像素点的实际情况相符，能够准确地描述中心像素点与其邻接点的信息。因此，8连通链码的使用相对较多。

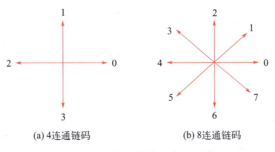

(a) 4连通链码　　　　(b) 8连通链码

图12-1　常用的链码表示形式

按照水平、垂直和两条对角线方向，可以为相邻的两个像素点定义4个方向符：0、1、2、3，分别表示0°、90°、180°和270°四个方向。同样，也可以定义8个方向符：0、1、2、3、4、5、6、7。链码就是用线段的起点加上由这几个方向符所构成的一组数列，通常称之为Freeman链码。用Freeman链码表示曲线时需要曲线的起点，对8连通链码而言，奇数码和偶数码的对应线段长度不等，规定偶数码的单位长度为1，奇数码的单位长度为1.414。

从边界（曲线）起点S开始，按顺时针方向观察每一线段走向，并用相应的指向符表示，结果就形成表示该边界（曲线）的数码序列，称为原链码，表示为：

$$M_N = S \underset{i=1}{\overset{n}{C}} a_i = Sa_1 a_2 \cdots a_n, \quad a_i = 0, 1, 2, \cdots, N-1$$

式中，S表示边界（曲线）的起点坐标；$N=4$或8时分别表示4连通链码和8连通链码。当边界（曲线）闭合时，会回到起点，S可省略。

原链码具有平移不变性（平移时不改变指向符），但当改变起点S时，会得到不同的链码表示，即不具备唯一性。为此引入归一化链码，其方法是：对于闭合边界，任选一起点S得到原链码，将链码看作由各方向数构成的n位自然数，将该码按一个方向循环，使其构成的n位自然数最小，此时就形成起点唯一的链码，称为归一化链码，也称为规格化链码。我们将这样转换后所对应的链码起点作为这个边界的归一化链码的起点。

用链码表示给定目标的边界时，如果目标平移，链码不会发生变化。但如果目标旋转则链码会发生变化。为了得到具有旋转不变性的链码，我们可定义所谓的差分码。链码对应的差分码定义为：

$$M'_N = \underset{i=1}{\overset{n}{C}} a'_i, \quad a'_1 = (a_1 - a_n) \text{MOD } N, \quad a'_i = (a_i - a_{i-1}) \text{MOD } N, \quad i = 2, 3, \cdots, n$$

其中，MOD表示求余数。

对差分码进行（起点）归一化，就可得到归一化（唯一）的差分码，它具有平移和旋转不变性，也具有唯一性。

由于归一化的差分码既具有唯一性，也具有目标物平移和旋转不变性，因此可用来表示边界，称为形状数。形状数序列的长度（位数）称为形状数的阶，它可作为闭合边界的周长。如图12-2的形状数：1662661767，形状数的阶为10。

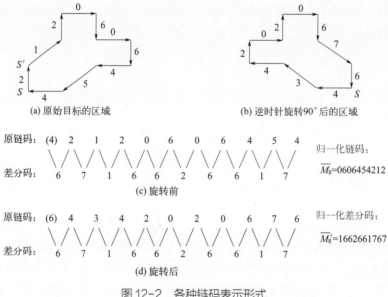

图 12-2 各种链码表示形式

12.1.2 灰度共生矩阵

灰度共生矩阵（gray-level co-occurrence matrix，GLCM）是一种通过研究灰度的空间相关特性来描述纹理的常用方法，它通过计算图像中像素灰度的空间关系，生成一个矩阵来描述图像的纹理特征，即统计具有特定空间关系的像素对的灰度联合分布。1973 年，Haralick 等人提出了用灰度共生矩阵来描述纹理特征，它是在假定图像中各像素间的空间分布关系包含了从灰度为 i 的像素点出发，距离 ($\mathrm{d}x$，$\mathrm{d}y$) 的另一像素点灰度为 j 的概率，即所有估计的值可以表示成一个矩阵的形式，称为灰度共生矩阵。由于纹理是由灰度分布在空间位置上反复出现而形成的，因而在图像空间中相隔某距离的两像素之间会存在一定的灰度关系，即图像中灰度的空间相关特性。

12.1.3 局部二进制模式

LBP（local binary patterns，局部二进制模式）是一种理论简单、计算高效的非参数局部纹理特征描述子。由于其具有较高的特征鉴别力和较低的计算复杂度，近期获得了越来越多的关注，在图像分析、计算机视觉和模式识别领域得到了广泛的应用，尤其是在纹理分类和人脸识别两个经典的模式识别问题中，LBP 方法得到了充分的研究和发展。

局部二进制模式方法最早由芬兰奥卢大学提出，后来由原始 LBP 描述子逐渐发展为旋转不变 LBP 描述子、均匀 LBP 描述子到现在的旋转不变均匀 LBP 描述子，目前该方法已经成为纹理分类和人脸识别领域主要的特征提取方法之一，并在图像处理和计算机视觉领域受到越来越多的关注。

（1）原始 LBP 描述子

最原始的 LBP 描述子定义在某中心像素及其周围大小为 3×3 的矩形邻域系统上，如图 12-3 所示，将中心像素的每个邻域像素值以该中心像素的灰度值为阈值进行二值量化，大于或等于中心像素的像素值则编码为 1，小于则编码为 0，以此形成一个局部二进制模式。将该二进制模式以 x 正轴方向为起点按照逆时针方向进行串联得到一串二进制数字，并用该二进制数对应的十进制数字来唯一地标识该中心像素点，图像中的每个像素都可以计算得到一个局部二进制模式。

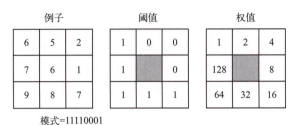

图 12-3　计算原始 LBP 描述子

(2) 旋转不变 LBP 描述子

当图像旋转时，某中心像素周围的圆形邻接像素也会发生变化，进而引起 LBP 模式的改变（全为 0 或者全为 1 的 LBP 模式除外）。为了减轻图像旋转带来的影响，Ojala 等人提出了一种旋转不变（rotation invariant）LBP 算子。如图 12-3 中的二进制模式 11110001 逆时针移动 3 次，得一个新的 LBP 模式 10001111，旋转不变 LBP 描述算子中，11110001 和 10001111 被认为是同一种模式。相比原始 LBP 描述子，旋转不变描述子的直方图特征维数明显降低。

但是随着尺度的增加仍然很高，限制了其应用，因此研究者仅仅测试了旋转不变 LBP(1, 8) 描述子的旋转不变纹理分类性能。研究表明，旋转不变 LBP(1, 8) 描述子的旋转不变纹理分类性能较差，主要原因是单一尺度描述能力不足，且角度空间采样较稀疏。

(3) 均匀 LBP 描述子

Ojala 等人注意到在所有同一尺度下的原始 LBP 模式中，有些模式出现的频率显著高于其他模式，于是有理由认为出现概率高的模式包含更多的局部纹理信息，从某种意义上来说，它们反映了纹理图像中的基本局部模式。因此，Ojala 等人建议采用所有 LBP 模式的一些子集来描述纹理图像特征，提出所谓的均匀 LBP 算子，为后续研究者所广泛采用。

该方法按照一定的准则将原始 LBP 模式划分为均匀模式和非均匀模式两大类。均匀模式是指其 U 值不大于 2。U 值表示 LBP 模式中在圆周上相邻的两个二元值的 0/1（或 1/0）转移次数。

(4) 旋转不变均匀 LBP 描述子

为了进一步提高 LBP 特征描述子的旋转不变性能，并进一步降低其特征维数，在原始 LBP 描述子、旋转不变 LBP 描述子、均匀 LBP 描述子的基础上，Ojala 等人提出旋转不变均匀 LBP 描述子。在旋转不变 LBP 描述子的基础上，将旋转不变 LBP 模式进一步分为均匀旋转不变模式和非均匀模式。旋转不变均匀模式仅 $p+1$ 类，所有非均匀模式归为 1 类，按照这种方式，最后用于表示整幅纹理图像的旋转不变 LBP 描述子的直方图矢量特征仅 $p+2$ 维，显著低于之前讨论的 3 种 LBP 描述子，Ojala 等人通过大量旋转不变和光照不变纹理分类实验，得出旋转不变均匀 LBP 描述子不仅具有最低的特征维数，而且在保持满意的特征鉴别力的同时具有较好的旋转不变性能和灰度尺度不变性能，因此该描述子得到后续研究者的青睐。在标准的 LBP 描述子应用中，通常采用旋转不变均匀 LBP 描述子。

12.2 特征选择与降维

12.2.1 维数灾难

在分类问题中，尽可能增加不同的特征（如大小、颜色、纹理等）来表征目标。一般来说，增加特征之后，分类的结果会有所提高。但当特征个数的变化不断增加，过了某一个值后，性能不升反降。这种现象称为"维数灾难"，如图 12-4 所示。

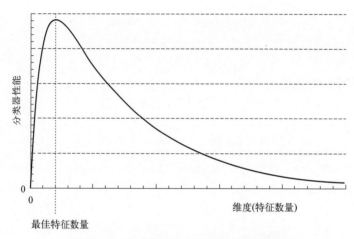

图 12-4　特征数量对分类性能影响曲线图

维数灾难（curse of dimensionality）最早由理查德·贝尔曼（Richard E. Bellman）在考虑优化问题时提出来，是指在高维空间中，数据样本数量相对较少时，数据点之间的距离变得非常稀疏，导致数据分布的不均匀性增加，进而给模型的训练和泛化带来挑战。

为了应对维数灾难，可以采取特征选择和降维等方法处理，即优先选择对目标任务有用的特征，去除冗余和无关特征，降低维度。常用的降维方法包括主成分分析（PCA）、线性判别分析（LDA）等。

12.2.2 特征选择

特征选择（feature selection）是指从原始特征中选择出一些最有效特征以降低数据集维度的过程。特征选择旨在通过去除不相关、冗余或嘈杂的特征，从原始特征中选择一小部分相关特征，从而可以去除冗余无用特征，减低模型学习难度，减少数据噪声，有利于避免过拟合。特征选择是提高学习算法性能的一个重要手段，也是模式识别中关键的数据预处理步骤。

特征选择的目的是最大化相关性和最小化冗余，因为数据集中的大量特征（与样本数量相当或更多）会导致模型过度拟合，进而导致验证数据集的结果不佳。此外，从具有许多特征的数据集构建模型，对计算的要求更高。特征选择过程基于从特征向量中选择最一致、相关和非冗余的特征子集。它不仅减少了训练时间和模型复杂性，而且最终有助于防止过度拟合。特征选择作为一种数据预处理策略，已被证明在为机器学习和模式识别问题准备高维数据方面是有效和高效的。根据与学习模型的交互，特征选择方法一般可以分为过滤法（filter）、包装法（wrapper）和嵌入法（embedded）。

过滤法是通过计算每个特征与目标变量之间的相关性来评估特征的重要性，该类方法不需要训练模型，而是在训练模型之前对特征进行筛选，如相关系数法通过计算特征与目标变量之间的相关系数，通常绝对值较大的相关系数代表特征与目标变量之间的相关性较强，选择与目标变量具有一定相关性的特征。

包装法的基本思想是选择一个特征子集，利用分类器训练，根据分类器的性能（如准确率）来评价这个特征子集的好坏，最终选出最好的特征子集。与过滤方法和嵌入法相比，包装法是一种更加贪婪的方法，因为它直接在选择最终特征集时使用模型的性能作为目标函数。包装法通常能够提供更好的特征子集，因为包装法可以考虑特征之间的交互作用和相互依赖性，但是包装法也更加耗时，因为它需要在不同的特征子集上运行机器学习算法来评估性能。

嵌入法指的是将特征选择嵌入到模型训练过程中，即在模型的训练过程中同时完成特征选择和模型训练。这种方法可以使用不同的算法如 Lasso 回归、Ridge 回归等来进行特征选择，这些算法可以通过正则化来惩罚模型中的不重要特征，进而达到特征选择的目的。

例如：在分析雾霾天气下图像退化过程中，一般认为图像特征与雾霾浓度等级强相关，雾霾浓度等级越高，图像对比度会变得越差，色彩度会越淡，饱和度随之变得越高。因此，许多学者将自然场景统计（natural scene statistic，NSS）特征应用于图像质量评估与图像雾霾浓度估计中，Choi 等人[113]利用了 12 个 NSS 特征值，包括 MSCN 参数方差（f_1）、正负模式下的 MSCN 参数垂直乘积方差（f_2、f_3）、锐化度（f_4）、锐化度方差值（f_5）、三种通道（灰、黄蓝、红绿）下的对比能量值（f_6、f_7、f_8）、信息熵（f_9）、暗通道值（f_{10}）、饱和度（f_{11}），以及色彩度（f_{12}）来研究其与图像雾霾浓度之间的联系，并以此估计雾霾浓度。为了进一步研究雾霾浓度，我们增加了一个韦伯亮度对比度（Weber contrast of luminance）（f_{13}），一总采用 13 个 NSS 特征值来估计雾霾浓度。虽然这些 NSS 特征值在估计图像质量或者雾霾浓度时能够提高估计的可靠性，但这些特征值同时也包含了大量的冗余信息，从而带来较高的计算代价，为此有必要进行特征选择来降低计算复杂度。

为此，从 Google Images 和 Flickr 等网站下载了数万张自然无雾图像来合成不同雾霾等级的有雾图像。由于这些图像并未附带景深信息，先在一张无雾图像随机选取一个尺寸大小为 $r×r$ 的块，接着随机产生一个取值范围在 [0.01, 1] 之间的透射率值来合成雾霾图像，每个块中的像素点都被认为有相同的景深。用这样的方式，我们取得了数十万个雾霾图像块以及对应的透射率值，并计算出每个雾霾图像块对应的标准化特征值。图 12-5（a）给出了各个归一化后的 NSS 特征值与透射率之间的关系。图 12-5（c）给出了在图 12-5（b）中标记的 5 个图像块中的 NSS 特征值与能见度之间的关系。可以观察到，这些归一化后的 NSS 特征值会随着透射率的增加而增加，由于透射率与场景深度和能见度有关，所以这也说明了 NSS 特征值除了与能见度有关外，还取决于场景深度。

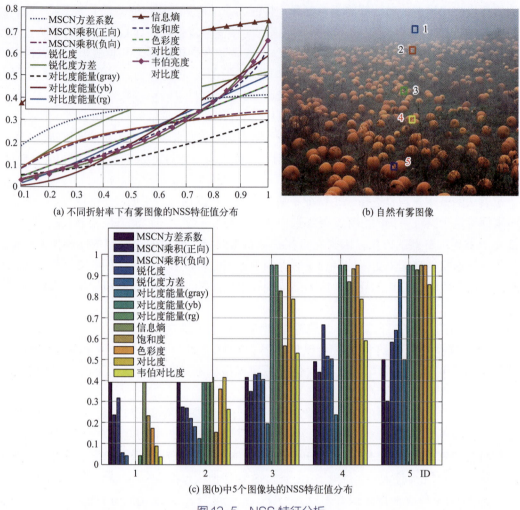

图 12-5 NSS 特征分析

这些 NSS 特征值随着透射率值的增加而增加,这意味着这些 NSS 特征值能够表示图像的雾霾浓度。为了分析 NSS 特征值与透射率之间以及 NSS 特征值之间的相关性,我们采用皮尔逊相关系数(Pearson correlation coefficient, PCC)和互信息系数(mutual information coefficient, MIC)来分析 NSS 特征值与透射率,以及 NSS 特征值之间的相关性。根据 PCC 与 MIC 的定义,两者衡量了变量间的相关性程度,若值越大则说明两变量之间相关性越大,反之亦然。PCC 与 MIC 分别定义如下:

$$r_{ij} = \frac{\sum_{i,j}(X_i - \bar{X}_i)(X_j - \bar{X}_j)}{\sqrt{\sum_i(X_i - \bar{X}_i)}\sqrt{\sum_j(X_j - \bar{X}_j)}} \tag{12-1}$$

$$I(X,Y) = \sum_{y \in Y}\sum_{x \in X} p(x,y) \lg \frac{p(x,y)}{p(x)p(y)} \tag{12-2}$$

式中，X_i、X_j 为两个待计算相关性的向量；$p(x,y)$ 是 X 和 Y 的联合概率分布函数；$p(x)$ 和 $p(y)$ 分别是 X 和 Y 的边缘概率分布函数。显然，两变量 X 和 Y 之间越相关，尔逊相关系数 r_{ij} 和互信息系数 $I(X,Y)$ 越大，反之亦然。

表 12-1 给出了 NSS 特征值与透射率之间的相关系数。其中，饱和度（f_{10}）、锐化度方差（f_5）、韦伯亮度对比度（f_{13}）以及色彩度（f_{11}）是与透射率最相关的 4 个 NSS 特征值。从视觉的角度来看，有雾图像通常具有暗淡的颜色、扭曲的饱和度以及较低的对比度，这也能进一步说明，图像的饱和度（f_{10}）、韦伯亮度对比度（f_{13}）以及色彩度（f_{11}）与图像的有雾程度有关，即与透射率有关。

表 12-1　透射率与 NSS 特征值之间的 PCC 系数与 MIC 系数

指标	f_1	f_2	f_3	f_4	f_5	f_6	f_7	f_8	f_9	f_{10}	f_{11}	f_{12}	f_{13}
PCC	0.30	0.29	0.26	0.49	0.56	0.38	0.35	0.37	0.44	0.63	0.53	0.48	0.56
MIC	0.06	0.05	0.04	0.20	0.33	0.22	0.11	0.16	0.22	0.35	0.26	0.19	0.31

为了进一步分析 NSS 特征值之间的冗余性，进而挑选出数个最有效的特征。图 12-6 给出了特征值之间的互相关性图。通常来说，两个变量之间相关性越大，意味着这两个变量之间的冗余信息越多。

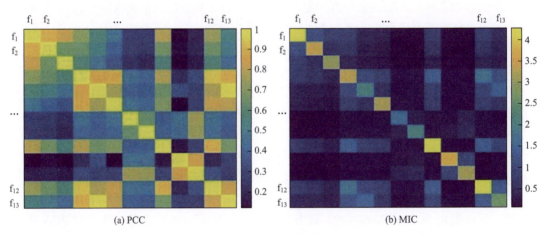

图 12-6　NSS 特征值间相关系数

从图 12-6 可知，锐化度方差（f_5）和韦伯亮度对比度（f_{13}）与图像的饱和度（f_{10}）有较小的相关系数值，这意味着有较小的相关性。韦伯亮度对比度（f_{13}）与锐化度方差（f_5）有较大的相关系数值，且韦伯亮度对比度（f_{13}）的计算代价比锐化度方差（f_5）要小，因此，本书选择韦伯亮度对比度（f_{13}）作为估计雾霾浓度的特征值之一。另外，色彩度（f_{11}）与饱和度（f_{10}）有较大的相关系数值，但这两个特征值有不同的物理意义，因此，这两个特征值都作为雾霾浓度估计的特征值。经过上述实验分析，本书选择了饱和度（f_{10}）、韦伯亮度对比度（f_{13}）以及色彩度（f_{11}）进行雾霾浓度估计。相关细节请参考文献 [114]。

12.2.3 主成分分析降维方法

在许多领域的研究与应用中，通常需要对含有多维特征（或变量）的数据进行观测，收集大量数据后进行分析寻找规律。多维特征大数据集无疑会为研究和应用提供丰富的信息，但是，多维特征变量之间往往可能存在相关性，从而增加了问题分析的复杂性。如果分别对每个指标进行分析，分析往往是孤立的，不能完全利用数据中的信息，因此盲目减少指标会损失很多有用的信息，从而产生错误的结论。因此需要找到一种合理的方法，在减少特征维度的同时，尽量减少原特征包含信息的损失，以达到对所收集数据进行全面分析的目的。由于各特征变量之间存在一定的相关关系，因此可以考虑将关系紧密的特征变量变成尽可能少的新变量，使这些新变量是两两不相关的，那么就可以用较少的综合指标分别代表存在于各个变量中的各类信息。主成分分析与因子分析就属于这类降维算法。

主成分分析（principal component analysis，PCA）是一种使用最广泛的数据降维算法，通过正交变换将一组可能存在相关性的变量转换成一组线性不相关的变量，转换后的这组变量叫主成分。PCA 可以有效地简化数据，同时保留其核心特征，因此 PCA 在机器学习和数据可视化中有着坚实的地位。

(1) PCA 的基本思想

PCA 的主要思想是将 n 维特征映射到 k 维上（$k < n$），这 k 维是全新的正交特征也被称为主成分，是在原有 n 维特征的基础上重新构造出来的 k 维特征。PCA 的工作就是从原始的空间中顺序地找一组相互正交的坐标轴，新的坐标轴的选择与数据本身是密切相关的。其中，第 1 个新坐标轴选择是原始数据中方差最大的方向，第 2 个新坐标轴选取是与第 1 个坐标轴正交的平面中使得方差最大的，第 3 个轴是与第 1、2 个轴正交的平面中方差最大的。依次类推，可以得到 n 个这样的坐标轴。通过这种方式获得的新的坐标轴，我们发现，大部分方差都包含在前面 k 个坐标轴中，后面的坐标轴所含的方差几乎为 0。于是，我们可以忽略余下的坐标轴，只保留前面 k 个含有绝大部分方差的坐标轴。事实上，这相当于只保留包含绝大部分方差的维度特征，而忽略包含方差几乎为 0 的特征维度，实现对数据特征的降维处理。

为了得到具有最大差异性的主成分方向，一般地，计算数据矩阵的协方差矩阵，然后得到协方差矩阵的特征值特征向量，选择特征值最大（即方差最大）的 k 个特征所对应的特征向量组成的矩阵。这样就可以将数据矩阵转换到新的空间当中，实现数据特征的降维。由于得到协方差矩阵的特征值和特征向量主要有特征值分解协方差矩阵、奇异值分解协方差矩阵两种方法，所以 PCA 算法有两种实现方法：基于特征值分解协方差矩阵实现 PCA 算法、基于 SVD 分解协方差矩阵实现 PCA 算法。

(2) PCA 算法的过程

① 将原始数据中的每一个样本都用向量表示，把所有样本组合起来构成样本矩阵，通常对样本矩阵进行中心化处理，得到中心化样本矩阵。

② 求中心化后的样本矩阵的协方差。

③ 求协方差矩阵的特征值和特征向量。

④ 将求出的特征值按从大到小的顺序排列，并将其对应的特征向量按照此顺序组合成一个映射矩阵，根据指定的 PCA 保留的特征个数取出映射矩阵的前 n 行或者前 n 列作为最终的映射矩阵。

⑤ 用映射矩阵对数据进行映射，达到数据降维的目的。

PCA 是一种常用的降维方法，PCA 试图保留数据集中的最大方差，这有助于保留数据的主要特征和结构。PCA 可以将数据投影到主成分构成的低维空间，这有助于消除噪声和冗余特征。通过降低数据的维度，PCA 可以帮助我们将高维数据可视化，从而更好地理解数据的结构和关系。PCA 的计算效率较高，特别是当使用 SVD（奇异值分解）方法时，它可以高效地处理大规模数据集。

同时，PCA 假定数据的主成分是线性的，这意味着它可能不适合处理具有非线性结构的数据。PCA 倾向于保留方差大的成分，但这并不总是与数据中的重要特征相对应。有时，方差小的成分可能包含了重要的信息。PCA 假定不同主成分之间是正交的，这在某些情况下可能不符合实际情况。PCA 对数据的缩放和衡量尺度（单位）敏感，不同的缩放可能会导致不同的结果。因此，在应用 PCA 之前，通常需要对数据进行标准化。PCA 产生的主成分可能难以解释，因为它们通常是原始特征的线性组合，而这些组合可能缺乏实际意义。

总之，虽然 PCA 是一种强大且广泛应用的降维方法，但在使用时也需要考虑其局限性，并根据具体应用的需求和数据的特性进行选择。

12.3 模式分类

模式是反映一类事物的主要性质，并能反映这类事物与其他类事物之间差异的一组有意义的特征对这类事物的描述。模式可以是以矢量形式表示的数字特征、以句法结构表示的字符串或图、以关系结构表示的语义网络或框架结构。对于上述 3 种类型的模式，必须分别使用不同的识别和推理方法：统计模式识别、句法模式识别和神经网络方法。本章主要介绍几种典型的统计模式识别方法。统计模式识别（statistical approach of pattern recognition）是对模式的统计分类方法，把模式类看成用某个随机向量实现的集合，又称决策理论识别方法。它的基本原理是：有相似性的样本在模式空间中互相接近，并形成"集团"或"簇"，即"物以类聚"。主要方法有：线性判别函数、贝叶斯决策论、支持向量机、主因子分析法等。本节主要介绍几种常见的模式分类方法。

12.3.1 线性判别函数

统计模式识别中用以对模式进行分类的一种最简单的判别函数称为线性判别函数。线性判别函数在特征空间中，通过学习，不同的类别可以得到不同的判别函数，比较不同类别的判别函数值大小，就可以进行分类。

线性判别函数定义为样本观测值的线性函数。以两类判别为例，假设样本观测值为 x，线性判别函数：

$$g(x) = \mathbf{w}^\mathrm{T}\mathbf{x} + \omega_0 \tag{12-3}$$

式中，$\mathbf{w}$ 为权向量；ω_0 为偏置向量。决策规则 $g(x)=g(x_1)-g(x_2)$。

$$g(x) = \begin{cases} > 0, & x \in \omega_1 \\ < 0, & x \in \omega_2 \\ 0, & 可以将 x 任意划分到某一类 \end{cases} \tag{12-4}$$

当 $g(x)$ 为线性函数时，这个决策面就是超平面。而根据判别函数 $g(x)$ 的取值并结合某种规则，我们可以将样本划入某一类。线性判别分析要解决的问题是根据训练样本确定权向量 w 和偏置向量 ω_0，使得判别函数 $g(x)$ 具有尽可能低的分类误差。

由训练样本确定 w 和 ω_0 的关键在于设计一个合理的损失函数 $J(W)$，当 W 能够较好地对样本进行分类时，$J(W)$ 取到最小值（不失一般性，设偏置向量 $\omega_0 = 0$，仅考虑权重向量 w）。

12.3.2 贝叶斯决策论

贝叶斯决策理论方法是统计模型决策中的一个基本方法，主要依据类的概率、概密，按照某种准则使分类结果从统计上讲是最佳的。准则函数不同，所导出的判决规则就不同，分类结果也不同。

贝叶斯决策理论方法其基本思想是：首先已知类条件概率密度参数表达式和先验概率，然后利用贝叶斯公式将其转换成后验概率，最后根据后验概率大小进行决策分类。

以两类的正态分布为例，其中 $P(\omega_i)$ 表示类 ω_i 出现的先验概率，简称类 ω_i 的概率。而 $p(x|\omega_i)$ 表示在类 ω_i 条件下的概率密度，即类 ω_i 模式 x 的概率分布密度，简称为类概率密度，也叫似然函数。$P(\omega_i|x)$ 表示 x 出现条件下类 ω_i 出现的概率，称其为类别的后验概率。对于模式识别来讲，可理解为 x 来自类 ω_i 的概率。

对于两类 ω_1、ω_2 问题，直观地，可以根据后验概率作判决：

$$
\begin{aligned}
&\text{若} \quad p(\omega_1|x) > p(\omega_2|x) \quad \text{则} \quad x \in \omega_1 \\
&\text{若} \quad p(\omega_1|x) < p(\omega_2|x) \quad \text{则} \quad x \in \omega_2
\end{aligned} \tag{12-5}
$$

根据贝叶斯公式，后验概率 $p(\omega_i|x)$ 可由类 ω_i 的先验概率 $P(\omega_i)$ 和条件概率密度 $p(x|\omega_i)$ 来表示，即：

$$
p(\omega_i|x) = \frac{p(x|\omega_i)P(\omega_i)}{p(x)} = \frac{p(x|\omega_i)P(\omega_i)}{\sum_{i=1}^{2} p(x|\omega_i)P(\omega_i)} \tag{12-6}
$$

将 $p(x|\omega_i)$ 代入判别式，判别规则可表示为：

$$
\begin{aligned}
&\text{若} \quad p(x|\omega_1)P(\omega_1) > p(x|\omega_2)P(\omega_2) \quad \text{则} \quad x \in \omega_1 \\
&\text{若} \quad p(x|\omega_1)P(\omega_1) < p(x|\omega_2)P(\omega_2) \quad \text{则} \quad x \in \omega_2
\end{aligned} \tag{12-7}
$$

或改写为：

$$
\begin{aligned}
l_{12} = \frac{p(x|\omega_1)}{p(x|\omega_2)} > \frac{P(\omega_2)}{P(\omega_1)} = \theta_{12} \quad \text{则} \quad x \in \omega_1 \\
l_{12} = \frac{p(x|\omega_1)}{p(x|\omega_2)} < \frac{P(\omega_2)}{P(\omega_1)} = \theta_{12} \quad \text{则} \quad x \in \omega_2
\end{aligned} \tag{12-8}
$$

式中，l_{12} 称为似然比（likelihood ratio）；θ_{12} 称为似然比的判决阈值。

确定 x 是属于 ω_1 类还是 ω_2 类，要看 x 是来自于 ω_1 类的概率大还是来自 ω_2 类的概率大，

即 x 是属于哪类的后验概率大。

根据贝叶斯决策论，又发展了最小误判概率准则判决、最小损失准则判决、最小最大损失准则、N-P（Neyman-Pearson）判决等。最小误判概率准则使得二分类问题误判的概率最小，如图 12-7 所示。

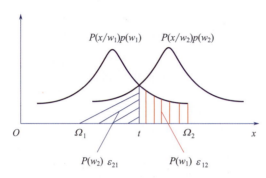

图 12-7 二分类问题中最小误判概率准则

如图 12-7 所示，两种误判概率分别是：

$$\varepsilon_{12} = p(\omega_1)\int_{\Omega_2} p(x|\omega_1)dx, \varepsilon_{21} = p(\omega_2)\int_{\Omega_1} p(x|\omega_2)dx \tag{12-9}$$

设 ω_1 和 ω_2 类出现的概率分别为 $p(\omega_1)$ 和 $p(\omega_2)$，则总的误判概率是：

$$p(e) = p(\omega_1)\varepsilon_{12} + p(\omega_2)\varepsilon_{21} = p(\omega_1)\int_{\Omega_2} p(x|\omega_1)dx + p(\omega_2)\int_{\Omega_1} p(x|\omega_2)dx \tag{12-10}$$

要使误判概率 $P(e)$ 最小等价于使正确分类概率 $P(c)$ 最大，即：

$$p(\omega_1)\int_{\Omega_1} p(x|\omega_1)dx + p(\omega_2)\int_{\Omega_2} p(x|\omega_2)dx \tag{12-11}$$

如果 $p(\omega_1)p(x|\omega_1) > p(\omega_2)p(x|\omega_2)$，则 $x \in \omega_1$ 类，反之则属于 $x \in \omega_2$ 类。

最小损失准则判决、最小最大损失准则是基于贝叶斯准则，考虑了加入了损失函数的判决，而 N-P（Neyman-Pearson）判决则是严格限制较重要的一类错误概率，令其等于某常数而使另一类误判概率最小。

贝叶斯决策论基于古典数学理论，算法直观简单，对缺失数据不太敏感，在简单的数据上分类效果不错，过程简单、速度快，在分布独立这个假设成立的情况下，贝叶斯分类器效果好，同时需要的样本量也更少一点。

然而，贝叶斯决策论也有如下不足：①基于特征条件独立假设进行分类，因此当数据集的特征存在关联时，分类效果不佳；②需要事先假设特征的先验分布，如果假设与真实情况不太符合，那么模型效果肯定也会受影响，而类别的先验分布也一般基于训练数据来计算，在数据没有代表性，不太能表征真实数据的情况下，也会产生较多误分类。

12.3.3 支持向量机

支持向量机（support vector machines，SVM）是一种二分类模型，它的目的是寻找一个超平面来对样本进行分割，实现间隔最大化，最终转化为一个凸二次规划问题来求解。支持向量机包括线性可分 SVM、非线性分类 SVM 等形式。由于篇幅的限制，本书只介绍线性可分 SVM。

一般来说，对于线性可分的数据，感知机算法求得的分离超平面不是唯一的，而 SVM 学习的基本想法是求解能够正确划分训练数据集并且几何间隔最大的分离超平面。如图 12-8 所示，$w \cdot x = b$ 即为分离超平面，对于线性可分的数据集来说，这样的超平面有无穷多个（即感知机），但是几何间隔最大的分离超平面却是唯一的。

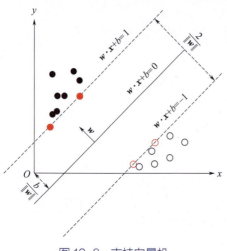

图 12-8 支持向量机

在推导之前，先给出一些定义。假设给定一个特征空间上的训练数据集 $T = \{(x_1, y_1), (x_2, y_2), (x_3, y_3), \cdots, (x_N, y_N)\}$，其中，$x_i \in R^n$，$y_i \in \{+1, -1\}, i \in 1,2,3,\cdots,N$，$x_i$ 为第 i 个特征向量，y_i 为类标记，当它等于 +1 时为正例，为 -1 时为负例。再假设训练数据集是线性可分的。

根据前文获得的目标函数：

$$\max \frac{1}{\|w\|}, \quad \text{s.t.} \, y_i(w^T x_i + b) \geq 1, \quad i = 1,2,\cdots,n \tag{12-12}$$

为了获得最大化的 γ，等价于最大化 $\frac{1}{\|w\|}$，也就是等价于最小化 $\frac{1}{2}\|w\|^2$，因此 SVM 模型的求解最大分割超平面问题又可以表示为以下约束最优化问题：

$$\min_{w,b} \frac{1}{2}\|w\|^2 \tag{12-13}$$

即可选择合适的 (w, b) 使得对任一 (x_i, y_i) 来说，都有 $y_i(w^T x_i + b) \geq 1, i = 1,2,\cdots,n$。特别地，对满足 $y_i(w^T x_i + b) = 1$ 的样本点，称之为支持向量，并满足如下性质：

如果 $y_i = +1$，则 x_i 落在超平面 $H_1: w \cdot x + b = 1$ 上；

如果 $y_i = -1$，则 x_i 落在超平面 $H_2: w \cdot x + b = -1$ 上。

通过上述变换，目标函数优化变为了一个凸优化问题，因为现在的目标函数是二次的，约束条件是线性的，所以它是一个凸二次规划问题。这个问题可以用任何现成的 QP （quadratic programming，二次规划）的优化包进行求解，即在一定的约束条件下，目标最优，损失最小。

由于这个问题的特殊结构，我们可以对其使用拉格朗日乘子法得到其对偶问题（dual problem），即通过求解对偶问题得到最优解，这就是线性可分条件下支持向量机的对偶算法，这样做的优点在于：对偶问题往往更容易求解，可以自然地引入核函数，进而推广到非线性分类问题。

通过给每一个约束条件加上一个 Lagrange multiplier（拉格朗日乘值），即引入拉格朗日乘子 α，就可以将有约束的原始目标函数转换为无约束的新构造的拉格朗日目标函数：

$$L(\boldsymbol{w},b,\alpha) = \frac{1}{2}\|\boldsymbol{w}\|^2 - \sum_{i=1}^{n}\alpha_i[y_i(\boldsymbol{w}^\mathrm{T}\boldsymbol{x}_i + b) - 1] \tag{12-14}$$

式中，α_i 为拉格朗日乘子，且 $\alpha_i > 0$。现在我们令

$$\theta(\boldsymbol{w}) = \max_{\alpha_i \geq 0} L(\boldsymbol{w},b,\alpha) \tag{12-15}$$

当样本点不满足约束条件时，即在可行解区域外：

$$y_i(\boldsymbol{w} \cdot \boldsymbol{x}_i + b) < 1 \tag{12-16}$$

此时，将 α_i 设置为无穷大，则 $\theta(\boldsymbol{w})$ 也为无穷大。

当满本点满足约束条件时，即在可行解区域内：

$$y_i(\boldsymbol{w} \cdot \boldsymbol{x}_i + b) \geq 1 \tag{12-17}$$

此时，$\theta(\boldsymbol{w})$ 为原函数本身。于是将两种情况合并起来就可以得到我们新的目标函数：

$$\theta(\boldsymbol{w}) = \begin{cases} \frac{1}{2}\|\boldsymbol{w}\|^2, & \boldsymbol{x} \in \text{可行区域} \\ +\infty, & \boldsymbol{x} \in \text{不可行区域} \end{cases} \tag{12-18}$$

于是原约束问题就等价于：

$$\min_{\boldsymbol{w},b} \theta(\boldsymbol{w}) = \min_{\boldsymbol{w},b} \max_{\alpha_i \geq 0} L(\boldsymbol{w},b,\alpha) = p^* \tag{12-19}$$

看一下我们的新目标函数，先求最大值，再求最小值。这样的话，我们首先就要面对带有需要求解的参数 $\boldsymbol{w}$ 和 b 的方程，而 α_i 又是不等式约束，这个求解过程不好做。所以，我们需要使用拉格朗日函数对偶性，将最小和最大的位置交换一下，这样就变成了：

$$\max_{\alpha_i \geq 0} \min_{\boldsymbol{w},b} L(\boldsymbol{w},b,\alpha) = d^* \tag{12-20}$$

要有 $p^* = d^*$，需要满足两个条件：①优化问题是凸优化问题；②满足 KKT 条件。

首先，本优化问题显然是一个凸优化问题，所以条件①满足，而要满足条件②，即要求：

$$\begin{cases} \alpha_i \geq 0 \\ y_i(\boldsymbol{w}_i \cdot \boldsymbol{x}_i + b) - 1 \geq 0 \\ \alpha_i[y_i(\boldsymbol{w}_i \cdot \boldsymbol{x}_i + b) - 1] = 0 \end{cases} \tag{12-21}$$

为了得到求解对偶问题的具体形式，令 $L(\boldsymbol{w},b,\alpha)$ 对 $\boldsymbol{w}$ 和 b 的偏导为 0，可得：

$$\frac{\partial L}{\partial \boldsymbol{w}} = 0 \Rightarrow \boldsymbol{w} = \sum_{i=1}^{n} \alpha_i y_i \boldsymbol{x}_i$$
$$\frac{\partial L}{\partial b} = 0 \Rightarrow \sum_{i=1}^{n} \alpha_i y_i = 0$$

(12-22)

将以上两个等式带入拉格朗日目标函数，消去 $\boldsymbol{w}$ 和 b，具体推导公式如下所示：

$$\begin{aligned}
L(\boldsymbol{w},b,\alpha) &= \frac{1}{2}\|\boldsymbol{w}\|^2 - \sum_{i=1}^{m}\alpha_i\{y^{(i)}[\boldsymbol{w}^\mathrm{T}\boldsymbol{x}^{(i)}+b]-1\} \\
&= \frac{1}{2}\boldsymbol{w}^\mathrm{T}W - \sum_{i=1}^{m}\alpha_i y^{(i)}\boldsymbol{w}^\mathrm{T}\boldsymbol{x}^{(i)} - \sum_{i=1}^{m}\alpha_i y^{(i)}b + \sum_{i=1}^{m}\alpha_i \\
&= \frac{1}{2}\boldsymbol{w}^\mathrm{T}\sum_{i=1}^{m}\alpha_i y^{(i)}\boldsymbol{x}^{(i)} - \sum_{i=1}^{m}\alpha_i y^{(i)}\boldsymbol{w}^\mathrm{T}\boldsymbol{x}^{(i)} - \sum_{i=1}^{m}\alpha_i y^{(i)}b + \sum_{i=1}^{m}\alpha_i \\
&= \frac{1}{2}\boldsymbol{w}^\mathrm{T}\sum_{i=1}^{m}\alpha_i y^{(i)}\boldsymbol{x}^{(i)} - \boldsymbol{w}^\mathrm{T}\sum_{i=1}^{m}\alpha_i y^{(i)}\boldsymbol{x}^{(i)} - \sum_{i=1}^{m}\alpha_i y^{(i)}b + \sum_{i=1}^{m}\alpha_i \\
&= -\frac{1}{2}\boldsymbol{w}^\mathrm{T}\sum_{i=1}^{m}\alpha_i y^{(i)}\boldsymbol{x}^{(i)} - \sum_{i=1}^{m}\alpha_i y^{(i)}b + \sum_{i=1}^{m}\alpha_i \\
&= -\frac{1}{2}\boldsymbol{w}^\mathrm{T}\sum_{i=1}^{m}\alpha_i y^{(i)}\boldsymbol{x}^{(i)} - b\sum_{i=1}^{m}\alpha_i y^{(i)} + \sum_{i=1}^{m}\alpha_i \\
&= -\frac{1}{2}\left[\sum_{i=1}^{m}\alpha_i y^{(i)}\boldsymbol{x}^{(i)}\right]^\mathrm{T}\sum_{i=1}^{m}\alpha_i y^{(i)}\boldsymbol{x}^{(i)} - b\sum_{i=1}^{m}\alpha_i y^{(i)} + \sum_{i=1}^{m}\alpha_i \\
&= -\frac{1}{2}\sum_{i=1}^{m}\alpha_i y^{(i)}[\boldsymbol{x}^{(i)}]^\mathrm{T}\sum_{i=1}^{m}\alpha_i y^{(i)}\boldsymbol{x}^{(i)} - b\sum_{i=1}^{m}\alpha_i y^{(i)} + \sum_{i=1}^{m}\alpha_i \\
&= -\frac{1}{2}\sum_{i=1,j=1}^{m}\alpha_i y^{(i)}[\boldsymbol{x}^{(i)}]^\mathrm{T}\alpha_j y^{(j)}\boldsymbol{x}^{(j)} - b\sum_{i=1}^{m}\alpha_i y^{(i)} + \sum_{i=1}^{m}\alpha_i
\end{aligned}$$

最后，得到：

$$\begin{aligned}
L(\boldsymbol{w},b,\alpha) &= \frac{1}{2}\sum_{i=1}^{N}\sum_{j=1}^{N}\alpha_i\alpha_j y_i y_j(\boldsymbol{x}_i \cdot \boldsymbol{x}_j) - \sum_{i=1}^{N}\alpha_i y_i\left[\left(\sum_{j=1}^{N}\alpha_j y_j \boldsymbol{x}_j\right)\cdot \boldsymbol{x}_i + b\right] + \\
&\quad \sum_{i=1}^{N}\alpha_i = -\frac{1}{2}\sum_{i=1}^{N}\sum_{j=1}^{N}\alpha_i\alpha_j y_i y_j(\boldsymbol{x}_i \cdot \boldsymbol{x}_j) + \sum_{i=1}^{N}\alpha_i
\end{aligned}$$

(12-23)

求 α 的极大值，即是关于对偶问题的最优化问题。经过上面第一个步骤的求 $\boldsymbol{w}$ 和 b，得到的拉格朗日函数式子已经没有了变量 $\boldsymbol{w}$、b，只有 α。从上面的式子得到：

$$\max_{\alpha}\left[-\frac{1}{2}\sum_{i=1}^{N}\sum_{j=1}^{N}\alpha_i\alpha_j y_i y_j(\boldsymbol{x}_i \cdot \boldsymbol{x}_j) + \sum_{i=1}^{N}\alpha_i\right]$$

(12-24)

式中，$\sum_{i=1}^{N}\alpha_i y_i = 0$ 且 $\alpha_i \geqslant 0, i = 1,2,\cdots,n$。

把目标式子加一个负号，将求解极大值转换为求解极小值：

$$\min_{\alpha}\left[\frac{1}{2}\sum_{i=1}^{N}\sum_{j=1}^{N}\alpha_i\alpha_j y_i y_j(\boldsymbol{x}_i \cdot \boldsymbol{x}_j) - \sum_{i=1}^{N}\alpha_i\right] \tag{12-25}$$

式中，$\sum_{i=1}^{N}\alpha_i y_i = 0$ 且 $\alpha_i \geqslant 0, i = 1,2,\cdots,n$。

现在我们的优化问题变成了如上的形式。对于这个问题，我们有更高效的优化算法，即序列最小优化（SMO）算法。这里暂时不展开关于使用 SMO 算法求解以上优化问题的细节。

我们通过这个优化算法能得到 α^*，再根据 α^*，我们就可以求解出 w 和 b，进而求得我们最初的目的：找到超平面，即"决策平面"。前面的推导都是假设满足 KKT 条件下成立的，KKT 条件如下：

$$\begin{cases}\alpha_i \geqslant 0 \\ y_i(\boldsymbol{w}_i \cdot \boldsymbol{x}_i + b) - 1 \geqslant 0 \\ \alpha_i[y_i(\boldsymbol{w}_i \cdot \boldsymbol{x}_i + b) - 1] = 0\end{cases} \tag{12-26}$$

另外，根据前面的推导，还有下面两个式子成立：

$$\boldsymbol{w} = \sum_{i=1}^{N}\alpha_i y_i \boldsymbol{x}_i \tag{12-27}$$

$$\sum_{i=1}^{N}\alpha_i y_i = 0 \tag{12-28}$$

由此可知在 α^* 中，至少存在一个 $\alpha_j^* > 0$（反证法可以证明，若全为 0，则 w=0，矛盾），对此 j 有：

$$y_j(\boldsymbol{w}^* \cdot \boldsymbol{x}_j + b^*) - 1 = 0 \tag{12-29}$$

因此可以得到：

$$\boldsymbol{w}^* = \sum_{i=1}^{N}\alpha_i^* y_i \boldsymbol{x}_i, \quad b^* = y_j - \sum_{i=1}^{N}\alpha_i^* y_i(\boldsymbol{x}_i \cdot \boldsymbol{x}_j) \tag{12-30}$$

对于任意训练样本 $(\boldsymbol{x}_i, y_i)$，总有 $\alpha_i = 0$ 或者 $y_j(\boldsymbol{wx}_j + b) = 1$。若 $\alpha_i = 0$，则该样本不会在最后求解模型参数的式子中出现。若 $\alpha_i > 0$，则必有 $y_j(\boldsymbol{wx}_j + b) = 1$，所对应的样本点位于最大间隔边界上，是一个支持向量。这显示出支持向量机的一个重要性质：训练完成后，大部分的训练样本都不需要保留，最终模型仅与支持向量有关。

到这里都是基于训练集数据线性可分的假设下进行的，但是实际情况下几乎不存在完全线性可分的数据，为了解决这个问题，引入了"软间隔"的概念，即允许某些点不满足约束。

第 12 章 模式识别　269

$$y_j(\boldsymbol{w}\boldsymbol{x}_j + b) \geqslant 1$$

采用 hinge 损失，将原优化问题改写为：

$$\min_{\boldsymbol{w},b,\xi_i}\left[\frac{1}{2}\|\boldsymbol{w}\|^2 + C\sum_{i=1}^{m}\xi_i\right] \tag{12-31}$$

式中，$y_i(\boldsymbol{w}\cdot\boldsymbol{x}_i + b) \geqslant 1 - \xi_i$ 并且 $\xi_i \geqslant 0, i = 1,2,\cdots,N$；$\xi_i$ 为"松弛变量"；$\xi_i = \max[0, 1 - y_i(\boldsymbol{w}\boldsymbol{x}_i + b)]$，即一个 hinge 损失函数。每一个样本都有一个对应的松弛变量，表征该样本不满足约束的程度。$C > 0$ 称为惩罚参数，C 值越大，对分类的惩罚越大。跟线性可分求解的思路一致，同样这里先用拉格朗日乘子法得到拉格朗日函数，再求其对偶问题。

综合以上讨论，我们可以得到线性支持向量机学习算法如下：

输入：训练数据集 $T = \{(\boldsymbol{x}_1,y_1),(\boldsymbol{x}_2,y_2),(\boldsymbol{x}_3,y_3),\cdots,(\boldsymbol{x}_N,y_N)\}$。其中，$\boldsymbol{x}_i \in R^n$，$y_i \in \{+1,-1\}$，$i \in 1,2,3,\cdots,N$。

输出：分离超平面和分类决策函数。

(1) 选择惩罚参数 $C > 0$，构造并求解凸二次规划问题：

$$\min_{\alpha}\left[\frac{1}{2}\sum_{i=1}^{N}\sum_{j=1}^{N}\alpha_i\alpha_j y_i y_j(\boldsymbol{x}_i\cdot\boldsymbol{x}_j) - \sum_{i=1}^{N}\alpha_i\right] \tag{12-32}$$

式中，$\sum_{i=1}^{N}\alpha_i y_i = 0$ 且 $0 \leqslant \alpha_i \leqslant C, i = 1,2,\cdots,N$。

得到最优解：

$$\boldsymbol{\alpha}^* = (\alpha_1^*, \alpha_2^*, \cdots, \alpha_N^*)^{\mathrm{T}}$$

(2) 计算

$$\boldsymbol{w}^* = \sum_{i=1}^{N}\alpha_i^* y_i \boldsymbol{x}_i \tag{12-33}$$

选择 $\boldsymbol{\alpha}^*$ 的一个分量 α_j^* 满足条件 $0 < \alpha_j^* < C$，计算：

$$b^* = y_j - \sum_{i=1}^{N}\alpha_i^* y_i(\boldsymbol{x}_i\cdot\boldsymbol{x}_j) \tag{12-34}$$

(3) 求分离超平面

$$\boldsymbol{w}^*\cdot\boldsymbol{x} + b^* = 0 \tag{12-35}$$

分类决策函数：

$$f(\boldsymbol{x}) = \mathrm{sign}(\boldsymbol{w}^*\cdot\boldsymbol{x} + b^*) \tag{12-36}$$

线性可分问题的支持向量机方法对线性不可分训练数据是不适用的，因为这时上述方法中的不等式约束并不能都成立。事实上，大部分时候数据并不是线性可分的，这个时候满足这种条件的超平面就根本不存在。对于非线性的情况，SVM 的处理方法是选择一个核函数，通过将数据映射到高维空间，来解决在原始空间中线性不可分的问题。

具体来说，在线性不可分的情况下，支持向量机首先在低维空间中完成计算，然后通过核函数将输入空间映射到高维特征空间，最终在高维特征空间中构造出最优分离超平面，从而把平面上本身不好分的非线性数据分开。如图 12-9 所示的两类数据，分别分布为两个圆圈的形状，这样的数据本身就是线性不可分的，该如何把这两类数据分开呢？

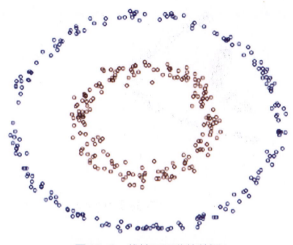

图 12-9　线性不可分的数据

事实上，图 12-9 所述的这个数据集，是用两个半径不同的圆圈加上了少量的噪声生成得到的，所以，一个理想的分界应该是一个"圆圈"而不是一条线（超平面）。如果用 X_1 和 X_2 来表示这个二维平面的两个坐标的话，一条二次曲线（圆圈是二次曲线的一种特殊情况）的方程可以写作这样的形式：

$$a_1 X_1 + a_2 X_1^2 + a_3 X_2 + a_4 X_2^2 + a_5 X_1 X_2 + a_6 = 0 \tag{12-37}$$

如果构造另外一个五维的空间，其中 5 个坐标的值分别为 $Z_1 = X_1$，$Z_2 = X_1^2$，$Z_3 = X_2$，$Z_4 = X_2^2$，$Z_5 = X_1 X_2$，那么显然，上面的方程在新的坐标系下可以写作：

$$\sum_{i=1}^{5} a_i Z_i + a_6 = 0 \tag{12-38}$$

关于新的坐标，这正是一个超平面的方程。也就是说，如果我们做一个映射 $\phi: R2 \rightarrow R5$，将 X 按照上面的规则映射为 Z，那么在新的空间中原来的数据将变成线性可分的，从而使用之前我们推导的线性分类算法就可以进行处理了。这正是该方法处理非线性问题的基本思想。

在进一步描述核函数的细节之前，不妨再来看看上述例子在映射过后的直观形态。当然，可能无法把五维空间画出来，不过由于这里生成数据的时候用了特殊的情形，所以这里的超平面实际的方程是这个样子的（圆心在轴上的一个正圆）：

$$a_1 X_1^2 + a_2 (X_2 - c)^2 + a_3 = 0 \tag{12-39}$$

只需要把它映射到 $Z_1 = X_1$，$Z_2 = X_1^2$，$Z_3 = X_2$ 这样一个三维空间中即可，图 12-10 即是映射之后的结果。将坐标轴经过适当的旋转，就可以很明显地看出，数据是可以通过一个平面来分开的，如图 12-10 所示。

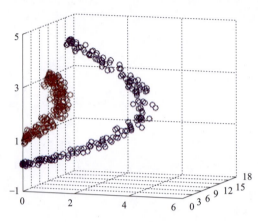

图 12-10　数据高维空间可分

核函数相当于把原来的分类函数映射成：

$$f(x) = \sum_{i=1}^{n} \alpha_i y_i \langle \phi(x_i), \phi(x) \rangle + b \qquad (12\text{-}40)$$

其中，α 可以通过求解如下对偶问题得到：

$$\max_{\alpha} \left[\sum_{i=1}^{n} \alpha_i - \frac{1}{2} \sum_{i,j=1}^{n} \alpha_i \alpha_j y_i y_j \langle \phi(x_i), \phi(x_j) \rangle \right] \qquad (12\text{-}41)$$

式中，$\alpha_i \geq 0;\ i = 1,2,\cdots,n$；$\sum_{i=1}^{n} \alpha_i y_i = 0$。

支持向量机算法可以解决小样本情况下的机器学习问题，简化了通常的分类和回归等问题。由于采用核函数方法克服了维数灾难和非线性可分的问题，所以向高维空间映射时没有增加计算的复杂性。换句话说，支持向量计算法的最终决策函数只由少数的支持向量所确定，所以计算的复杂性取决于支持向量的数目，而不是样本空间的维数。SVM 具有较强的泛化能力，特别是在小样本训练集上能够比其他算法好很多的结果，这是因为其本身的优化目标是结构风险最小的，而不是经验风险最小，因此通过 margin 的概念，可以得到对数据分布的结构化描述，从而降低了对数据规模和数据分布的要求。

然而，支持向量机算法对大规模训练样本难以实施。这是因为支持向量机算法借助二次规划求解支持向量，其中会涉及 m 阶矩阵的计算，所以矩阵阶数很大时将耗费大量的机器内存和运算时间。经典的支持向量机算法只给出了二分类的算法，而在数据挖掘的实际应用中，一般要解决多分类问题，但支持向量机对于多分类问题解决效果并不理想。此外，SVM 算法效果与核函数的选择关系很大，往往需要尝试多种核函数，即使选择了效果比较好的高斯核函数，也要调参选择恰当的参数。

思考题与习题

（1）考虑由黑白方格交替组成的一幅棋盘格图像，每个格子大小为 $N \times N$ 像素（白色 0，黑色 255），试给出它的灰度共生矩阵。

（2）LBP 描述子的优点和缺点是什么？

（3）主成分分析的优点和缺点是什么？

（4）原始数据要做主成分分析中，在做主成分分析时要不要对原始数据进行归一化处理？为什么？

（5）主成分分析中的主成分正交旋转后对后续结果会产生影响吗？如有，是什么影响？如没有，请说明理由。

（6）尝试用线性判别函数解决如下三分类问题：

设有一个三分类问题，其判别式为

$$d_1(\boldsymbol{x}) = -x_1 + x_2, \quad d_2(\boldsymbol{x}) = x_1 + x_2 - 5, \quad d_3(\boldsymbol{x}) = -x_2 + 1$$

则对一个模式 $\boldsymbol{x} = (6,5)^{\mathrm{T}}$，判断其属于哪一类。

（7）一个三分类问题，其判别函数为：$\{d_1(\boldsymbol{x}) = -x_1, d_2(\boldsymbol{x}) = x_1 + x_2 - 1, d_3(\boldsymbol{x}) = x_1 - x_2 - 11\}$。绘出其判别界面和每一个模式类别的区域。

（8）试使用 0-1 损失函数推导贝叶斯决策函数：

$$d_j(\boldsymbol{x}) = p(x/w_j)P(w_j), \quad j = 1, 2, \cdots, N$$

证明这些决策函数使得误差概率最小。

（9）某个夜晚，一辆出租车肇事后逃逸。该城市共有两家出租车公司：一家公司的出租车均为绿色（"绿色"公司），拥有出租车数量为全市出租车总数的 85%；另一家公司的出租车均为蓝色（"蓝色"公司），拥有出租车数量为全市出租车总数的 15%。一名目击者称肇事出租车是"蓝色"公司的。法院对目击者的证词进行了测试，发现目击者在出事当时那种情况下正确识别两种颜色的概率是 80%。那么肇事出租车是蓝色的概率是多少（用百分数表示，范围从 0% 到 100%）？

（10）假设 XYZ 病毒能够引起严重的疾病，该病发病率为千分之一。假设有一种化验方法，可以精准地检测到该病毒。也就是说，如果一个人携带 XYZ 病毒，一定可以被检测出来。但是该项化验的假阳性率为 5%，即健康人接受该项化验，会有 5% 的可能性被误诊为病毒携带者。假设从人群中随机选择一人进行检测，化验结果为阳性（阳性意味着受检者可能是 XYZ 病毒携带者）。那么，在不考虑具体症状、病史等情况下，此人携带 XYZ 病毒的概率是多少？（用百分数表示，范围从 0 到 100%。）

（11）支持向量机（SVM 模型）与 LR 模型（Logistic 回归模型）的不同点及各自优缺点是什么？

（12）线性可分 SVM、非线性分类 SVM 有何异同？

第 3 篇　实践应用

第 13 章 视觉引导定位

随着机器视觉的快速发展，视觉定位技术已成为当今工业自动化领域一项至关重要的技术。视觉定位是利用视觉技术检测、识别或跟踪手段来定位目标，提取出物体的位置、尺寸、姿态等信息以实现视觉引导，具有定位精度高、速度快等优点，得到了广泛应用。例如：汽车制造中，机器人使用机器视觉定位技术识别车辆的各个零部件，以确保它们在装配过程中的精确对位；半导体行业，从上游晶圆加工制造的分类切割，到末端电路板印刷、贴片，都依赖于高精度的视觉测量对于运动部件的引导和定位。视觉定位技术的应用不仅提高了生产效率，降低了人工成本，而且使生产线更加智能化。

与视觉目标检测相比，视觉定位往往不但需要检测目标的位置，还需要估计目标的姿态等信息，这是引导机器设备执行精准操作、实现生产流程自动化与智能化的关键所在。本章主要介绍机器视觉中经常采用的模板匹配方法，帮助读者理解如何利用所学知识来解决机器视觉的视觉引导与定位问题。

13.1 模板匹配方法

模板匹配（又称模板对比）是一种简单高效的目标定位方法，已经在多个行业领域中展现出了广泛应用前景，包括但不限于流水线上的产品分拣、对象检测、卫星遥感、视觉检测与跟踪等方面。首先从被需要定位的目标图像中选择一幅或多幅标准图像作为模板，然后一个预定义尺寸的像素窗口会在源图像上进行系统性的扫描，逐点对比源图像与模板图像的像素、形状等信息来估计两者的相似程度，进而找到待匹配图像中与模板最相似（或最佳匹配）的位置或目标以及旋转角度、尺度变化等。计算相似性度量算法包括灰度互相关匹配与特征匹配算法等。如图 13-1 所示，子图 S 代表模板图像在搜索图像中的位置，模板匹配实际上是对其进行检索与匹配的过程。

模板匹配通常包含特征提取、相似性度量、搜索策略、决策策略等步骤。

特征提取作为模板匹配过程中的关键环节，涉及从模板图像及搜索图像中提取具有代表性与区分度的信息，以此作为评估图像间相似性的依据。根据不同应用场景的具体需求，选择合适的特征类型，能够显著提升匹配算法的效率与准确性。常规的特征包括但不限于图像的灰度分布、纹理结构、形状轮廓以及各类统计特征。

相似性度量的主要任务是基于提取的特征数据，借助特定函数计算模板图像与搜索图像间的特征空间距离或相似程度。理想的相似性度量函数应当简洁高效，便于快速运算，进而促进整个模板匹配算法性能的全面提升。常见的度量函数有灰度平均绝对差算法（MAD）、灰度绝对误差和算法（SAD）、归一化积相关算法和向量内积等。

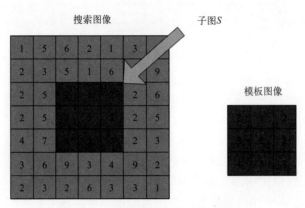

图 13-1 模板图像与搜索图像的关系

由于源图像中的目标图像与模板图像可能存在尺度、旋转等方面的差异，模板匹配方法往往需要遍历参数空间，因此往往需要采用高效的搜索策略来加快匹配速度。搜索策略，即在搜索图像内探索与模板图像相仿子图的策略路径，其核心在于减少冗余操作，优化搜索效率。例如，文献 [123] 采用的爬山搜索法属于启发式搜索范畴，巧妙融入启发性信息，借助相似性度量机制指导搜索方向，优先考虑潜在匹配度较高的区域，逐步逼近最优解，从而提升效率。

与此同时，决策策略在搜索进程中扮演着决定性角色，其主要职能在于综合考量各搜索点的相似性度量结果，从中甄选出最符合要求的匹配对象。普遍做法是选取相似性最大的目标作为最终匹配结果。而对于多目标匹配场景，则可采取设定阈值的方式，将所有相似性超过预设标准的对象纳入匹配结果集，确保搜索结果的全面性和准确性。

模板匹配具有简单直观等优点，适用于目标明显且图像质量较好的情况，可以通过阈值设定或其他策略来确定匹配的阈值和匹配的准确性，可靠性高，因此在工业机器视觉领域得到了广泛应用。然而，模板匹配也有一些限制。首先，模板匹配对图像的尺度和旋转等变化比较敏感，需要在尺度、旋转角度等维度上进行搜索，计算量较大，对于具有多样性和复杂性的图像，可能无法得到准确的匹配结果。其次，模板匹配需要事先选择合适的模板，如果模板选择不当或者目标在图像中的位置发生变化，可能会导致匹配失败。

13.2 基于形状的模板匹配方法

由于图像灰度容易受光照变化的影响，而图像边缘点容易受噪声点、遮挡及旋转的影响，从而极易产生错误匹配。因此，利用物体的形状（如形状梯度方向）作为特征进行图像匹配得到了广泛应用，称之为基于形状的模板匹配，简称形状匹配。形状匹配（shape matching）采用形状边缘梯度方向进行匹配，可以准确估计图像间的尺度与旋转角度变化，同时即使存在严重遮挡、混乱或非线性光照变化，也能实现极高的识别率，因此形状匹配方法在模板匹配方法中得到广泛应用。

模板匹配一般有形状特征提取、相似性度量、搜索与决策等几个步骤。其中，特征提取与相似性度量采用第 10 章中基于形状的图像匹配方法。这里重点介绍匹配参数搜索问题。

鉴于搜索图像与模板图像间可能存在的显著尺度、位移及旋转差异，图像匹配流程中必须在涵盖尺度、位移、旋转角度等多维空间内展开全面搜索，因此，常常需要将角度以及尺度区间以一定步长划分，形成一系列离散的参数组合，并在这些参数组合中以相似性度量值为评判标准展开搜索，得到最佳的图像配准参数。这样，模板匹配任务往往伴随着繁重的计算负担，尤其是在处理大规模图像数据集时，运算量呈指数级增长。高效的搜索策略能够显著减少搜索过程中的非必要操作，从而大幅提升搜索效率。同时，减少无关搜索位置可以减少干扰，提高算法的准确性。因此，设计一个有效的搜索策略显得尤为重要。图像匹配中常采用图像金字塔、Brent 法、抛物线法、三次插值法、Powell 法、遗传算法、蚁群算法、牛顿法、梯度下降法等算法搜索策略来减少搜索位置，提高计算速度。

此外，为进一步优化搜索效率，在匹配迭代中引入中断机制是一项有效策略。具体而言，该机制要求在匹配流程的每一阶段，持续评估是否达成预设的终止条件。一旦确认满足，则立刻中止当前位置的相似性评估，无须完成该点所有模板像素的计算，而是迅速转向下一个待测位置，直接启动相似度量度的计算。

13.2.1　图像金字塔分层搜索

在构建图像金字塔时，如果低分辨率图像中的边缘点数量低于设定的阈值，或者图像的宽高小于最小宽高阈值，就不再向上生成低分辨率图像，否则，将继续向上进行下采样生成金字塔的上层图像，以避免图像失真，确保搜索时图像包含足够的信息，以避免错过目标。搜索过程由直接在高分辨率图像上搜索改为在图像金字塔上进行粗匹配和精匹配两个阶段。粗匹配阶段针对图像金字塔的顶层图像进行，即最低分辨率图像，对每个候选点位置进行全部遍历搜索。由于顶层图像的分辨率最低，候选点位置最少，金字塔搜索策略首先在顶层进行粗搜索，以尽可能剔除无关点。同时，为了避免由于顶层图像信息的缺失导致匹配相似度未达到最小相似度要求，从而错过正确目标位置，在粗匹配过程中，应适当放宽限制条件，降低用户设定的最小相似度，将满足放宽条件的粗搜索候选点全部传入精匹配步骤。精匹配从图像金字塔的第二层开始向下进行搜索，每层搜索都只选择上一层保存的结果及其附近像素点作为候选位置，计算相似度，并以此方式循环搜索直至图像金字塔的底层。随着向下搜索，图像的精度增加，最小相似度条件也随之增加，使得匹配结果变得越来越精确。

本章定位算法的准确率和速度受图像金字塔的层数影响。缩减层级虽然能促使定位速率提升，却可能牺牲定位的准确性，反之，增加层级有助于增强定位的精确性，运算时间将随之延长。因此，自动生成合适层数的图像金字塔平衡定位准确率和速度至关重要。为了确保定位算法在尽量多层图像金字塔顶层不错过正确位置，需要遵循两项准则：一是顶层图像含有足够的信息；二是维持顶层图像几何形态的稳定性。前面介绍了运用阈值控制手段来限定图像金字塔的构建，从而确保顶层图像中模板点数据的充裕性可满足前一项准则。针对无法达到的第二项准则，引用距离度量的方式来衡量模板形状的变化程度，计算所有模板点至其质心的平均欧氏距离，并据此与模板点包围盒的面积进行标准化处理，形成一相对稳定的指标。随图像金字塔层级递升，重复此量化流程，对比相邻层级间指标差异，一旦差异超越预设阈值，即判定模板形态发生显著变化，中止金字塔的进一步构建，反之，则持续向上拓展。根据对图像金字塔各层的匹配速度的研究发现，除了顶层以外的其他层搜索耗时普遍低于 10ms，表明运算效率的优化空间相当有限。为增加算法的灵活性，可对金字塔顶层在 X 轴与 Y 轴方向上的遍历搜索步长进行调整。若目标难匹配，步长设置为 1，若目标易匹配，则可将步长放大，进一步提高搜索速度。

金字塔分层搜索流程如图 13-2 所示。

13.2.2 匹配加速策略

金字塔分层搜索策略可以大幅度降低模板匹配在平移方向的搜索计算量，但模板匹配还需要在角度、尺度空间上进行遍历搜索，为此进一步引入匹配加速策略，在运算过程中引入中断机制，即持续评估是否达到终止标准，达到则立即中止对于当前坐标相似性指数的计算，直接进行后续坐标位置的相似性计算，无须对每一指定位置全部计算。

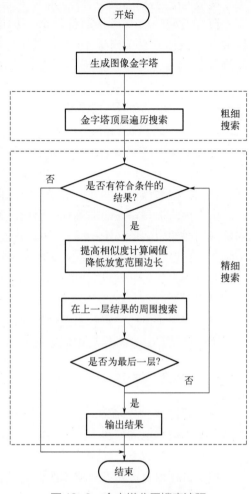

图 13-2　金字塔分层搜索流程

中断机制的核心在于终止标准的设定，其计算过程可细分为 3 步：

① 累计当前扫描位置下已评估边界节点的相似度总和 S_j，该值可由式（10-45）取 $n=j$ 获取。

② 计算当前遍历位置下的理论最高相似度阈值 S_{max}，假定剩余所有待评定的边缘点与模板点间的点乘结果均为 1，则该步骤的量化依据为式（13-1）表示的演算规则。

$$S_{max} = \frac{S_j j + (n-j)}{n} \tag{13-1}$$

式中，n 代表在预设角度与尺度参数下模板边缘点的累计数目。

③ 判断 S_{max} 是否不满足用户设定的最低匹配相似度阈值 S_{min}，即 $S_{min} < S$。

整合前述计算过程的 3 个步骤可构建一个综合判断模型，该模型的数学表征如式（13-2）所示，此处变量 j 特指当前位置已计算边缘点的个数，将其化简后可得算法实现最终所需停止条件，如式（13-3）所示。

$$\frac{S_j j+(n-j)}{n}<S_{\min} \quad (13\text{-}2)$$

$$S_j<1+\frac{n}{j}\times(S_{\min}-1) \quad (13\text{-}3)$$

在先前章节概述的框架下,梯度向量导向的模板匹配算法的精细化实现与参数的设置显得尤为关键。重点在于模板数据的存储方式、图像金字塔层级数目的设定、缩放尺度与旋转角度的区间步长,以及 X 轴与 Y 轴方向上的扫描步幅。在实践过程中发现,上述细节与参数的调整与优化对于提升匹配精度与运算效率至关重要。

模板数据的构成源自图像金字塔各层级中模板图像的边缘梯度向量集合。值得注意的是,每层的梯度向量均基于原模板图像的梯度向量,经过仿射变换生成,这一处理使得模板数据在维度上转换为三维数据结构。在这个三维空间中,每个数据单元精准对应特定旋转角度与缩放比例下模板图像的边缘梯度向量。为了有效管理和高效检索这些三维数据,采取将三维数据映射至一维数组中存储,如图 13-3 所展示的模式来进行存储。其中,N 代表未经仿射变换处理的模板点计数,L 代表缩放尺度区间的数量,R 则对应旋转角度的区间数量。相较于传统的三维数据存储方案,采用一维数组存储方式成倍提升了计算速度。

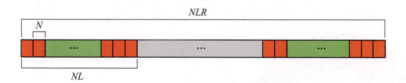

图 13-3 模板数据存储示意图

旋转角度与缩放尺度的离散化应使得各个离散点之间的距离在不影响算法准确率的情况下较大,以此来保证算法的准确率不受影响且定位速度更快。就本章所讨论的定位算法而言,对旋转目标的有效范围为 $0°\sim360°$。为确保不错过不同旋转状态下的目标,需要采用一种旋转步进机制,具体表现为每次旋转仅使模板点旋转至邻近的单一像素坐标,该过程可参照图 13-4 所示,图中的点 A 顺时针或逆时针旋转一个像素点长至临近的像素点附近,d 表示为 A 点至旋转中心的径向距离,θ 表示为旋转角度,则旋转步长通过余弦定理求得,如式(13-4)所示。鉴于所有模板点间的特性差异,选择对其所有 d 值求取算术平均值,从而保证绝大多数模板特征点能够以单个像素为单位进行平滑移动。

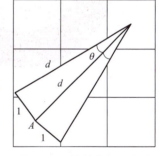

图 13-4 旋转步长示意图

$$\theta=\arccos\frac{2d^2-1}{2d^2} \quad (13\text{-}4)$$

考虑到图像金字塔构造中底层图像尺寸为上层的两倍大小,故而采取一种层级递进的计算策略:仅需在金字塔顶层运用该方式计算,层级的旋转步长则直接设定为前一层级的双倍值。此方法遵循金字塔层级搜索策略，即在已获上层分析结果的基础上，下一层级的搜索仅限于该结果角度两侧各一个步长范围内即可，如图 13-5 所示。顶层角度离散区间用红色标注，次层级对应的区域则以绿色标注，假设顶层搜索得到的结果为 292.5°，那么次层级仅需搜索 281.25°、292.5°及 303.75°三个特定角度的评估，无须全面扫描整个角度域。缩放情况下目标的最大有效范围为 0.5～1.5 倍，其取值思路与前述的旋转步长取值思路相似，首先对图像金字塔结构中的顶层模板点与几何中心点间的平均距离 d 进行计算，然后取平均距离 d 的倒数作为缩放步长 γ，如式 (13-5) 所示。

$$\gamma = \frac{1}{d} \tag{13-5}$$

13.2.3 亚像素精度优化

数字图像作为现实场景中连续空间的离散化表达，存在着目标在搜索图像中的精确坐标为非整数像素位置的可能性。参照图 13-6，绿色边框所圈定的目标位置表示像素精度，与图像的离散化网格完美匹配，而红色边框标识的目标，则需依赖亚像素级精度方能实现精准定位。亚像素精度拟合不仅能显著提升匹配的准确度，同时也有助于角度与尺度参数的优化，增强其测量精度。

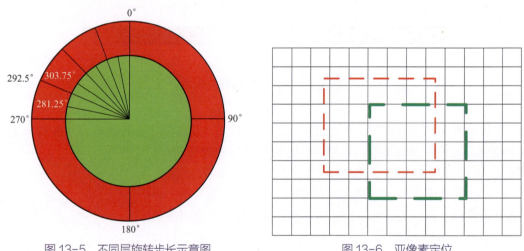

图 13-5 不同层旋转步长示意图　　　图 13-6 亚像素定位

通过已介绍的定位算法部分，在图像金字塔最后一层精匹配后，可得到以每个匹配结果为中心的九宫格区域的结果，每个位置包含相似度、前后一个步长的旋转角度和缩放尺度，构成一个四维数据空间，共 3×3×3×3 组数据，通过对这些数据进行多项式拟合可得亚像素精度结果，最终采用了最小二乘法选择局部多项式 (13-6) 对这 81 组数据进行拟合，求得参数 $k_0, k_1, \cdots, k_{14}$。

$$\begin{aligned} f(x, y, \alpha, s) = &\, k_0 + k_1 x + k_2 y + k_3 \alpha + k_4 s + k_5 x^2 + k_6 xy + k_7 x\alpha \\ &+ k_8 xs + k_9 y^2 + k_{10} y\alpha + k_{11} ys + k_{12} \alpha^2 + k_{13} \alpha s + k_{14} s^2 \end{aligned} \tag{13-6}$$

由于多项式未能全面覆盖数据的空间分布特性，加之在微小间隔内数据呈现线性变化规律的理论预设，可以求解式（13-6）在像素精度结果处的导数 Δx、Δy、$\Delta \alpha$ 和 Δs，亚像素结果 (x,y,α,s) 由像素精度结果 $(x_0、y_0、\alpha_0、s_0)$ 加上 $(\Delta x, \Delta y, \Delta \alpha, \Delta s)$ 表示：

$$(x,y,\alpha,s) = (x_0 + \Delta x, y_0 + \Delta y, \alpha_0 + \Delta \alpha, s_0 + \Delta s) \tag{13-7}$$

13.3 结果与分析

本章所述的定位算法采用上述基于形状的模板匹配算法（ShapeMatch），其流程如图 13-7 所示。

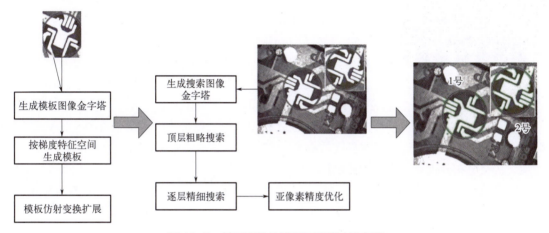

图 13-7　基于形状的模板匹配算法示意图

Microsoft Visual Studio 2010 开发平台上运用 C++ 语言编程实现基于形状的模板匹配算法，其中，图像运算环节经由 OpenCV 库的嵌入，实现了功能扩展。参照图 13-7，左侧区块描绘出模板生成的非实时阶段，中央区块则表示模板在线比对流程，而右侧直观呈现了匹配成效。其中，1 号对应搜寻图像中居中的目标物，2 号则指向位于右上方的目标，绿线作为匹配结果与模板坐标的标注来界定出目标位置。表 13-1 详细列举了目标实测数据与本章节所阐述定位算法的输出结果对比，经检验，二者间误差幅度均控制在一个单位以内，精密度达到亚像素级别。并且历经多轮测试实验验证，在设定的 360°旋转范围及 0.5～1.5 倍缩放比例区间内，采用 release 配置模式下针对分辨率为 640×480 的图像，可达到 35ms 的匹配速率，有效保障了系统实时交互性能的需求，彰显了其实用价值与高效性。

表 13-1　基于形状的模板匹配结果

编号	1号（真实/匹配结果）	2号（真实/匹配结果）
X 坐标	272/272.0927	526/525.9282
Y 坐标	249/249.1354	136/136.9044

续表

编号	1号(真实/匹配结果)	2号(真实/匹配结果)
旋转角度/°	-90/-90.0477	90/89.9681
缩放尺度	1/0.994	1/0.993
相似度	1/0.993	1/0.9905

为了验证所述算法于工业应用场景中面对复杂环境下的匹配效果，本章测试实验选用芯片图案作为模板样本，对其在多视角、变尺度以及局部遮挡的条件下进行测试，模板图像分辨率为233×161，模板图像如图13-8所示，用于测试搜索的图像分辨率均为640×480。

图13-8 复杂条件匹配测试模板

参照图13-9所展示的复杂条件匹配测试结果，第1行呈现的是针对多视角场景的检测，自左至右，图形旋转依次设定了0°、60°、93°与114°的转角，鉴于目标图形的对称特性，这一系列测试充分证实了算法在全向度旋转（即0°~360°）情境下的适应能力。第2行聚焦于多尺度检验，缩放比例依次为0.6、0.8、1.2及1.4倍，值得注意的是，在0.8倍缩放下，搜索结果略显偏移，尽管存在轻微偏差，但总体而言，该算法在0.5~1.5倍的缩放范围内，依然能够达到基本匹配的标准。第3行则展示了算法在面对局部遮蔽情况下的表现，从左至右分别对应不同的遮挡程度，结果显示即使在遮挡条件下，算法也能精准定位并识别模板图像。综合考量上述3种复杂条件：多角度、多尺度与局部遮挡下的匹配效果，尽管存在有细微偏差，但整体匹配质量很好。

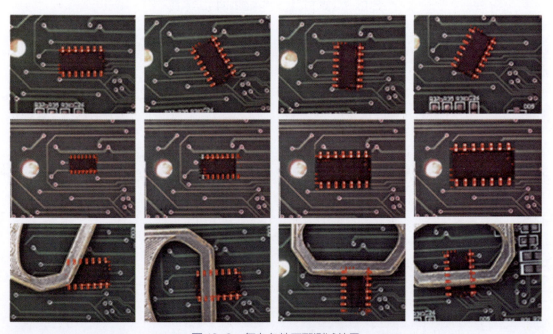

图13-9 复杂条件匹配测试效果

表 13-2 模板匹配测试结果

模板匹配方法	准确率 /%	时间 /ms
SIFT	90	215
GHT	94	86
ShapeMatch	98	35

除此之外，本研究选取了快速 SIFT 特征提取模板匹配算法和广义霍夫变换模板匹配算法（GHT）作为参照进行对比分析，快速 SIFT 特征提取模板匹配算法是应对 SIFT 运算强度高的局限设计的优化算法，创新性地引入金字塔形特征描述子，并结合迭代策略来加速计算种子向量，提升了算法的即时处理能力。广义霍夫变换模板匹配算法本质上是一种依托梯度矢量实现匹配的技术手段。该方法首先构建了 R-table，详尽记载指定区域内各方向梯度矢量的频次；随后，利用累加器记录待搜寻图像中与模板梯度矢量相似点的数目分布；最终，将累加器内计数峰值对应的坐标定位为匹配输出结果。为深入探究算法性能，选取 100 幅图像开展对比实验，实验平台基于 Windows 7 操作系统，搭载 2.20GHz CPU，配备 4GB 运行内存的计算机，编程环境则选定为 VS2010。测试中，模板图像的平均分辨率被设定为 100×100，而搜索图像则保持在 640×480 的分辨率，3 种算法的匹配时长与准确率详列于表 13-2 中。

在 100 幅统计样本中，随机抽取 22 幅图像检验匹配精度，分别运用 SIFT 算法、GHT 算法以及本节提出的 ShapeMatch 模板匹配算法，于搜索图像上定位模板图像的核心坐标并记录。计算并比较 3 种算法所得中心点坐标与理论真实值之间的欧氏距离，相关计算公式如下：

$$error = \sqrt{(x - x_0)^2 + (y - y_0)^2} \tag{13-8}$$

这里未对目标进行旋转或缩放，均只比较中心位置坐标的误差，22 个误差点的曲线图如图 13-10 所示，从图中可以看出，本章采用的定位方法误差相对其他两种方法匹配误差更小，匹配的稳定性更好。

对于未经旋转及缩放处理的目标，仅对照了中心位置坐标间的偏差。图 13-10 描绘了总计 22 个出现偏差点的图表趋势，观察图表可知，本节所采用的定位方法相较于其余两种匹配策略展现出更为显著的优势，不仅匹配误差幅度明显较低，而且稳定性更优。

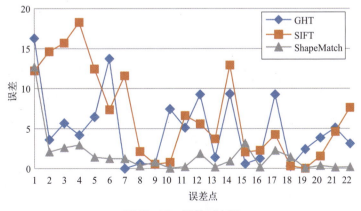

图 13-10 误差对比图

第 14 章

目标检测

本章以桥梁表观病害检测为例,介绍目标检测的概念、常用方法以及目标检测的基本步骤,可帮助读者:了解YOLO算法的发展历程,掌握YOLOv3和YOLOv4的结构与特点;掌握实际目标检测任务的整体流程,包括任务分析、数据集构建、模型搭建与训练和结果分析,从而能够选择并搭建合适的模型解决实际问题。

14.1 目标检测概述

目标检测是机器视觉领域中的一个关键任务,其目的是识别图像或视频中的物体,并确定这些物体的位置和类别。与传统的物体识别任务相比,目标检测不仅要求识别物体的类别,还要求准确地定位物体的位置。目标检测技术广泛应用于自动驾驶、智能安防、医学影像诊断和工业检测等领域。

早期的目标检测方法主要基于手工设计的特征和分类器,这些方法在一定程度上能够实现目标检测,但对于复杂场景和多类别的检测任务效果有限。随着深度学习技术的兴起,基于深度神经网络的目标检测方法逐渐成为主流,研究人员提出了各种深度学习模型用于目标检测如 RCNN[115]、Fast R-CNN[116]、Faster R-CNN[117] 等,这些方法通过端到端的训练实现了端到端的目标检测。但是上述基于深度学习的方法需要进行候选区域生成和目标分类两个阶段,首先通过区域建议网络(region proposal network,RPN)生成候选区域,然后对这些候选区域进行目标分类和位置回归,导致模型复杂、计算量较大、速度相对较慢。为了解决这些问题,出现了 YOLO[118](you only look once)、SSD[119](single shot multibox detector)、RetinaNet[120] 等单阶段检测器,这些方法通过直接在单个神经网络中预测目标的类别和位置,实现了更快的速度和更简单的结构。

YOLO 算法是 Joseph Redmon 等人在 2016 年提出的一种单阶段目标检测算法,是目前目标检测领域最流行的算法之一。其设计理念是将目标检测任务看作一个回归问题,通过单一的神经网络同时预测目标的类别和位置。除此之外,由于其在多尺度检测和小目标检测任务上的卓越的处理能力,被广泛应用于物体识别、交通监控、工业检测等领域,在实时应用场景中具有很高的价值和实用性。

本章将以桥梁表观病害检测为背景,以 YOLO 算法为例子,介绍处理目标检测任务的基本流程。

14.2 YOLO 算法

YOLO 算法采用单阶段检测的方式，不需要候选区域生成和区域分类的过程，而是直接在输入图像上进行目标检测和定位。它将输入图像分割成固定大小的网格单元，每个单元负责预测目标的边界框和类别概率，从而实现对整个图像的全局处理。同时，每个网格单元预测多个边界框，输出每个边界框的置信度和目标类别概率，使得算法可以检测多个目标并进行多类别分类。此外，YOLO 算法通过引入 Anchor Boxes 技术，可以有效地检测不同尺度和形状的目标，增强了算法的泛化能力和适应性。此外，采用全卷积网络结构，参数共享，简化了网络结构，提高了训练和推理的效率。

YOLO 在提出后经历了多个版本的改进和演变。图 14-1 展示了 YOLOv3[121] 的网络结构。YOLOv3 由特征提取网络 Darknet53 和特征融合网络特征金字塔 FPN 组成。YOLOv3 借鉴了 ResNet 的残差结构，这有助于在深层网络中传递梯度信息，从而允许构建更深的网络。在特征提取过程中，进行了 5 次下采样，以提取不同尺寸的特征。值得注意的是，YOLOv3 网络舍弃了全连接层，使其能够处理不同分辨率的输入图像。此外，YOLOv3 摒弃了使用池化层进行下采样的传统方法，而是采用步长为 2 的 3×3 卷积来实现下采样操作，这不仅减少了特征维度，还进一步提取了特征信息。

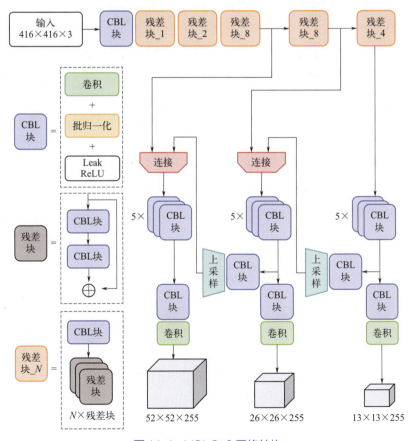

图 14-1 YOLOv3 网络结构

一幅图像通常包含各种大小不一的物体。为了在图像中检测这些不同大小的物体，网络需要提取不同尺度的特征。随着网络深度的增加，特征图的尺寸会减小，同时其内部保留的细节信息也会减少。在实际的特征图中，不同深度所对应的特征图包含的信息共同构成了对物体的完整语义描述。具体来说，浅层特征图主要包含低级信息，如物体的颜色、纹理、轮廓和位置等，而深层特征图则包含高级的语义信息。在 YOLOv3 中，通过特征金字塔融合不同深度的特征图，增强了网络对不同大小目标的检测能力。

YOLOv4[122] 网络和 YOLOv3 在整体结构上相似，但在特征提取网络和特征融合网络方面采用了新的算法思想进行了改进，网络结构如图 14-2 所示。在 YOLOv4 中，特征

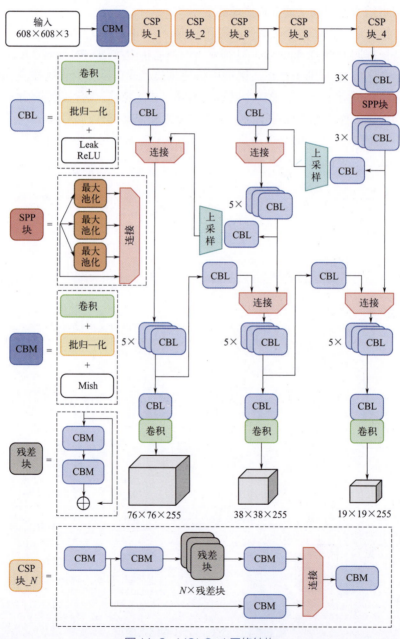

图 14-2　YOLOv4 网络结构

提取网络基于 Darknet53 进行了升级，引入了 CSPNet。深度网络由于参数量大，优化时可能出现梯度信息重复，导致推理计算量过高。因此，CSPNet 将输入特征划分到两个通道内，在一个通道中利用残差网络进行特征提取，另一个通道则只通过 1×1 卷积处理特征，然后通过跳跃连接将两个通道的特征合并，以降低梯度信息的重复。这种改进既减少了计算量，又提高了准确率。将 CSPNet 与 Darknet53 结合后得到的特征提取网络被称为 CSPDarknet53，并作为 YOLOv4 的特征提取网络。相比 Darknet53，CSPDarknet53 的主要改进方面包括：

① 优化了网络的梯度信息传递，使卷积神经网络更有效地提取特征；

② 减少了网络参数，增加了特征的多样性；

③ 降低了网络部署时的内存占用。

YOLOv4 在特征融合网络方面也进行了改进。相较于 YOLOv3 中采用的自上而下的特征金字塔网络，该网络将高层特征信息上采样后与对应分辨率的特征进行通道融合，实现不同尺度特征的融合。在 YOLOv4 中，除了特征金字塔网络外，还添加了一个自下而上的网络，因此浅层特征和深层特征进行了两次融合。具体而言，首先利用特征金字塔网络自上而下传播语义信息至不同尺度层。然后再自下而上传播细节信息至不同尺度层，以实现多尺度特征的深度有效融合。

相较于 YOLOv4，YOLOv5[123] 的输入输出端并没有发生较大变化，但在主干网络中引入了 Focus 结构和 CSPDarknet-53 结构。Focus 结构是 YOLOv5 中的一个关键组件，用于提取高分辨率特征。它采用一种轻量级的卷积操作，在保持较大感受野的同时减少计算负担。Focus 结构通过对输入特征图进行通道和空间划分，将原始特征图转换为较小尺寸，同时保留关键信息，从而提升模型的感知能力及小目标的检测精度。

YOLOX[124] 基于 YOLOv3 进行了一系列改进，包括引入了 Decoupled Head、Anchor-Free 方法及 SimOTA 样本匹配策略，构建了一个无锚点的端到端目标检测框架，并达到了较高的检测性能。目标检测可以分为 Anchor-Based 和 Anchor-Free 两种方式。YOLOv3、YOLOv4、YOLOv5 采用 Anchor-Based 方法进行目标框提取，而 YOLOX 则引入了 Anchor-Free 方法，减少计算量，不依赖 IoU 计算，并降低了预测框的数量，从而缓解了正负样本不平衡问题，也避免了锚点参数调整的复杂性。YOLOX 相较于 YOLOv3 的主要改进包括：

① 回归无锚点结构，简化了训练和解码过程；

② 使用中心采样缓解了无锚点带来的不平衡问题；

③ 提出了 Decoupled Head 结构，由于分类置信度和定位精度预测可能存在错位，YOLOX 将这两者分离成两个头，一个用于分类任务，另一个用于回归任务，这种设计加快了模型收敛，并解决了分类置信度和定位精度的错位问题；

④ 提出了 SimOTA 样本匹配策略，当多个对象的边界框重叠时，Ground truth 标签分配可能存在模糊性，SimOTA 样本匹配策略能够自动地分析每个 Ground truth 要拥有多少个正样本，并能自动决定每个 Ground truth 要从哪个特征图来检测，避免了 Ground truth 标签分配的模糊性。

YOLOv6[125]与YOLOv4和YOLOv5类似，提供了适用于工业应用的多种模型尺寸。延续无锚点检测器的趋势，YOLOv6重新设计了主干网络和颈部结构，并对YOLOX的Decoupled Head进行了微调。YOLOv6的主干网络采用了RVB1_X结构（RepVGGBlock_X），该结构由X个RepVGGBlock组成。RepVGGBlock作为一种强大的模块，由卷积层、批归一化（batch normalization）和ReLU激活函数构成，能够适应不同的特征提取需求。通过堆叠多个RepVGGBlock，网络的表示能力和复杂度得到提升，从而提高了特征提取和目标识别的准确性。在输出端，YOLOv6对检测头进行了进一步的解耦，将边框预测和类别分类过程分离，以提升性能。

YOLOv7[126]在保持推理速度的前提下，提高了准确率，尽管训练时间略有增加。其输入结构与YOLOv5类似，主干网络由CBS、ELAN和MP-1模块组成。CBS结构负责特征提取和通道转换，ELAN模块通过分支将特征图进行拼接，促进深层网络的有效学习和收敛，而MP-1模块则在不增加计算量的前提下融合不同下采样方式得到的特征图，保留更多有效特征。YOLOv7的颈部部分包含SPPCSPC、ELANW、UPSample三个子模块以及Cat结构，SPPCSPC模块提升了特征提取效率，ELANW相比ELAN模块增加了额外的拼接操作，UPSample模块则用于高效融合不同层次的特征信息。输出端类似YOLOv6，解耦了预测过程，采用重参数化模块对不同尺寸的特征图进行通道调整，最终通过1×1卷积得出物体的位置、置信度及类别预测。

YOLOv8[127]建立在YOLO系列之前成功版本的基础上，引入了新的功能和改进，进一步提升了性能与灵活性。它的结构仍然是CSPDarknet + PAN-FPN + Decoupled Head，但在模块细节上进行了调整，整体基于Anchor-Free方法。这与YOLOv5的Anchor-Based思路形成了本质区别。在主干网络部分，YOLOv8采用了Darknet53，并包含卷积单元、空间金字塔池化模块（SPPF）以及C2F模块，增强了特征提取能力。在损失函数方面，YOLOv8引入了Task Aligned Assigner正样本分配策略，并采用了Varifocal Loss（VFL）作为分类损失，CIOU和DFL加权组成回归损失。

YOLOv9[128]引入了可编程梯度信息（PGI）的概念，以应对深度网络在处理多目标任务时所面临的各种挑战。PGI为目标任务提供完整的输入信息，以确保生成可靠的梯度用于更新网络权重。此外，YOLOv9设计了一种新的轻量级网络架构，即基于梯度路径规划的通用高效层聚合网络（GELAN）。GELAN架构结合了CSPNet和ELAN网络结构，优化了推理速度、轻量级设计和准确性。PGI包括主分支、辅助可逆分支和多级辅助信息。在推理过程中，仅使用主分支，无须额外地计算开销，而辅助分支则用于解决训练中的信息瓶颈问题。

YOLOv10[129]在之前YOLO模型的基础上，提出了一种无需NMS训练的一致双重分配策略。该方法在训练过程中，结合了一对一头部与传统的一对多头部，共享相同的优化目标但采用不同的匹配策略。推理时仅使用一对一头部，从而避免了额外计算开销。YOLOv10在架构设计上追求效率与精度的平衡，通过深度可分离卷积等方法降低计算成本，使用大核卷积增强模型的特征提取能力，同时利用特征划分与自注意力机制减少计算复杂度并增强全局表示学习。

14.3 桥梁表观病害检测案例分析

14.3.1 背景介绍

我国拥有世界上最多的桥梁,这些桥梁的建设大大改善了交通状况。然而,在桥梁的建造和使用过程中,受到气候侵蚀、施工材料、车辆超载、建筑工艺等多种因素的影响,桥梁往往会出现结构性或非结构性的损伤,从而产生蜂窝、漏筋、孔洞、裂缝等外观缺陷,如图 14-3 所示。

  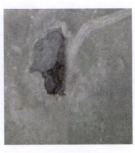 

(a) 蜂窝病害　　　　(b) 漏筋病害　　　　(c) 孔洞病害　　　　(d) 裂缝病害

图 14-3　桥梁典型表观病害

及时有效地检测桥梁的外观缺陷,可以实时监测桥梁整体状况,及早修复早期损伤,从而延长桥梁的使用寿命,降低养护成本。配备车载成像设备和无线传输模块的桥梁检测机器人,能够快速获取桥梁的外观图像,并将数据实时传输至服务器,通过目标检测算法对桥梁的缺陷进行自动快速识别,实现桥梁外观缺陷的自动化检测[130]。

在实际场景中,不同类型的桥梁表观病害具有明显的特征差异,而且这些病害往往会重叠在一起,同时受到光线变化、背景干扰等因素的影响,如图 14-4 所示。这给桥梁表观病害的检测带来了挑战。传统的病害检测算法在复杂现场条件下往往难以实现高精度和鲁棒性的桥梁表观病害检测。近年来,深度学习在机器视觉等领域表现出了良好的性能,有关桥梁表观病害的研究活动集中在基于深度学习的桥梁表观病害检测、分类、分割领域。利用深度学习技术,在复杂条件下实现桥梁表观病害检测成为现实。

(a) 墙面水渍　　　　(b) 混凝土施工痕迹　　　　(c) 墙面划痕　　　　(d) 成像模糊不清晰

图 14-4　桥梁典型干扰案例

14.3.2 桥梁表观病害检测数据库构建

大部分深度学习任务都需要建立一个庞大而完整的数据集,用于卷积神经网络的训练和测试。在开始训练之前,卷积神经网络的参数可能会被初始化为任意值,这时网络还没有学到任何知识,因此无法准确执行任务。训练过程中,随着数据被输入到网络中,网络利用反向传播算法不断调整内部参数,以获得足够的非线性表达能力,从而能够准确完成任务。因此,数据集的质量直接影响着网络模型的性能,最终决定了检测算法的准确率。

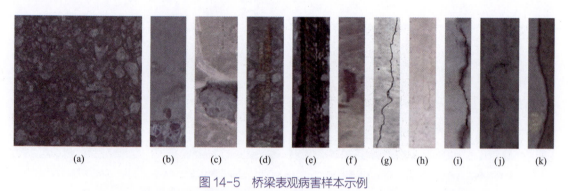

图 14-5　桥梁表观病害样本示例

(a) 大型蜂窝病毒;(b) 小型蜂窝病毒;(c) 孔洞病害;(d) 漏筋和蜂窝病害;(e) 严重漏筋病害;
(f) 小型漏筋病害;(g) 显著裂缝;(h) 细小裂缝;(i) 潮湿裂缝;(j) 背景;(k) 背景

在此案例中,所有病害图像均由桥梁检测机器人以统一的标准采集得到。该案例使用的图像是 BIR-X-LITE 型桥梁智能检测机器人在不同地区的 10 座大桥上采集的 169621 张 5120×5120 像素的高分辨率图像。采集得到的各类病害如图 14-5 所示,并通过人工从图像中标注出桥梁表观病害图像,得到 1151 张块状病害图像以及 643 张裂缝病害图像,标注完成的图像示例如图 14-6 所示。

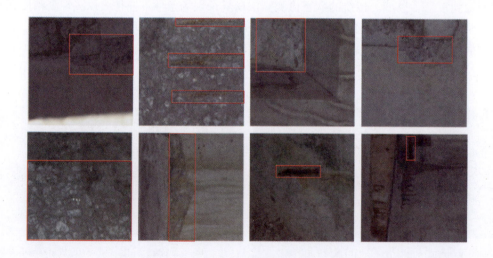

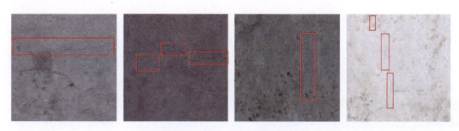

图 14-6 人工标注图像示例

由于桥梁表观环境复杂，如混凝土表面划痕、外露的铁丝、水泥印记等会对桥梁表观病害的检测造成严重干扰，且桥梁检测机器人采集的桥梁表观图像中，绝大部分区域均为健康的混凝土表面。为了增强检测算法的鲁棒性，提高算法对正负样本的分辨能力，在数据集中增加了负样本背景图像，负样本图像示例如图 14-7 所示。

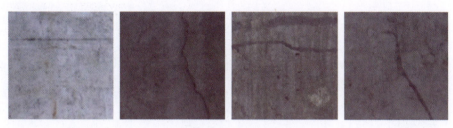

图 14-7 负样本图像示例

在本案例中，选择了 806 张块状病害图像、450 张裂缝病害图像和 118735 张无病害图像进行网络的训练和性能验证，剩下的高分辨率图像用于网络性能的测试。

14.3.3 网络的搭建与训练

本案例中选择了 YOLOv3 和 YOLOv4 作为目标检测模型进行了实验，根据 14.2 节的内容搭建神经网络结构，算法整体流程图如图 14-8 所示。

本案例在训练过程中使用 Focal loss 损失函数来计算置信度损失以及分类损失，其可以解决正负样本不平衡的问题，CIoU 损失函数被用于计算回归损失。

$$Focal\ loss = -\alpha_t(1-y)^\gamma \lg(y) \tag{14-1}$$

$$CIoU = 1 - IoU + \frac{\rho^2(b,b^{gt})}{c^2} + \alpha\upsilon \tag{14-2}$$

式中，$IoU = \frac{|A \cap B|}{|A \cup B|}$；$b$、$b^{gt}$ 分别表示预测框和真实框的中心点；ρ 表示两个中心点间的欧氏距离；c 表示能够同时包含预测框和真实框的最小闭包区域的对角线距离；υ 是用来衡量长宽比一致性的参数。

本案例中神经网络模型训练的相关参数设置为：初始学习率 0.0001，优化器 SGD，批量大小 2，训练迭代次数 100。为了更好的训练效果，可选择使用 HSV 随机变换、缩放变换、旋转变换和翻转变换等数据增强方法对训练数据进行增广。

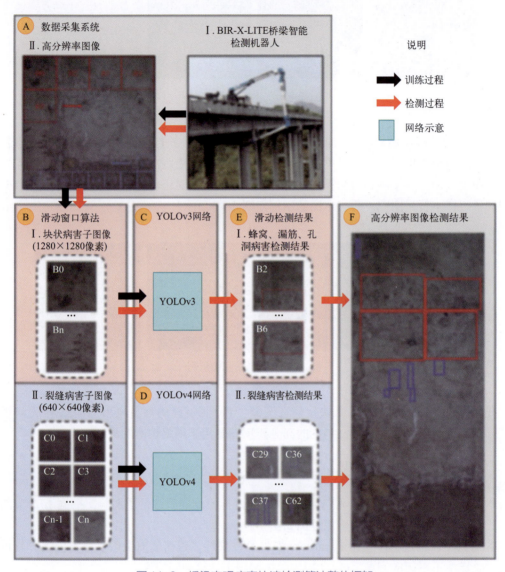

图 14-8 桥梁表观病害快速检测算法整体框架

14.3.4 实验结果与分析

在本案例实验中，除了 YOLOv3 和 YOLOv4，我们还选择了两个在目标检测领域中使用较多的神经网络模型——SSD 和 Faster-RCNN 作为对比参考。本小节将从定性和定量两个角度来对实验结果进行评价。首先来直观地感受一下不同网络对桥梁表观病害进行检测的效果。图 14-9 中展示了不同网络在桥梁表观图像上的检测结果。

图像 I 到 IV 分别代表大型蜂窝病害图像、蜂窝和漏筋病害图像、细长漏筋病害图像、蜂窝和孔洞病害图像。分析结果显示，在块状病害检测方面，SSD 和 Faster-RCNN 网络出现了较多的漏检和误检目标框,定位准确度不高,表现弱于其他算法;而 YOLO 网络(YOLOv3 和 YOLOv4)在检测结果中能更好地识别背景干扰,在桥梁表观病害检测方面表现更优秀。

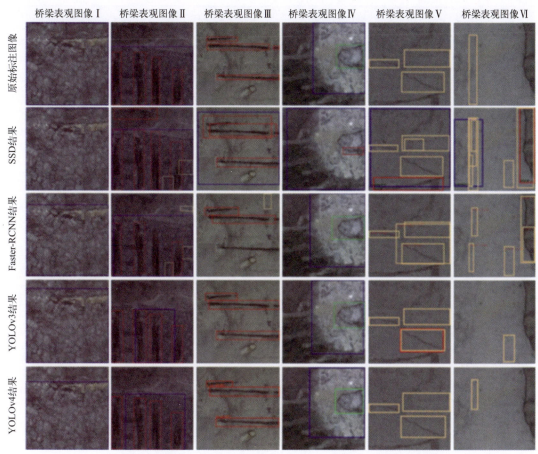

图 14-9 案例方法和其他方法在不同桥梁表观图像上的测试结果

定量分析的评价指标包括召回率(recall rate)、准确率(precision rate)、F1 分数(F1 score)和 mAP(平均精度均值)。其中,召回率描述了正确检测到的病害数量占应该正确检测到的病害数量的比例;准确率描述了正确检测到的病害数量占所有检测到的病害数量的比例;F1 分数是召回率和准确率的加权调和平均;mAP 反映了目标检测网络的综合性能。具体评价计算公式此处不介绍。YOLOv3 和 YOLOv4 的实验结果如表 14-1 所示。

表 14-1 YOLOv3 和 YOLOv4 网络检测块状病害定量实验结果

网络模型	召回率	准确率	F1 分数	mAP	检测时间
YOLOv3	84.4%	83.3%	83.8%	87.7%	16.1ms
YOLOv4	85.8%	84.5%	85.1%	88.6%	18.8ms

我们也对比了不同网络的 mAP 和检测时间，实验结果如表 14-2 所示。从表中可以看出，YOLO 网络性能较好，可以在较短的时间内取得较高的准确率。

表 14-2 块状病害检测网络对比实验

网络模型	特征提取网络	mAP	检测时间
SSD	VGG-16	85.1%	30.3ms
Faster-RCNN	ResNet-101	86.9%	34.9ms
YOLOv3	Darknet-53	87.6%	15.4ms
YOLOv4	CSPDarknet-53	88.6%	18.8ms

第 15 章 高光谱图像分类

本章以高光谱图像分类为例,探索了如何利用前面所学模式分类与深度学习的知识来解决图像识别的问题,可帮助读者:了解高光谱图像的基本特点,能够在实际应用中有效地进行高光谱图像的分析和处理。

高光谱图像分类是建立在遥感图像分类的基础之上,结合高光谱图像特点,对高光谱图像数据进行目标区分与确认的过程。遥感图像分类是利用计算机通过对遥感图像中的各类地物的光谱信息和空间信息进行分析、选择特征,并用一定的手段将特征空间分为互不重叠的子空间,然后将图像中的各个像元划分到各个子空间中去,形成不同的类别,如图 15-1 所示。

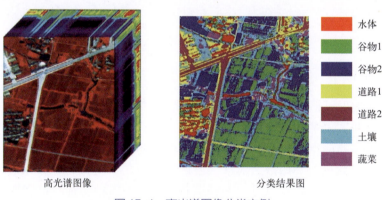

图 15-1 高光谱图像分类实例

遥感图像分类的理论依据是:在相同的环境条件下(如地形、光照以及植被覆盖等),遥感图像中的同类地物应具有相同或相似的光谱信息特征和空间信息特征,从而表现出同类地物的某种内在的相似性,即同类地物像元的特征向量将集群在同一特征空间区域。而不同地物的光谱信息特征或空间信息特征有所不同,它们将集群在不同的特征空间区域。

遥感图像分类的流程如图 15-2 所示。具体来说,首先是确定感兴趣的地物类别,这一过程通常是基于应用的实际需求和图像数据的固有特性进行的。在某些情况下,也会依据从训练数据中提取的图像特征来确定具体的分类类别。接着,找出这些类别的特征量,并提取出对应于各类别的训练数据。然后测算出图像数据的总体特征,再使用设定的分类基准对各像元进行分类,包括对每个像元进行分类和对每个预先分割的均质区域进行分类。最后,把分类结果与已知的训练数据及分类类别进行比较,确认分类的精度及可靠性。

确定分类类别
选择特征
提取训练数据
测算总体的统计量
分类
检验结果
图 15-2 遥感图像分类的一般流程

总的来说，遥感图像分类的效果取决于 4 个因素：

① 类别的可分性。非人为影响下的原始地物波段具有可分性是遥感图像分类的前提条件。

② 图像像元波段空间的维数。一般来讲，在图像波段信噪比达到一定要求的情况下，光谱波段越多，越有利于分类。

③ 训练样本的数量。训练样本的数量越大，地物的训练特征越全面，更具有代表性，因此有利于分类。

④ 分类器类型和分类方案。

15.1 分类器设计

分类器是高光谱图像分类中的重要部分，它能够把未知模式识别为已知模式，如图 15-3 所示。要实现这一功能，分类器必须具有以下 4 个组成部分：分类特征、分类判据、分类准则和分类算法。

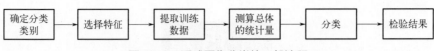

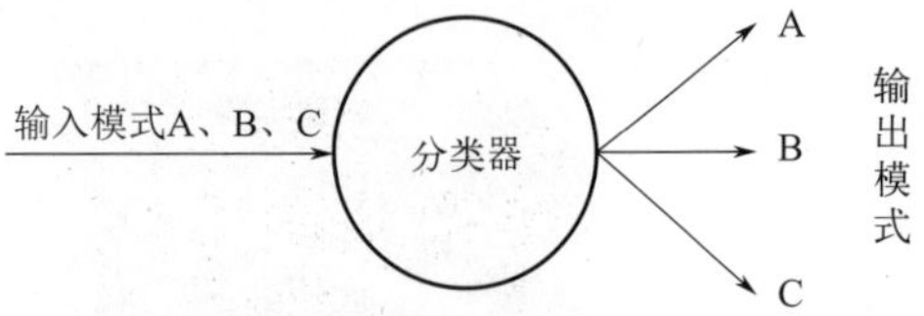
输入模式A、B、C
分类器
A
B
C
输出模式
图 15-3 模式分类过程

15.1.1 分类特征

分类特征就是可以把各类模式区分开来的特征。在遥感图像中，通常是通过亮度值或像元值的大小差异（反映地物的光谱信息）及空间变化（反映地物的空间信息）而表示不同地物的差异的。因此，遥感图像常用的分类特征可分为：光谱特征（如谱反射率、波形、光谱数学变换特征、光谱吸收指数等）、几何特征（如纹理、结构等）以及一些辅助特征（如多时相特征、数字变换特征、高程信息等）。

15.1.2 分类判据

高光谱图像的分类特征选定之后，需要根据相似性对像元进行划分，即分类判据。表示相似性的判据很多，常用的判据有以下几种。

(1) 相关系数

$$r_{ij}=\sum_{k=1}^{p}(x_{ki}-\overline{x}_i)\Big/\sqrt{\sum_{k=1}^{p}(x_{ki}-\overline{x}_i)^2\sum_{k=1}^{p}(x_{kj}-\overline{x}_j)^2} \tag{15-1}$$

式中，$\overline{x}_i=\dfrac{1}{p}\sum\limits_{k=1}^{p}x_{ki}$；$\overline{x}_j=\dfrac{1}{p}\sum\limits_{k=1}^{p}x_{kj}$；$p$ 表示波段数。

(2) 相似系数

$$\cos\theta_{ij} = \sum_{k=1}^{p} x_{ki}x_{kj} / \sqrt{\sum_{k=1}^{p} x_{ki}^2 \sum_{k=1}^{p} x_{kj}^2} \tag{15-2}$$

(3) 欧氏距离

$$d_{ij} = \sqrt{\sum_{k=1}^{p}(x_{ki} - x_{kj})^2} \tag{15-3}$$

(4) 绝对距离

$$d_{ij} = \sum_{k=1}^{p} |x_{ki} - x_{kj}| \tag{15-4}$$

(5) 马氏距离

马氏距离（mahalanobis distance）又称为广义距离，计算公式为：

$$d_{ij}^2 = (\boldsymbol{x}_i - \boldsymbol{x}_j)^T \sum_{ij}^{-1} (\boldsymbol{x}_i - \boldsymbol{x}_j) \tag{15-5}$$

式中，$\sum_{ij}$ 表示协方差矩阵。

(6) 切比雪夫距离

$$d_{ij} = \max_{1 \leq k < p} |x_{ik} - x_{jk}| \tag{15-6}$$

(7) 标准化距离

$$d_{gh} = \sqrt{\sum_{k=1}^{p} \frac{(M_{ig} - M_{ih})}{S_{ig}S_{ih}}} \tag{15-7}$$

式中，d_{gh} 表示 g 类和 h 类均值的标准化距离；M_{ig}、M_{ih} 表示 g 类和 h 类 i 变量的均值；S_{ig}、S_{ih} 表示 g 类和 h 类 i 变量的标准差（均方差）。

(8) 混合距离

$$d_{ig} = \sum_{k=1}^{p} |x_{ki} - M_{kg}| \tag{15-8}$$

式中，$M_{kg} = \frac{1}{n_g} \sum_{i \in g} x_{ki}$；$d_{ig}$ 表示像元 i 和第 g 类均值（均值向量）的混合距离；n_g 表示 g 类的像元数；M_{kg} 表示 g 类 k 变量的均值。

15.1.3 分类准则

有了分类特征、分类判据，那么怎样划分模式类呢？比如选择了光谱反射率作为分类特征，选择欧氏距离作为分类判据，那么把像元划分到距离最大的类别中还是划分到距离最小的类别中？这就需要确定分类准则。分类准则就是划分各模式类应遵循的基本规则，常用的分类准则有最小二乘准则、最小误差准则、最小风险准则等。

(1) 最小二乘准则

最小二乘准则也叫平方误差准则。假设训练样本集为 $\{x1, x2, \cdots, xn\}$，将样本做规范化处理，规范化后的样本集为 $\{x(1), x(2), \cdots, x(n)\}$。假定找到了最佳权向量 $\boldsymbol{w}^*$，并由此构成判别函数。若样本为 $X^{(i)}$，则判别函数值为：

$$(\boldsymbol{w}^*)^{\mathrm{T}} X^{(i)} = d^i \tag{15-9}$$

这里称 d^i 为样本 $X^{(i)}$ 的希望输出值。如果权向量 $\boldsymbol{x}$ 不是最佳的权向量 $\boldsymbol{w}^*$，对于样本 $X^{(i)}$，判别函数值为 $\boldsymbol{w}^{\mathrm{T}} X^{(i)}$。定义误差 $e_i = d^i - \boldsymbol{w}^{\mathrm{T}} X^{(i)}$，则平方误差准则函数为：

$$J(\boldsymbol{w}) = \frac{1}{2}\sum_{i=1}^{N} e_i^2 = \frac{1}{2}\sum_{i=1}^{N}(d^i - \boldsymbol{w}^{\mathrm{T}} X^{(i)})^2 \tag{15-10}$$

用矩阵形式表示为：

$$J(\boldsymbol{w}) = \frac{1}{2}\|\boldsymbol{d} - X\boldsymbol{w}\|^2 \tag{15-11}$$

(2) 最小误差准则

所谓最小误差准则就是要使分类的错误概率最小，其决策规则为：

$$p(w_1/x) \gtrless p(w_2/x) \Rightarrow x \in \begin{matrix} w_1 \\ w_2 \end{matrix} \tag{15-12}$$

根据贝叶斯公式可以将其转换为如下形式：

$$p(x/w_1)p(w_1) \gtrless p(x/w_2)p(w_2) \Rightarrow x \in \begin{matrix} w_1 \\ w_2 \end{matrix} \tag{15-13}$$

将分两类的情况推广到 $c(c>2)$ 类情况，则有最小错误概率决策准则为：

① 后验概率形式：

$$p(w_i/x) > p(w_j/x), \quad j=1,2,\cdots,c, j \neq 1, 则 x \in w_i \tag{15-14}$$

② 类条件概率密度形式：

$$p(x/w_i)p(w_i) > p(x/w_j)p(w_j), \quad j=1,2,\cdots,c, j \neq 1, 则 x \in w_i \tag{15-15}$$

(3) 最小风险准则

所谓最小风险准则就是要使将模式 x 判属某类所造成的损失的条件数学期望最小。

假设模式 x 本属 w_1 类而判属 w_1 类所造成的损失为 L_{11}，设模式 x 本属 w_2 类而判属 w_1 类所造成的损失为 L_{21}，设模式 x 本属 w_1 类而判属 w_2 类所造成的损失为 L_{12}，设模式 x 本属 w_2 类而判属 w_2 类所造成的损失为 L_{22}，则最小风险准则为：

$$L_{11}p(w_1/x) + L_{21}p(w_2/x) \gtrless L_{12}p(w_1/x) + L_{22}p(w_2/x) \Rightarrow x \in \begin{matrix} w_1 \\ w_2 \end{matrix} \tag{15-16}$$

即若将 x 判属 w_1 类的条件风险 $r_1(x)$ 小于判属 w_2 类的条件风险 $r_2(x)$，则决策 x 属于 w_1 类；反之，如果将 x 判属 w_1 类的条件风险 $r_1(x)$ 大于判属 w_2 类的条件风险 $r_2(x)$，则决策 x 属于 w_2 类。

根据贝叶斯公式，可将上面的决策规则改写为：

$$L_{11}p(x/w_1)p(w_1) + L_{21}p(x/w_2)p(w_2) \gtrless L_{12}p(x/w_1)p(w_1) \\ + L_{22}p(x/w_2)p(w_2) \Rightarrow x \in \begin{smallmatrix} w_1 \\ w_2 \end{smallmatrix} \tag{15-17}$$

将分两类的情况推广到 $c(c > 2)$ 类情况，最小风险决策准则为：
① 后验概率形式：

$$r_i(x) = \sum_{k=1}^{c} L_{ki} p(w_k/x) \tag{15-18}$$

② 类条件概率密度形式：

$$r_i(x) = \sum_{k=1}^{c} L_{ki} p(x/w_k) p(w_k) \tag{15-19}$$

决策规则为：若 $r_i(x) < r_j(x)$, $j=1, 2, \cdots, c, j \neq i$，则 $x \in w_i$。

15.1.4 分类算法

遥感图像分类算法是基于图像分类算法发展而来的，根据是否有已知的训练样本的分类结果，可以把它们大致分为监督分类算法和非监督分类算法两类。

监督分类是在已知类别的训练数据中提取各类别的训练样本，通过选择特征变量，确定判别准则，进而把图像中的各个像元点划归到各个给定的类别中去。非监督分类是在没有先验类别知识的情况下，根据图像本身的统计特征及数据分布情况来划分地物类别的分类方法，如 K 均值、isodata 算法等。该类方法无须事先知道各类地物的类别统计特征，也无须经过人为的学习过程，一般只需要提供少数阈值对分类过程加以控制。这种分类方法所分各类的含义是什么并不能由该方法得出，而是要根据地面实况调查和比较来决定。

15.2 高光谱图像分类

与一般的图像不同，高光谱图像在对目标的空间特征成像的同时，对每个空间像元经过色散形成几十乃至几百个窄波段以进行连续的光谱覆盖，所获取的图像包含了丰富的辐射、空间和光谱信息。经过几十年的发展，高光谱遥感图像数据的处理和分析技术得到了长足的进步，在传统分类算法的基础上，形成了一系列面向高光谱图像特点的分类算法。本节在介绍具体的高光谱图像分类算法之前，先对高光谱图像分类的主要特点进行阐述。

15.2.1 高光谱图像分类的特点

(1) 优势

① 光谱分辨率高，可以提供更精细的地物光谱特征曲线。研究表明，许多地表物质的吸收特征在吸收峰深度一半处的宽度为 20～40nm。由于成像光谱系统光谱分辨率高达 5～10nm，因此很多本来在宽波段遥感中不可探测的物质，在高光谱图像中可以被探测到。

② 在同一空间分辨率条件下，高光谱图像覆盖波长范围更宽，从可见光延伸到了短波红外，甚至到中红外和热红外。光谱覆盖范围越宽，能够探测的地物对电磁波的响应特征越多，而且波段多，就可以根据需要选择或提取特定的波段来突出目标特征，还可以进行波段之间的相互校正，有助于分类的准确性和可靠性。

③ 高光谱图像定量化的连续光谱曲线数据为地物光谱机理模型的使用提供了条件。

(2) 挑战

① 高光谱遥感图像少则几十个波段，多则几百个波段，数据量是单波段遥感图像的几十倍、几百倍，造成图像数据处理的困难。而且这些波段间的相关性高，存在一定的数据冗余，若对数据冗余处理不当，会影响分类精度。

② 高光谱图像的波段数量众多，因此分类需要的训练样本数目大大增加，如果训练样本不足，会导致结果不可靠。

③ Hughes 现象。如上所述，在对高光谱图像进行分类时，需要更多的训练样本。经验表明，当训练样本数目是样本维数的 6～10 倍的时候能够得到很好的效果，而训练样本数目是波段数目的 100 倍时才能得到较理想的效果。这种要求对于有上百个波段的高光谱图像来说是难以做到的。当训练样本数目有限时，分类精度会先随着图像波段数目的增加而增加，在到达一定极值后，又会随着波段数目的增加而下降。这种现象便称作 Hughes 现象。

该现象的数学证明如图 15-4 所示[131]，其中横坐标"测量复杂度"为特征向量所有可能取值的总数。对于一个二维的特征向量，如果每一维特征有 10 种不同的取值可能，那么其测量复杂度为 100。由于该结论是对所有可能的情况的平均，在实际问题中最优测量复杂度往往高于图中所给出的最优值，但是总体趋势是相同的。根据 Hughes 曲线规律，传统的统计分类方法需要大量的训练样本，但这是不现实的。因此，有很多研究人员对此问题进行了深入的探索，提出了一系列的解决方法，如通过特征提取算法降低维数[132]、改进方差估计方法[133]、标识样本与无标识样本相结合[134]等。这些方法在一定程度上减弱 Hughes 现象，提高了分类精度。

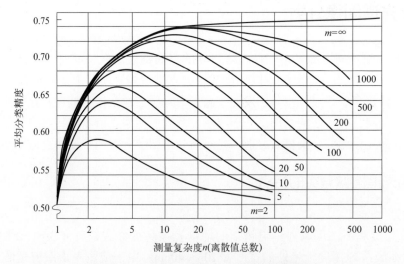

图 15-4　Hughes 现象（m 为训练样本数目）

15.2.2 高光谱图像分类算法

(1) 光谱匹配方法

① 光谱波形匹配。光谱波形匹配包括两种：一种是将样本光谱的全部或者其某一部分进行光谱曲线的特征函数拟合，通过计算像元光谱与样本光谱特征函数之间的拟合度来计算像元光谱隶属于某一样本的概率；另外一种是直接计算样本光谱矢量与每个像元光谱矢量之间的距离（如欧氏距离、马氏距离等），对于同一类地物具有更小的距离，而对于非同一类地物则具有较大的距离。基于整波形的光谱匹配算法简单直接，但它对噪声敏感，要求图像光谱有很高的信噪比。在实际的应用中，可以牺牲图像的空间分辨率来提高图像的信噪比。

② 光谱角匹配。光谱角度匹配（SAM）算法把光谱看作多维矢量，计算两光谱向量的广义夹角，夹角越小，光谱越相似。得到光谱相似度后，就可以对未知光谱按照给定的阈值进行分类。两光谱向量的广义夹角用反余弦表示为 $\theta = \arccos \dfrac{T \cdot R}{|T||R|}$，即：

$$\theta = \arccos \dfrac{\sum\limits_{i=1}^{n} t_i r_i}{\sqrt{\sum\limits_{i=1}^{n} t_i^2} \sqrt{\sum\limits_{i=1}^{n} r_i^2}}, \quad \theta \in \left[0, \dfrac{\pi}{2}\right] \tag{15-20}$$

式中，θ 值越小，T 和 R 的相似性越大。当用实验测量光谱与图像光谱比较时，须将测量光谱按照图像光谱的波长进行重采样，使得两个光谱具有相同的维数。

从式（15-21）可以看出，θ 值与光谱向量的模是无关的，也就是与光谱的绝对数值无关，即与图像的增益系数无关，只比较光谱在形状上的相似性。这个特点是 SAM 和最小距离分类方法的最大区别和优势。

(2) 空谱联合方法

① 基于结构滤波的方法。这种方法采用空间结构滤波来得到高光谱图像的空间纹理特征。一类最简单同时也是使用最广泛的提取空间信息的方法是利用方形邻域内的样本均值或者方差来代表目标像素处的空间特征。这里的空间特征是被预提取的，然后再被用来构建空间光谱核。然而方形邻域的均值滤波显然并非一个最佳的滤波模板，后来又提出了基于自适应结构滤波的方法、基于双边滤波的方法、基于形态学滤波的方法等。

② 基于稀疏表示的方法。稀疏表示模型的主要思想是假设现有的训练样本可以构成一个完备训练字典并且任意一个测试样本均可以被字典中的元素线性表示。然而，将如此高维特征的样本完全表示是不合理的。稀疏表示方法注意到一个训练样本往往只属于某一类地物，即它只需被训练样本中的同一类样本线性表示，因此得到一个稀疏性的约束。也就是说，可以使用尽量少的训练样本来表示某一测试样本，同时使得表示误差尽可能小。在求解目标函数后，稀疏表示方法取表示误差的最小的训练样本类别就可以作为此测试样本的类别。

(3) 基于深度学习的方法

近年来，深度学习已经在计算机视觉和自然语言处理领域取得了巨大成功。不同于传统方法，深度学习模型可以自动学习来自原始数据的深层特征。其中，卷积神经网络（convolutional neural network，CNN）由于其权值共享和局部连接等优点，已经成为现阶段在计算机视觉领域效果最好的特征提取模型，也已广泛用于高光谱图像分类的研究[135]。一个完整的 CNN 模型主要包含 3 种网络层：卷积层（convolutional layer）、池化层（pooling layer）和全连接层（fully connected layer）。目前用于高光谱图像分类的卷积模型主要有一维卷积（1D-CNN）、二维卷积（2D-CNN）和三维卷积（3D-CNN），它们分别可以提取高光谱图像的光谱特征、空间特征和空谱联合特征。

① 基于光谱特征的神经网络方法。基于光谱特征的 CNN 分类方法主要是利用 1D-CNN 在光谱维上进行卷积，卷积过程中不断提取深层光谱特征，最后通过全连接层完成分类，如图 15-5 所示。1D-CNN 算式为：

$$v_{l,j}^{x} = f\left(\sum_{m}\sum_{h=0}^{H_{l-1}} k_{l,j,m}^{h} v_{(l-1),m}^{(x+h)} + b_{l,j}\right) \tag{15-21}$$

式中，$k_{l,j,m}^{h}$ 为第 l 层第 j 个卷积核在位置 h 处的值，该卷积核与第（$l-1$）层网络中第 m 个特征向量相连；H_l 为卷积核的长度。

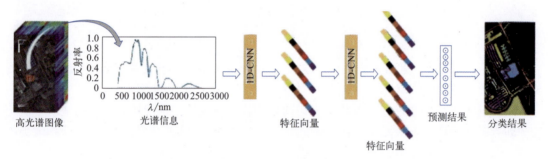

图 15-5　基于光谱特征的神经网络方法[136]

② 基于空间特征的神经网络方法。近年来，研究者们认识到引入空间信息对高光谱图像分类的重要性。空间信息的理论基础在于成像光谱仪在对一个像元大小的地物成像过程中，光线间的反射和折射现象使得感兴趣区域会吸收来自周围其他地物的能量，即相邻地物存在空间上的相关性。这种相关性会导致同类光谱异质性。因此，如果忽略空间信息而仅利用光谱维信息，必然会面临"同谱异物"等问题，严重降低分类的准确性。

在计算机视觉中通常利用多层 2D-CNN 提取图像的空间特征。与 1D-CNN 不同，2D-CNN 会在图像的长和宽两个维度上用卷积核进行卷积，即：

$$p_{l,j}^{x,y} = f\left(\sum_{m}\sum_{h=0}^{H_{l-1}}\sum_{w=0}^{W_{l-1}} k_{l,j,m}^{h,w} p_{(l-1),m}^{(x+h),(y+w)} + b_{l,j}\right) \tag{15-22}$$

式中，$p_{l,j}^{x,y}$ 为第 l 层第 j 个特征图在（x,y）位置得到的输出值；$p_{(l-1),m}^{(x+h),(y+w)}$ 为第（$l-1$）层中第 m 个特征图在（$x+h, y+w$）处的值；$k_{l,j,m}^{h,w}$ 为第 l 层第 j 个卷积核在（h,w）位置的具体值，该卷积核对应第（$l-1$）层中第 m 个特征图；H_l 和 W_l 分别为卷积核的高和宽；$b_{l,j}$ 为偏置。

然而，这种卷积方式并不能直接应用于高光谱图像。由式 (15-22) 可知，第 (l-1) 层的每个特征图都需要相应的卷积核参数与之进行卷积计算，故每一个当前层的卷积核的通道数都需要和前一层特征图的通道数相等。但高光谱图像通常有上百个通道，如此会导致 2D-CNN 网络的参数量暴增，极易导致模型过拟合。因此，想要用 CNN 提取高光谱图像的空间特征通常需要先用数据降维方法（如主成分分析法 PCA 等）将图像通道数降低，然后再用 2D-CNN 提取空间信息，如图 15-6 所示。

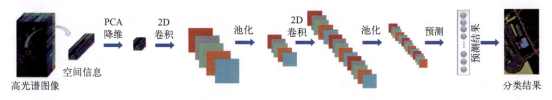

图 15-6　基于空间特征的神经网络方法[136]

③ 基于空谱联合特征的神经网络方法。高光谱图像包含丰富的空间信息和光谱信息，上述基于光谱特征或空间特征分类方法都只能利用其中一种信息而忽略了另外一种，分类结果的准确率必然不会太高。近些年，关于分类算法的一个主要趋势是将高光谱图像的空间和光谱信息融合，这种方法已经将分类性能提升到新的高度。根据对高光谱图像空间信息和光谱信息提取方式的不同，大致可以分为两类方法：

① 先分别提取空间信息和光谱信息，然后再将两种信息融合得到新的空谱联合特征，最后将融合后的联合特征送入分类器进行预测；

② 利用 3D-CNN 实现对空间特征和光谱特征同时提取。

空间特征和光谱特征分别提取的分类方法比较灵活，因为提取空间和光谱特征的方法多种多样，可以相互组合。空间和光谱特征分别提取的高光谱图像分类流程如图 15-7 所示，大致可以分为以下 3 个步骤：

① 空间特征与光谱特征分别提取；

② 通过拼接等方式对空谱特征融合（在这一步也可以继续对空谱特征进行深度提取）；

③ 将得到的联合特征送入支持向量机、多层感知器或其他分类器，得到分类结果。

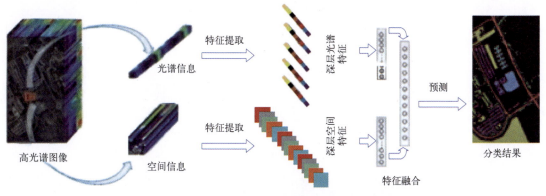

图 15-7　基于空谱特征分别提取的神经网络方法[136]

随着 3D-CNN 在视频序列处理中获得突破性成果，人们联想到视频序列的数据形式与高光谱图像的数据形式非常相似，并逐渐把用 3D-CNN 提取高光谱空谱联合信息作为新的特征提取方式，由此衍生出一系列基于 3D-CNN 的空谱联合分类方法。三维卷积操作中第 l 层、第 j 个特征立方体 (x,y,z) 处的输出值为：

$$v_{l,j}^{x,y,z} = f\left(\sum_{m}\sum_{h=0}^{H_{l-1}}\sum_{w=0}^{W_{l-1}}\sum_{r=0}^{R_{l-1}} k_{l,j,m}^{h,w,r} v_{(l-1),m}^{(x+h),(y+w),(z+r)} + b_{l,j}\right) \tag{15-23}$$

式中，R_l 为三维卷积核在光谱维的尺寸；H_l 和 W_l 为卷积核的长和宽；j 为当前卷积核的序号；$k_{l,j,m}^{h,w,r}$ 为第 l 层、第 j 个卷积核位于 (h,w,r) 处的值，该卷积核与第 $(l-1)$ 层、第 m 个特征立方体相连。与上述分别提取空谱信息的方法相比，3D-CNN 的卷积核是立方体，可以在二维空间方向和一维光谱方向同时提取特征，因此可以更好地保留空谱信息的相关性。

④ 基于目标分解的神经网络方法。在进行高光谱遥感图像分类处理时，经常会遇到"同物异谱"的情况。即同一种地物，由于各种原因，它会呈现出不同的光谱特征。这就给基于光谱特征的分类方法带来了困难。另外，这种"同物异谱"的地物呈现多峰正态分布，不仅给模式划分增加难度，更使神经网络分类算法难于收敛，并严重降低分类精度。

为解决这一问题，提出了基于目标分解的神经网络分类方法。该类方法由三部分组成，即目标分解、神经网络分类和"亚类"归并。它对于具有"同物异谱"特性的地物，首先把它分解为几种不同的"亚类地物"，使得分解后的每一种"亚类地物"自身的光谱特征是一致的，其分布呈现单峰正态分布；然后把分解后的几种"亚类地物"当成不同的地物类别送入神经网络去训练；最后在网络输出时加上一个逻辑运算，使得"亚类地物"重新归并到原来的类别中去，以此来改善高光谱图像的分类效果。图 15-8 就是基于目标分解的分类方法的结构图。其中，神经网络是本算法的核心，而目标分解和"亚类"归并则是本算法的关键。

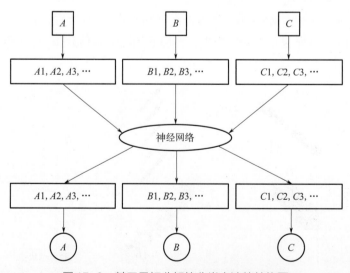

图 15-8　基于目标分解的分类方法的结构图

a. 目标分解。一般情况下，同一种地物的分布均被假设为正态分布。实际上，由于地物本身的复杂性，以及外界因素的影响，同一种地物呈现多峰分布。比如同样的地物，在阳光照射与阴影覆盖两种情况下，它们的光谱特征是有很大差别的，这就使得该地物的光谱在分布上至少形成两个峰。这种现象也就是通常所说的"同物异谱"。

针对这种普遍存在的多峰分布情况，可采取分割地物的方法将地物分布简单化：把一个多峰分布分割成多个单峰分布，由此来划分训练样本。然后把每一单峰分布所对应的样本假定为不同的地物类别，即所谓"亚类"，与其他类别的训练样本一样送入神经网络训练。

目标地物的分割方法一般有两种：第一种方法是在样本散点图上选取远离样本中心的离散点作为"亚类"的训练样本；第二种方法是直接在高光谱图像上根据同一种地物的不同色彩直接圈定"亚类"的训练区域。如图 15-9 所示是第一种目标分割的示意图，其中图 15-9（a）是一个多峰分布的地物的散点图，它有比较明显的"哑铃型"分布，是一种典型的二峰分布。图 15-9（b）展示了在散点图中取两块远离中心的区域作为"亚类"样本的多峰近似正态分布，把这两个"亚类"的分布变成两个单峰近似正态分布，如图 15-9（c）和图 15-9（d）所示。

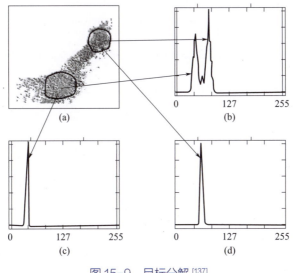

图 15-9　目标分解[137]

b. "亚类"归并。具有"同物异谱"特性的地物被分割成"亚类"地物后，送入神经网络训练，然后神经网络再对图像进行分类。这时神经网络把各个"亚类"当成独立的一类进行单独分类和输出，但是在分类图像上是不允许同一种地物被分为几类的。因此，必须采取措施把各个"亚类"重新归并到它们原来的类别中去。

"亚类"归并的方法并不复杂，只需要在神经网络的输出端加上一个逻辑运算即可。例如，当输入网络的样本有一个地物 A 被分割成了两类 $A1$ 和 $A2$，那么在网络输出端加上逻辑运算，让 $A1$ 和 $A2$ 类全部分配同一个类别号即可，这个类别号即标识 A 类地物。这种基于目标分割的神经网络分类方法由于把具有多峰分布的地物划分为比较简单的单峰"亚类"地物，使得神经网络的训练速度得到了提高，也使分类精度得到显著提高。

参考文献

[1] 谢凤英. 数字图像处理及应用 [M]. 2版. 北京：电子工业出版社，2016.
[2] 冈萨雷斯，伍兹. 数字图像处理 [M]. 阮秋琦，阮宇智，译. 3版. 北京：电子工业出版社，2011.
[3] 朱虹. 机器视觉及其应用（系列讲座）第三讲 图像处理与分析——机器视觉的核心 [J]. 应用光学，2007，(01)：123-126.
[4] 宋春华，彭泫知. 机器视觉研究与发展综述 [J]. 装备制造技术，2019，(06)：213-216.
[5] 尹仕斌，任永杰，刘涛，等. 机器视觉技术在现代汽车制造中的应用综述 [J]. 光学学报，2018，38（08）：11-22.
[6] Vithu P, Moses J A. Machine vision system for food grain quality evaluation: A review [J]. Trends in Food Science and Technology, 2016: 13-20.
[7] Campa G, Mammarella M, Napolitano M R, et al. Machine vision/GPS integration using EKF for the UAV aerial refueling problem [J]. IEEE Transaction on System Man and Cybernetics, 2008, 38 (6)：791-801.
[8] Sun T H, Tseng C C, Chen M S. Electric contacts inspection using machine vision [J]. Image and Vision Computing, 2010, 28 (6)：890-901.
[9] Zheng Dechun Z Y. Study of assembly automation for strain gauge based on machine vision [C]. Intelligent Human-Machine Systems and Cybernetics, 2013.
[10] 王艳. 机器视觉测量技术研究与应用 [D]. 武汉：华中师范大学，2018.
[11] 胡跃明，杜娟吴，忻生，等. 基于视觉的高速高精度贴片机系统的程序实现 [J]. 计算机集成制造系统，2003，(09)：760-764.
[12] 刘良江，王耀南. 灰度直方图和支持向量机在磁环外观检测中的应用 [J]. 仪器仪表学报，2006，(08)：840-844.
[13] 张辉，王耀南，吴成中，等. 高速医药自动化生产线大输液视觉检测与识别技术 [J]. 控制理论与应用，2014，31（10）：1404-1413.
[14] 张辉，王耀南，周博文，等. 基于机器视觉的保健酒可见异物检测系统研究与开发 [J]. 仪器仪表学报，2009，30（05）：973-979.
[15] Fang Z, Xia L, Chen G, et al. Vision-based alignment control for grating tiling in petawatt-class laser system [J]. IEEE Transactions on Instrumentation and Measurement, 2014, 63 (6)：1628-1638.
[16] 王耀南，陈铁健，贺振东，等. 智能制造装备视觉检测控制方法综述 [J]. 控制理论与应用，2015，32（03）：273-286.
[17] 王世和，陈远金，刘彬. CCD与CMOS国内外技术发展综述 [J]. 内燃机与配件，2017，(13)：112-114.
[18] 张云，吴晓君，马廷武，等. 基于机器视觉的零件图像采集及识别的研究 [J]. 电子工程师，2006，(04)：29-31.
[19] 黄少罗，张建新，卜昭锋. 机器视觉技术军事应用文献综述 [J]. 兵工自动化，2019，38（02）：16-21.
[20] 毕明德，孙志刚，李叶松. 基于机器视觉的布匹疵点检测系统 [J]. 仪表技术与传感器，2012（12）：37-39.
[21] Chen F N, Ying Y B, Cheng F. Detect black germ in wheat using machine vision [C]. International Conferece on Computer Distributed Control and Intelligent Environmental Monitoring（CDCIEM），Changsha, 2011.
[22] Hu W M, Tan T N, Wang L, et al. A survey on visual surveillance of object motion and behaviors [J]. IEEE Transactions on Systems, Man, and Cybernetics, Part C（Applications and Reviews），2004, 34 (3)：334-352.
[23] Pérez L, Rodríguez Í, Rodríguez N, et al. Robot Guidance Using Machine Vision Techniques in Industrial

Environments: A Comparative Review [J]. Sensors, 16 (3): 1-26.

[24] Geiger A, Lauer M, Wojek C, et al. 3D Traffic Scene Understanding From Movable Platforms [J]. IEEE Transactions on Pattern Analysis and Machine Intelligence, 2014, 36 (5): 1012-1025.

[25] Lategahn H, Stiller C. Vision-Only Localization [J]. IEEE Transactions on Intelligent Transportation Systems, 2014, 15 (3): 1246-1257.

[26] 朱云, 凌志刚, 张雨强. 机器视觉技术研究进展及展望 [J]. 图学学报, 2020, 41 (06): 871-890

[27] 胡学龙. 数字图像处理 [M]. 北京: 电子工业出版社, 2020.

[28] Steger C, Ulrich M, Wiedemann C. 机器视觉算法与应用 [M]. 杨少荣, 段德山, 张勇, 等译. 2版. 北京: 清华大学出版社, 2024.

[29] 何新鹏. 基于神经网络的芯片引脚检测系统的研究 [D]. 广州: 广东工业大学, 2011.

[30] 石治国, 施冬磊, 郝云鹏. 红外测量技术在试验试飞中的应用分析 [J]. 光电技术应用, 2016, 31 (04): 60-65.

[31] 张振中, 李其祥. 光学技术在警用装备中的应用 [J]. 山西科技, 2007 (02): 126-128.

[32] 丰炳波. 红外高光谱图像化学气体检测技术研究 [D]. 哈尔滨: 哈尔滨工业大学, 2013.

[33] 刘星. 机载平台红外成像仿真技术研究 [D]. 哈尔滨: 哈尔滨工业大学, 2009.

[34] 高思峰. 飞行器红外特征分析与红外热成像系统作用距离的预估算方法 [D]. 南京: 南京航空航天大学, 2007.

[35] 朱建. 红外图像超分辨率重建的仿真研究 [D]. 南京: 南京理工大学, 2005.

[36] 陈书旺. 红外法针刺家猫合谷穴与脑皮层血晕变化关系研究 [D]. 天津: 天津大学, 2007.

[37] 孙红霞. 地下输油管道红外图像的分析研究 [D]. 天津: 天津大学, 2004.

[38] 李兴邦. 非致冷红外瞄准镜系统技术研究 [D]. 南京: 南京理工大学, 2008.

[39] 刘佳. 混合光谱分解技术的研究 [D]. 北京: 中国地质大学 (北京), 2012.

[40] 张兵. 时空信息辅助下的高光谱数据挖掘 [D]. 北京: 中国科学院研究生院 (遥感应用研究所), 2002.

[41] 周湘江, 郭庆. 遥感影像在地质测绘中的应用 [J]. 黑龙江科技信息, 2013, (08): 62.

[42] 刘丽. 多源遥感图像像素级融合方法研究 [D]. 长沙: 湖南大学, 2005.

[43] 杨玲. 对LDHs模拟绿色植被近红外反射光谱及发射率的研究 [D]. 南京: 南京航空航天大学, 2018.

[44] 程欣. 大视场光纤成像光谱仪光学系统研究 [D]. 长春: 中国科学院研究生院 (长春光学精密机械与物理研究所), 2012.

[45] 杨庆华. 高光谱分辨率时间调制傅氏变换成像光谱技术研究 [D]. 西安: 中国科学院研究生院 (西安光学精密机械研究所), 2009.

[46] 许洪. 多光谱、超光谱成像探测关键技术研究 [D]. 天津: 天津大学, 2009.

[47] 郑玉权, 禹秉熙. 成像光谱仪分光技术概览 [J]. 遥感学报, 2002 (01): 75-80.

[48] 张达, 郑玉权. 高光谱遥感的发展与应用 [J]. 光学与光电技术, 2013, 11 (03): 67-73.

[49] 唐延林, 黄敬峰. 农业高光谱遥感研究的现状与发展趋势 [J]. 遥感技术与应用, 2001 (04): 248-251.

[50] 齐欢, 黄小贤, 杨伟光. 探究遥感技术在环境监测中的应用 [J]. 中国战略新兴产业, 2017 (08): 169-171.

[51] 唐良. 基于环境一号卫星多光谱数据的烟霾提取方法研究 [D]. 南京: 南京师范大学, 2013.

[52] 陈亮, 刘代志. 高光谱遥感的军事应用 [C]. 陕西地球物理文集 (五) 国家安全与军事地球物理研究专题资料汇编, 2005: 110-115.

[53] 吴静飞. 新模式SAR雷达系统的建模与仿真 [D]. 西安: 西安电子科技大学, 2017.

[54] 沈耀坡. RD算法研究和关键模块的硬件实现 [D]. 天津: 天津大学, 2018.

[55] 康琪. TOPS模式数据InSAR形变监测配准方法 [D]. 北京: 中国测绘科学研究院, 2019.

[56] 韩春明. SAR图像斑点滤波研究 [D]. 北京: 中国科学院研究生院 (遥感应用研究所), 2003.

[57] 张坚, 金嘉旺, 胡生亮. 对抗毫米波末制导反舰导弹的箔条干扰 [J]. 舰船电子对抗, 2007 (04): 11-14.

[58] 李海军. 基于直接检波式毫米波辐射计的运动目标识别技术 [D]. 太原: 中北大学, 2011

[59] 雷迅. 大量采用"非接触式"精确打击武器 [J]. 现代雷达, 2003 (05): 54.

[60] 马君国. 空间雷达目标特征提取与识别方法研究 [D]. 长沙: 国防科技大学, 2006.

[61] 李晓宇．应用于汽车主动安全的三维激光雷达研究［D］．长春：长春理工大学，2014．

[62] 许永鑫．车载单线激光雷达与通信一体化技术研究［D］．成都：电子科技大学，2019．

[63] 王淼．多传感器智能无人平台开发与导航技术研究［D］．沈阳：沈阳理工大学，2018．

[64] MATLAB［EB/OL］．https://ww2.mathworks.cn/products/matlab.html．

[65] OpenCV - Open Computer Vision Library［EB/OL］．https://opencv.org/

[66] HALCON［EB/OL］．https://www.mvtec.com/cn/products/halcon．

[67] Mcculloch W S, Pitts W. A logical calculus of the ideas immanent in nervous activity［J］. The bulletin of mathematical biophysics, 1943, 5 (4): 115-133.

[68] Rosenblatt F. The perceptron: a probabilistic model for information storage and organization in the brain［J］. Psychological review, 1958, 65 6: 386-408.

[69] Minsky M, Papert S. Perceptrons: An Introduction to Computational Geometry［J］. Expanded Edition, 1987.

[70] Rumelhart D E, Hinton G E, Williams R J. Learning representations by back-propagating errors［J］. Nature, 1986, 323 (6088): 533-536.

[71] Lecun Y, Bottou L. Gradient-based learning applied to document recognition［J］. Proceedings of the IEEE, 1998, 86 (11): 2278-2324.

[72] Hinton G E, Salakhutdinov R R. Reducing the Dimensionality of Data with Neural Networks［J］. Science, 2006, 313 (5786): 504-507.

[73] Krizhevsky A, Sutskever I, Hinton G E. ImageNet classification with deep convolutional neural networks［J］. Commun. ACM, 2017, 60 (6): 84-90.

[74] Szegedy C, Liu W, Jia Y, et al. Going deeper with convolutions［C］. computer vision and pattern recognition, 2015: 1-9.

[75] He K, Zhang X, Ren S, et al. Deep Residual Learning for Image Recognition［J］. CoRR, 2015, abs/1512.03385.

[76] 朱虹．数字图像处理基础［M］．2版．北京：科学出版社，2021．

[77] 许欣．图像增强若干理论方法与应用研究［D］．南京：南京理工大学，2010．

[78] 郭继昌，李重仪，郭春乐，等．水下图像增强和复原方法研究进展［J］．中国图象图形学报，2017，22 (03)：273-287．

[79] 郑君里．信号与系统［M］．3版．北京：中国石化出版社，2018．

[80] Canny J. A Computational Approach to Edge Detection［J］. IEEE Transactions on Pattern Analysis and Machine Intelligence, 1986, PAMI-8 (6): 679-698.

[81] Smith S M, Brady J M. SUSAN——A New Approach to Low Level Image Processing［J］. International Journal of Computer Vision, 1997, 23 (1): 45-78.

[82] Harris C G, Stephens M J. A Combined Corner and Edge Detector［C］. Proceedings of Fourth Alvey Vision Conference, 1988: 147-151.

[83] Detone D, Malisiewicz T, Rabinovich A. Superpoint: Self-supervised interest point detection and description［C］. Proceedings of the IEEE conference on computer vision and pattern recognition workshops, 2018: 224-236.

[84] Verdie Y, Yi K M, Fua P, et al. TILDE: A Temporally Invariant Learned DEtector［C］. CVPR, 2015.

[85] Hough P V C. Methods and means for recognizing complex patterns: US19600017715［P］. 2024-11-19.

[86] Duda R O, Hart P E. Use of the Hough transformation to detect lines and curves in pictures［J］. Commun. ACM, 1972, 15 (1): 11-15.

[87] Otsu N. A Threshold Selection Method from Gray-Level Histograms［J］. IEEE Transactions on Systems, Man, and Cybernetics, 1979, 9 (1): 62-66.

[88] Vincent L, Soille P. Watersheds in digital spaces: an efficient algorithm based on immersion simulations［J］. IEEE Transactions on Pattern Analysis and Machine Intelligence, 1991, 13 (6): 583-598.

[89] Jonathan L, Evan S, Trevor D. Fully convolutional networks for semantic segmentation［J］. IEEE Transactions on Pattern Analysis and Machine Intelligence, 2017.

[90] Vijay B, Alex K, Roberto C. SegNet: A Deep Convolutional Encoder-Decoder Architecture for Image Segmentation [J]. IEEE Transactions on Pattern Analysis and Machine Intelligence, 2017, 39 (12): 2481-2495.

[91] Ronneberger O, Fischer P, Brox T. U-Net: Convolutional Networks for Biomedical Image Segmentation [J]. ArXiv, 2015, abs/1505. 04597.

[92] Chen L C, George P, Iasonas K, et al. DeepLab: Semantic Image Segmentation with Deep Convolutional Nets, Atrous Convolution, and Fully Connected CRFs [J]. IEEE Transactions on Pattern Analysis and Machine Intelligence, 2018, 40 (4): 834-848.

[93] Chen L C, Papandreou G, Schroff F, et al. Rethinking Atrous Convolution for Semantic Image Segmentation [J]. CoRR, 2017, abs/1706. 05587.

[94] Chen L, Zhu Y, Papandreou G, et al. Encoder-Decoder with Atrous Separable Convolution for Semantic Image Segmentation [M]. Cham: Springer International Publishing, 2018.

[95] 李巧, 周光照, 肖体乔. 同步辐射双能CT图像的高精度配准研究 [J]. 光学学报, 2016, (4): 8.

[96] Sowmya C, Rao M. A Survey on Image Registration Methods for Satellite Images [J]. International Journal of Scientific Research in Computer Science, Engineering and Information Technology, 2017 (6).

[97] Aristeidis S, Christos D, Nikos P. Deformable Medical Image Registration: A Survey [J]. IEEE TRANSACTIONS ON MEDICAL IMAGING, 2013 (No.7): 1153-1190.

[98] Barnea D I, Silverman H F. A Class of Algorithms for Fast Digital Image Registration [J]. IEEE Transactions on Computers, 1972, C-21 (2): 179-186.

[99] Huttenlocher D P, Klanderman G A, Rucklidge W J. Comparing images using the Hausdorff distance [J]. IEEE Transactions on Pattern Analysis and Machine Intelligence, 1993, 15 (9): 850-863.

[100] 凌志刚, 潘泉, 张绍武, 等. 一种基于边缘测度的加权Hausdorff景象匹配方法 [J]. 宇航学报, 2009, 30 (04): 1633-1638.

[101] 牛力丕, 毛士艺, 陈炜. 基于Hausdorff距离的图像配准研究 [J]. 电子与信息学报, 2007, (01): 35-38.

[102] Dubuisson M P, Jain A K. A modified Hausdorff distance for object matching [C]. Proceedings of 12th International Conference on Pattern Recognition, 1994: 566-568.

[103] Lowe D G. Distinctive Image Features from Scale-Invariant Keypoints [J]. International Journal of Computer Vision, 2004, 60 (2): 91-110.

[104] 凌志刚, 梁彦, 程咏梅, 等. 一种稳健的多源遥感图像特征配准方法 [J]. 电子学报, 2010, 38 (12): 2892-2897.

[105] Friedman J H, Bentley J L, Finkel R A. An Algorithm for Finding Best Matches in Logarithmic Expected Time [J]. ACM Trans. Math. Softw., 1977, 3: 209-226.

[106] Fischler M A, Bolles R C. Random sample consensus: a paradigm for model fitting with applications to image analysis and automated cartography [J]. Commun. ACM, 1981, 24 (6): 381-395.

[107] Zhang Z. Flexible camera calibration by viewing a plane from unknown orientations [J]. ICCV, 1999 (1): 666-673.

[108] Tomasi C, Kanade T. Shape and motion from image streams under orthography: A factorization method [J]. International Journal of Computer Vision, 1992, 9 (2): 137-154.

[109] Hartley R, Zisserman A. 计算机视觉中的多视图几何 (原书第2版) [M]. 韦穗, 章权兵, 译. 北京: 机械工业出版社, 2020.

[110] 宋凯华. 基于线结构光的焊缝三维检测关键技术研究 [D]. 大庆: 东北石油大学, 2023.

[111] 李天宇, 刘昌文, 段发阶, 等. 线结构光三维形貌测量系统精度影响因素分析 [J]. 光学学报: 1-26.

[112] 赵必玉. 高精度面结构光三维测量方法研究 [D]. 成都: 电子科技大学, 2015.

[113] Choi L K, You J, Bovik A C. Referenceless Prediction of Perceptual Fog Density and Perceptual Image Defogging [J]. IEEE Transactions on Image Processing, 2015, 24 (11): 3888-3901.

[114] Lin Z, Gong J, Fan G, et al. Optimal Transmission Estimation via Fog Density Perception for Efficient Single Image Defogging [J]. IEEE Transactions on Multimedia, 2018, 20 (7): 1699-1711.

[115] Girshick R, Donahue J, Darrell T, et al. Rich feature hierarchies for accurate object detection and semantic segmentation [C]. Proceedings of the IEEE conference on computer vision and pattern recognition. 2014: 580-587.

[116] Girshick R. Fast r-cnn [J]. arXiv preprint arXiv: 1504. 08083, 2015.

[117] Ren S, He K, Girshick R, et al. Faster r-cnn: Towards real-time object detection with region proposal networks [J]. Advances in neural information processing systems, 2015, 28.

[118] Redmon J, Divvala S, Girshick R, et al. You only look once: Unified, real-time object detection [C]. Proceedings of the IEEE conference on computer vision and pattern recognition, 2016: 779-788.

[119] Liu W, Anguelov D, Erhan D, et al. Ssd: Single shot multibox detector [C]. Springer International Publishing, 2016: 21-37.

[120] Lin T, Goyal P, Girshick R, et al. Focal loss for dense object detection [J]. arXiv preprint arXiv: 1708. 02002, 2017.

[121] Redmon J, Farhadi A. Yolov3: An incremental improvement [J]. arXiv preprint arXiv: 1804. 02767, 2018.

[122] Bochkovskiy A, Wang C, Liao H M. Yolov4: Optimal speed and accuracy of object detection [J]. arXiv preprint arXiv: 2004. 10934, 2020.

[123] Zhan W, Sun C, Wang M, et al. An improved Yolov5 real-time detection method for small objects captured by UAV [J]. Soft Computing, 2022, 26: 361-373.

[124] Ge Z. Yolox: Exceeding yolo series in 2021 [J]. arXiv preprint arXiv: 2107. 08430, 2021.

[125] Li C, Li L, Jiang H, et al. YOLOv6: A single-stage object detection framework for industrial applications [J]. arXiv preprint arXiv: 2209. 02976, 2022.

[126] Wang C Y, Bochkovskiy A, Liao H Y M. YOLOv7: Trainable bag-of-freebies sets new state-of-the-art for real-time object detectors [C]. Proceedings of the IEEE/CVF conference on computer vision and pattern recognition. 2023: 7464-7475.

[127] Jocher G, Chaurasia A, Qiu J. {Ultralytics YOLO} [Z]. 2023.

[128] Wang C, Ye h I, Liao H M. Yolov9: Learning what you want to learn using programmable gradient information [J]. arXiv preprint arXiv: 2402. 13616, 2024.

[129] Wang A, Chen H, Liu L, et al. Yolov10: Real-time end-to-end object detection [J]. arXiv preprint arXiv: 2405. 14458, 2024.

[130] 彭雨诺, 刘敏, 万智, 等. 基于改进 YOLO 的双网络桥梁表观病害快速检测算法 [J]. 自动化学报, 2022, 48 (4): 1018-1032.

[131] Hughes G. On the mean accuracy of statistical pattern recognizers [J]. IEEE Transactions on Information Theory, 1968, 14 (1): 55-63.

[132] 谭琨, 杜培军, 王小美. 特征维数对支持向量机分类器性能影响的研究——以高光谱遥感影像为例 [J]. 测绘科学, 2011, 36 (01): 55-57.

[133] Jensen A C, Berge A, Solberg A S. Regression Approaches to Small Sample Inverse Covariance Matrix Estimation for Hyperspectral Image Classification [J]. IEEE Transactions on Geoscience and Remote Sensing, 2008, 46 (10): 2814-2822.

[134] Sarkar A, Vulimiri A, Paul S, et al. Unsupervised and supervised classification of hyperspectral imaging data using projection pursuit and Markov random field segmentation [J]. International Journal of Remote Sensing, 2012, 33 (18): 5799-5818.

[135] Ghamisi P, Plaza J, Chen Y, et al. Advanced Spectral Classifiers for Hyperspectral Images: A review [J]. IEEE Geoscience and Remote Sensing Magazine, 2017, 5 (1): 8-32.

[136] 易琼, 张宇航, 宗艳桃, 等. 基于卷积神经网络的高光谱图像分类算法综述 [J]. 电光与控制, 2023, 30 (03): 70-77.

[137] 童庆禧, 张兵, 郑兰芬. 高光谱遥感原理、技术与应用 [M]. 北京: 高等教育出版社, 2006.